国网廊坊供电公司变电检修中心变电设备检修现场应用教材

U0733475

变压器运维检修实用技术

范立海　　刘景宇　　王丙东　　主　编

中国纺织出版社有限公司

图书在版编目（CIP）数据

变压器运维检修实用技术 / 范立海，刘景宇，王丙东主编. -- 北京：中国纺织出版社有限公司，2023.9
ISBN 978-7-5229-1106-9

Ⅰ.①变… Ⅱ.①范…②刘…③王… Ⅲ.①变压器—运行—研究②变压器—检修—研究 Ⅳ.①TM4

中国国家版本馆 CIP 数据核字（2023）第 191057 号

责任编辑：张 宏 责任校对：江思飞 责任印制：储志伟

中国纺织出版社有限公司出版发行
地址：北京市朝阳区百子湾东里 A407 号楼 邮政编码：100124
销售电话：010—67004422 传真：010—87155801
http://www.c-textilep.com
中国纺织出版社天猫旗舰店
官方微博 http://weibo.com/2119887771
三河市宏盛印务有限公司印刷 各地新华书店经销
2023 年 9 月第 1 版第 1 次印刷
开本：787×1092 1/16 印张：19.5
字数：370 千字 定价：98.00 元

凡购本书，如有缺页、倒页、脱页，由本社图书营销中心调换

Preface　前　言

本书介绍了变压器及其容易出现的问题，并讲解了针对具体问题的检修方法。全书共五章，第一章为变压器基本知识，介绍了变压器的整体结构、重要附件、分接开关等。第二章为变压器相关试验，例如绕组直流电阻试验、绝缘电阻试验、电容量和介质耗损因数等。第三章为变压器常见故障处理，包括变压器过热类缺陷处理、变压器渗漏缺陷处理、变压器温度计缺陷处理等。第四章为有载分接开关常见故障诊断分析，包括开关本体部分常见故障和动力部分故障。第五章为变压器相关标准化作业现场示范。

本书由国网廊坊供电公司范立海、刘景宇、王丙东担任主编，国网廊坊供电公司薛凌峰、刘莹、张凌云担任副主编。

编者　著

2023 年 7 月

Contents 目 录

1 变压器基本知识

1.1 变压器整体结构

从功能上说，变压器这个名称不算准确，因为变压器不但可以实现"变压"，同时还可以实现"变流"，准确地说应该称为"电力变换器"。变压器借助电路磁路的转换来实现电力变换，因此铁芯和绕组是变压器最基本、最重要的结构。变压器通常只有一个铁芯，各相绕组绕在一个铁芯上，铁芯必须接地。绕组通常按照电压等级单独设置，电压等级最低的靠近铁芯，调压绕组在最外层。变压器在运行过程中会产生大量的热能，为了增加变压器的绝缘，同时也为了更好地散热，通常将变压器铁芯和绕组放置在充满绝缘油的封闭油箱中（配电变压器属于干式变压器，当前也存在 SF6 绝缘变压器，但是应用最广的属于油浸式变压器），各绕组引线通过套管引出，以实现与外部的电气连接。除了铁芯、绕组、油箱，变压器还设有储油柜、散热器、气体继电器、套管、有载分接开关、压力释放阀、温度计等附件，用以保证变压器的安全运行。变压器结构如图 1-1 所示。

（a）变压器结构图一

图 1-1

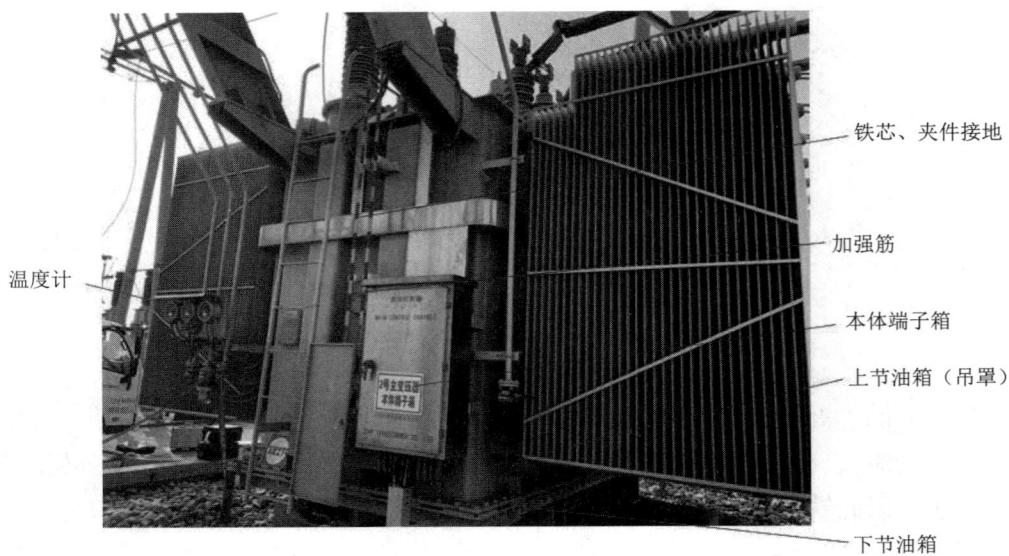

温度计

铁芯、夹件接地

加强筋

本体端子箱

上节油箱（吊罩）

下节油箱

（b）变压器结构图二

调压机构箱

压力释放阀连管

（c）变压器结构图三

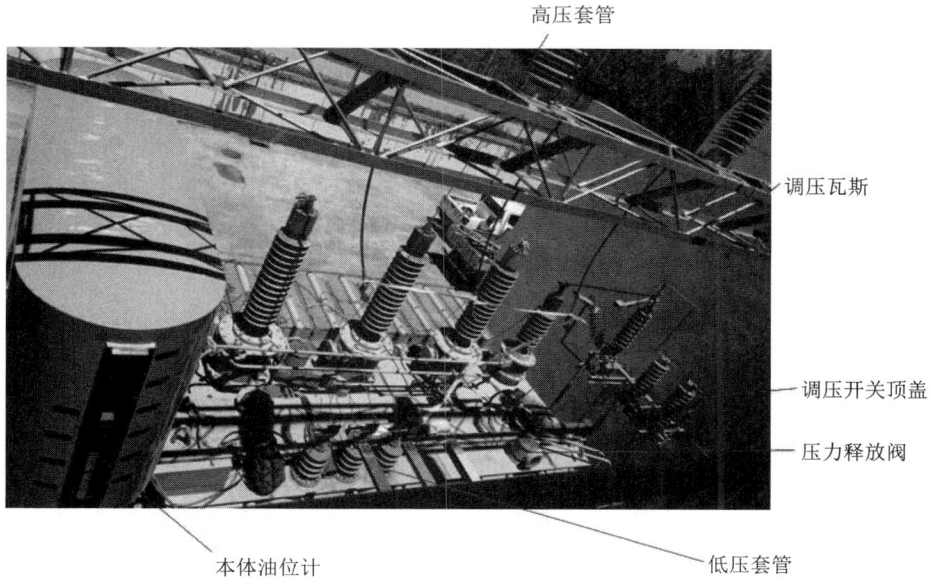

（d）变压器结构图四

（e）变压器结构图五

图 1-1

夹件接地

铁芯

定位

夹件

（f）变压器结构图六

图 1-1　变压器结构图

1.2　变压器重要附件介绍

1.2.1　变压器的铁芯

1.2.1.1　铁芯的作用

铁芯是变压器的基本部件。铁芯是一个由硅钢片叠装而成的可靠机械整体，变压器内部的几乎所有部件，诸如绕组、引线等都安装或固定在铁芯上。铁芯是整个变压器的导磁回路，它的作用是将两个独立的电路通过磁场联系起来，电能由一次绕组转换为磁场能后通过铁芯传递到二次绕组，在二次绕组中再次转换为电能，因此提高硅钢片导磁率是提高电能转换的根本措施。

1.2.1.2　铁芯的结构

变压器的铁芯结构通常分为壳式和芯式两大类，我国的变压器通常为芯式结构。芯式结构又包含单向双柱、单相三柱、三相三柱、三相五柱等结构。对于 110kV 及以上变压器来说，其铁芯结构通常为三相三柱式，由于其体积巨大，运输困难，其三相三柱式的铁芯结构通常为三相一体形式。

变压器的铁芯作为变压器的器身骨架，一般是由夹件、铁芯绑扎带、横梁、垫脚等部件将叠积的硅钢片固定为一个牢固的整体，三相三柱式变压器铁芯结构如图 1-2 所示。

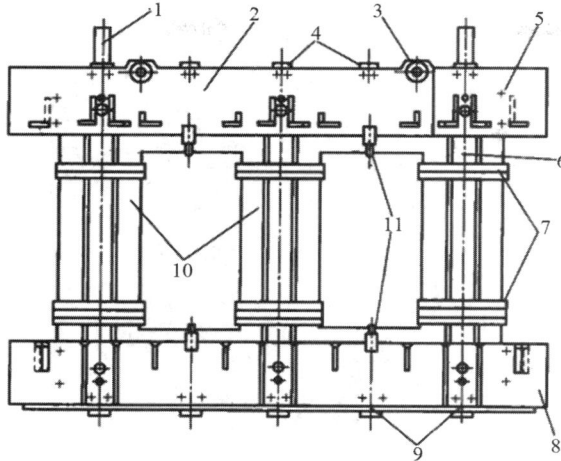

图 1-2　三相三柱式变压器铁芯结构示意图

1—上部定位件　2—上夹件　3—上夹件吊轴　4—横梁　5—拉紧螺杆　6—拉板　7—环氧绑扎带　8—下夹件
9—垫脚　10—铁芯叠片　11—拉带

变压器铁芯是由高导磁材料硅钢片叠制而成的。硅钢片是由含有一定比例硅元素的钢材轧制而成的，硅钢片的两面涂敷有绝缘层。按轧制工艺，硅钢片可以划分为冷轧和热轧两类；按轧制后的晶粒排列规律，硅钢片可以分为取向硅钢片和无取向硅钢片。冷轧取向硅钢片由于饱和点高、损耗和励磁容量低等显著优点被广泛应用于电力变压器。

如图 1-3 所示为组装好的变压器铁芯，在装配过程中，首先要将一片一片的硅钢片叠装成一个整体铁芯，之后将下铁轭夹紧，抽去上铁轭，露出铁芯柱头，并将绕制好的绕组套装在铁芯柱上，最后将抽出的上铁轭镶入，装配过程如图 1-4 所示。

图 1-3　组装好的变压器铁芯

图 1-4 变压器铁芯装配过程

在交变磁场的作用下，大型变压器的铁芯会散发因涡流损耗而产生的较大的热量，为防止铁芯过热发生故障，通常在铁芯叠片中设置由绝缘材料制成的冷却油道，用以散热。

1.2.1.3 铁芯的绝缘

铁芯的绝缘包括铁芯的片间绝缘和铁芯片与结构件之间的绝缘。铁芯的片间绝缘是指在硅钢片两面涂有极薄的绝缘膜，绝缘膜把硅钢片彼此绝缘分开，避免铁芯片间形成大的短路环流，从而降低涡流损耗。图 1-5 为叠制过程中的变压器铁芯。

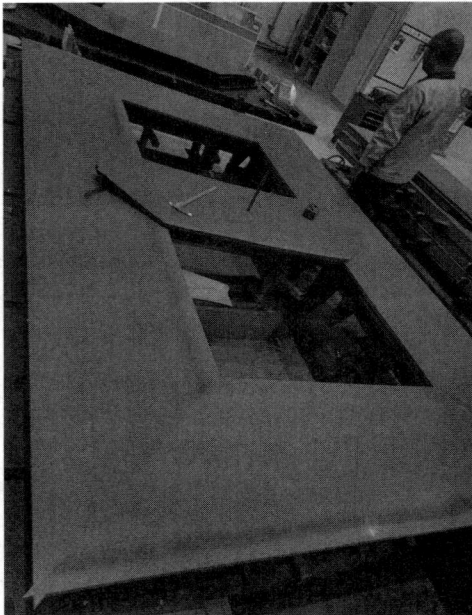

图 1-5 叠制过程中的变压器铁芯

在大型变压器铁芯叠片中，每隔一定厚度会放置 0.5 ~ 1mm 厚的绝缘纸板，把铁芯分割为几个部分，从而避免铁芯叠片中因感应电位累加而导致的放电。此外，铁芯片与结构件之间的短路会造成多点接地，可能形成短路回路而烧毁接地片甚至铁芯，因此铁芯片与夹件、侧梁、垫脚、拉板等结构件之间必须具有良好的绝缘。

1.2.1.4 铁芯的接地

由于所处的电场和磁场的位置不同，铁芯及金属结构件产生的电位和感应电动势也不同，当两点的电位差达到能够击穿两者之间的绝缘时，就会产生放电。放电会使变压器油分解，固体绝缘被破坏，从而导致事故的发生。为了避免上述情况的出现，铁芯及其他金属结构件必须接地，而且必须一点接地，如果铁芯多点接地，接地点之间会产生环流，增大损耗。

1.2.2 变压器的绕组

1.2.2.1 绕组的作用

变压器的绕组通常由涂有绝缘漆的铜线或者铝线绕制而成，构成绕组变压器的电路部分。高压绕组匝数较多，但是截面小，低压绕组匝数较少，但是截面大。变压器的一次绕组通过铁芯将电能转换为磁场能，二次绕组通过铁芯将磁场能还原为电能并输出。

升压变压器和降压变压器的绕组排列位置不同，升压变压器绕组排列顺序为低压—中压—高压，高压绕组在外侧，低压绕组在中间。降压变压器绕组排列顺序为高压—中压—低压，高压绕组在外侧，低压绕组在内侧。通常为了满足变压器的调压要求，还会在最外层增加一个调压绕组，因其担负着调压的作用，而调压需要多个分接头，所以最外层的调压绕组通常有很多调压抽头，单个调压绕组如图 1-6 所示，图 1-7 为组装完成的调压绕组。

图 1-6 单个调压绕组

图 1-7 组装完成的调压绕组

1.2.2.2 常见绕组的结构

根据结构划分，变压器的绕组可以分为层式线圈和饼式线圈两种。

构成绕组的绕组线是多股软铜线，如图 1-8 所示，几股软铜线绞合在一起，外层封装有绝缘层，构成一条扁导线。扁导线层层缠绕，构成线圈。

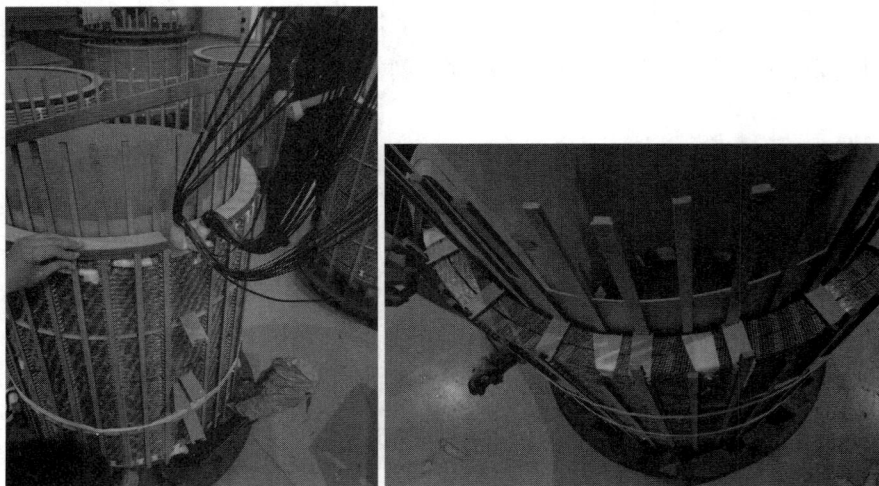

图 1-8 多股软铜线绞合而成的绕组

线圈的线匝沿其径向按层依次排列的为层式线圈；线圈的线匝在径向形成线饼后，再沿轴向排列的为饼式线圈。一般 110kV 及以上高电压和大型、特大型变压器采用饼式结构。饼式结构包括连续式、纠结式、内屏蔽式、螺旋式等结构。对 110kV 变压器来说，高低压线圈通常采用连续式线圈结构。连续式线圈是典型的饼式线圈，一般由扁导线绕制而成,从首端数起,导线从外向里绕进的为反段,即奇数段;导线从里向外绕出的为正段,即偶数段。一个线饼绕制完成之后多出的导线弯成一个"S"弯,从而过渡到下一个线饼,实现线饼之间的连接。每个线饼之间用鸽尾垫块隔开。绕组的每一匝均由一根或几根并联导线组成,如果是并联导线,则需要换位,换位需要在"S"弯过渡时进行。

1.2.3 变压器的油箱

1.2.3.1 油箱的作用

油箱是油浸式变压器的外壳,变压器的铁芯和绕组置于油箱内,箱内注满变压器油,既是保护变压器器身的外壳和盛装变压器油的容器,又是变压器外部结构件的装配骨架。通常情况下,110kV 的变压器,绝缘油有 20 吨左右,220kV 的变压器,绝缘油有 50 吨以上。绝缘油的主要作用是将器身损耗产生的热量以对流和辐射的方式散至大气中,起到绝缘和冷却的作用。

1.2.3.2 油箱的基本要求

油箱作为盛装变压器油的容器,最重要的是能够做到密封无渗漏,这里有两个方面的要求:①所有钢板和焊线不渗漏,这取决于焊接技术工艺水平和焊接结构设计是否合理;②机械连接的密封处不漏油,这取决于密封材料的性能和密封结构的合理性。

此外,作为保护变压器器身的外壳,变压器油箱应有一定的机械强度要求,主要包括以下五个方面:①承受变压器器身和变压器油的重量及总体的起吊重量;②能够承受住运输中的加速度作用和运行条件下地震力或风力载荷的作用;③能够承载诸如套管、储油柜、散热器等变压器上的所有附件;④油箱能够在变压器抽真空时承受住大气压力的作用,不产生损伤和永久变形;⑤能够在变压器内部发生事故时不爆裂,并且能够承受内部油压。

1.2.3.3 变压器油箱的结构

按照结构形式,变压器油箱一般分为钟罩式和箱式。对于 110kV 的变压器来说,油箱采用钟罩式的较多,只要吊起钟罩器身就能暴露出来,而且钟罩外壳重量有限,因此现场有条件进行吊罩。钟罩式油箱实物图如图 1-9 所示。

图 1-9 钟罩式油箱

钟罩式油箱常见的几种结构的形状如图 1-10 和图 1-11 所示。

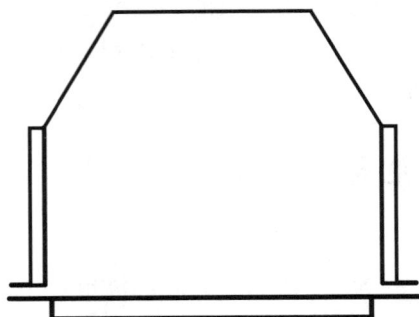

（a）无下节油箱剖面图

（b）无下节油箱实物图

图 1-10　无下节油箱

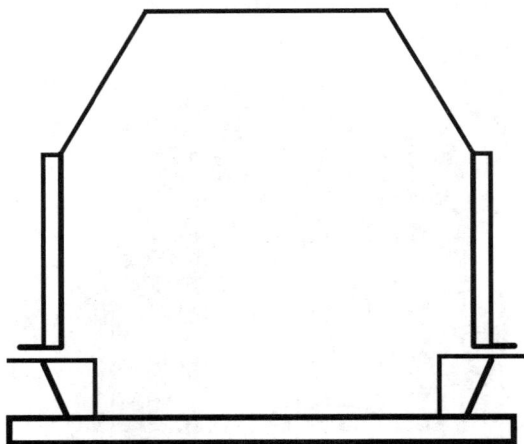

（a）槽型结构剖面图

（b）槽型结构实物图

图 1-11　槽型结构油箱

如图 1-10 所示为无下节油箱结构的油箱，钟罩直接与箱底螺栓连接密封。这种油箱结构的优点是变压器内部器身可在钟罩吊开后完全暴露。缺点是残存的变压器油在拆除上罩后会从箱底四周溢出，造成油的损失，并且这种结构大大降低了箱底的结构钢性。

如图 1-11 所示是槽型箱底的钟罩式油箱，可利用槽型箱底的侧壁紧固下轭。安装次序为先将铁芯装入槽型油箱的箱底，再将绕组套装到铁芯上，这样绕组会坐落在槽型箱底的平板上，这种结构可以节省一些结构件，并且结构紧凑，还能减少变压器油的用量，从而大大降低变压器的总重量。其缺点在于，这种结构的变压器绕组端部坐落在大面积的钢板上，会大大增加结构的损耗，并且如果有冲击电压，会使得绕组端部的钢板充磁。

1.2.4　变压器的套管

1.2.4.1　套管的作用和分类

变压器的套管肩负着将变压器内部的高、低压引线引到油箱外部的责任，因此，它不但要作为引线对地的绝缘，还要起到固定引线的作用。所以，变压器的套管应该具有足够的电气强度和机械强度。

套管由带电部分和绝缘部分组成。其带电部分的截面和接线头的结构取决于套管的使用电流，分为导杆式和穿缆式两种；绝缘部分由与之相连的绕组电压等级决定，包含外绝缘和内绝缘，外绝缘分为瓷套和硅橡胶，内绝缘包含变压器油、附加绝缘和电容式绝缘。

变压器套管通常分为纯瓷套管、干式套管和电容式套管。在 35kV 及以下电压等级的变压器中，广泛采用纯瓷套管以及附加绝缘的套管；在 110kV 及以上电压等级变压器中，由于纯磁套管不能承受这种高电压，广泛采用相对来说体积更小、重量更轻且具有较高击穿电压的电容式绝缘套管，当前 110kV 变压器也存在干式套管，但是应用数量较少。本节主要介绍常用的电容式套管和纯瓷套管。

1.2.4.2　套管的结构

（1）电容式绝缘套管的结构。电容式绝缘套管是利用电容分压原理来调整电场的，使得套管内径向和轴向电场分布趋于均匀，从而提高绝缘的击穿电压。其主绝缘是采用由电容分压原理制成的固体绝缘作为主绝缘，即电容屏。根据电容屏的材质和制造方法，电容式套管分为胶纸式和油纸式两种。但目前胶纸式由于易产生局部放电和水分易侵入等缺点，不再使用。下面主要介绍油纸式绝缘套管结构。油纸电容式绝缘套管的结构如图1-12所示。

其结构包括电容屏、头部储油柜、上瓷套，中部的法兰、下瓷套，尾部的均压环。

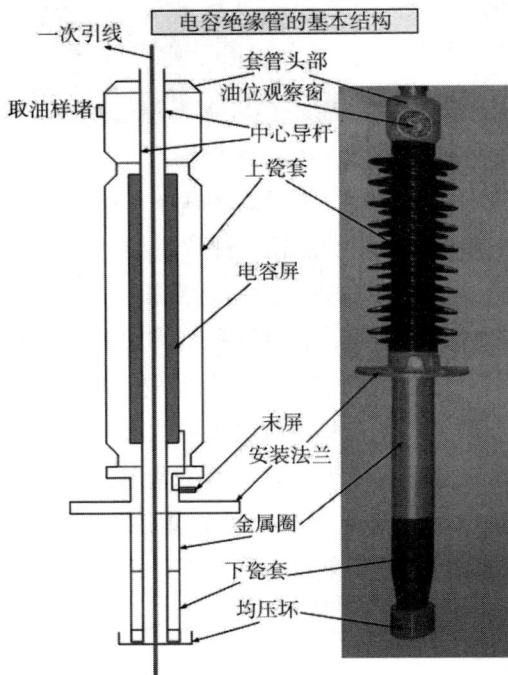

图 1-12　电容式绝缘套管的基本结构

套管的瓷套包含上瓷套和下瓷套，瓷套主要起到外绝缘的作用，同时可以隔绝内绝缘与大气之间的接触，从而对内绝缘也起到保护作用。为了防止瓷套渗漏油以及瓷套与其他铁器部件之间连接时产生损伤，套管的各个零件之间相连时会加装耐油橡皮垫，其优点为密封可靠、拆卸方便。

对于高压套管，瓷套和下部法兰是浇筑在一起的，这种结构的高压瓷套和下部法兰呈一体结构，通过螺栓将铁法兰和升高座固定在一起从而实现瓷套的固定，这种结构的瓷套不会存在螺栓紧固过紧压碎瓷套的情况。

电容屏由绕在中心导杆（金属圈）上的多层电容组成，每一层电容都是由绝缘纸和薄铝箔交替卷制而成的，首层的电容称为首屏，最外层的电容称为末屏。多层电容卷制在一起，套在套管的中心导杆上，经真空干燥处理，除去内部空气与水分，并用变压器油充分浸渍，成为电气性能极高的油纸组合绝缘。

①末屏接地。末屏在运行中应接地，如果在运行中，末屏由于各种不可抗力因素造成接地不良，则末屏和大地之间则会形成一个电容，这个电容远远小于套管本身电容，则末屏对地的容抗远远大于套管本身的容抗，根据电容串联原理，末屏和地之间的容抗将会承

受很高的悬浮电压，造成末屏对地放电，烧毁附近的绝缘物，严重时还会发生套管爆炸事故。并且为了方便测量设备的电容数值，必须将末屏引出，否则无法测量电容数值。末屏接地示意图如图 1-13 所示。

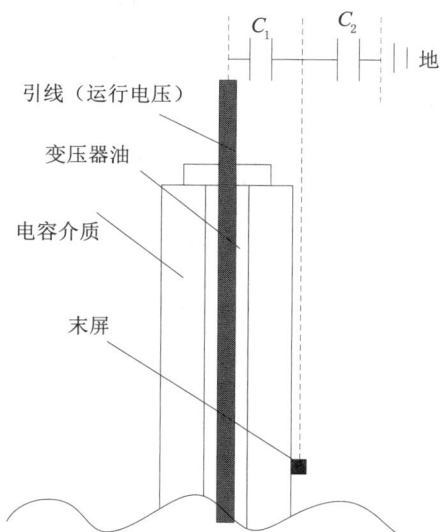

图 1-13　末屏接地示意图

如果末屏没有接地，那么末屏电压的数值为，

$$U_0 = U_M \times \frac{C_1}{C_1 + C_2} \qquad (1-1)$$

其中，U_M 为一次系统电压，由于 C_1 远大于 C_2，所以 U_0 数值非常大，末屏会发生放电事故。

末屏接地方式分为外置式、内置式和常接地式。

a. 外接接地方式见图 1-14。末屏接地的引出线通过螺杆引出，在螺杆和末屏之间接入一个小瓷套，用以穿过引出线。螺杆对地保持绝缘，其外部通过金属连片等装置与接地部位相连。

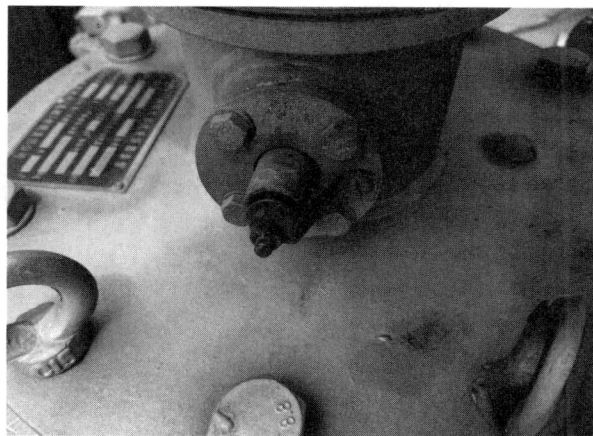

图 1-14　外接接地方式

　　b. 通过金属盖接地方式如图 1-15 所示。最中间的小螺栓与末屏引出线相连，小螺栓通过金属盖与外部法兰连接，从而实现末屏引出线与大地相连接，小螺栓同时起到固定和接地的作用，最外层套装一个密封盖，其作用是密封和防潮。

图 1-15　通过金属盖接地方式

　　c. 通过弹簧接地方式见图 1-16。末屏引出线通过螺杆引出，为使末屏可靠接地，螺杆外层套有一个连接了弹簧装置的金属套，该金属套与螺杆紧密相连，运行时，在金属套弹簧压力的作用下，金属接地套和套管内侧接地法兰紧密相连，末屏可靠接地。最外层套有金属保护套，用以密封和防潮。

图 1-16　通过弹簧接地方式

　　d. 内置式，通常为通过接地盖、接地帽接地。末屏接地引线穿过小瓷套通过引线柱引出，引线柱对地绝缘，引线柱外加接地盖，接地盖直接接地。接地盖和引线柱连接方式主要分为弹簧片连接（图1-17）和直接接触连接（图1-18）。

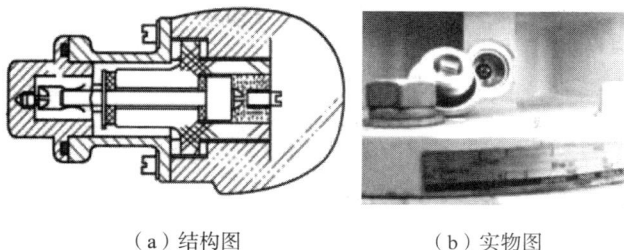

（a）结构图　　　　　　　　（b）实物图

图1-17　接地盖通过弹簧片和引线柱连接

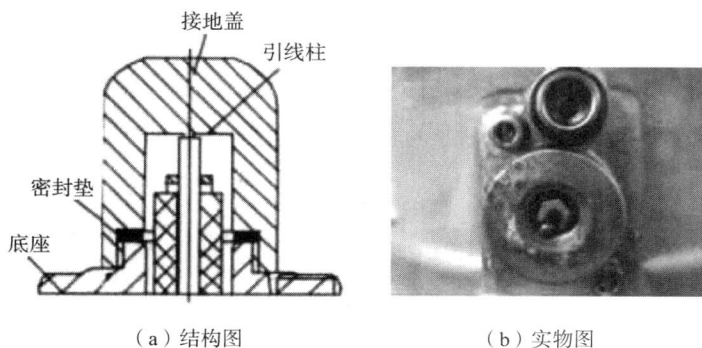

（a）结构图　　　　　　　　（b）实物图

图1-18　接地盖和引线柱直接接触连接

②高压套管的头部结构。套管头部，也称为套管油枕，为了避套管内绝缘油受潮及杂质的介入，套管油枕采用全封闭结构。套管油枕的作用是，当套管内部温度增高，绝缘油热膨胀造成内压增加时，缓解套管内部压力。套管油枕中间有一个油位观察窗，便于观察套管油位，另一侧留有一个取油样堵，方便抽取油样。套管油枕实物图如图1-19所示。

图1-19　套管油枕实物图

高压套管头部结构也称为将军帽，是主变套管与高压导线连接的载流接头，对连接内外线路和支持固定引线发挥着重要的作用。最常见的将军帽有三种结构。

结构一如图1-20所示。当引线与套管连为一体时，引线外螺纹穿出套管，通过将将军帽旋在引线外螺纹上，再用若干个螺杆穿过将军帽上的固定孔和套管顶部的安装法兰固定孔，来实现将军帽与套管的固定。在正常情况下，将军帽固定在引线外螺纹上后，将军帽上的六个固定孔圆心与套管顶部的固定孔圆心处于同一条垂直线上。但是在实际工作中，将军帽在引线外螺纹上最终固定位置对应的六个固定螺纹孔圆心大概率不能与套管顶部的圆心处于同一垂直线上，此时，需要将将军帽松动，以达到上下圆孔圆心处于同一垂直线上的目的，否则容易造成将军帽与一次引线接触不良，引起将军帽过热。

图 1-20 将军帽结构一

结构二如图 1-21 所示，此种结构的引线并未固定在套管上，将引线外螺纹与限位垫块连接在一起，紧固将军帽时需要使用特制扳手，在 5.2 节高压套管安装时具体介绍。将军帽完全紧固后，引线可以随着将军帽一起转动，通过转动引线来调整上下固定螺孔位置，使得上下两种圆孔的圆心保持在同一垂直线上。

引线外螺纹

限位垫块

限位孔

图 1-21 将军帽结构二

结构三如图 1-22 所示。此种结构的引线端部是一根铜导电杆,引线从套管底部穿上来,用定位销穿过两个定位小孔进行固定。此种结构的将军帽内嵌有 O 形密封圈,当将军帽与引线端部连接时,将军帽从引线导电杆上套下,通过一个胶纸垫片压在套管上,并用螺栓固定;然后导杆上再套一个 O 形密封圈,再在将军帽上放一个胶纸垫片,最后用铜压板套上并进行固定,这种结构类似于低压纯瓷套管引出方式,如图 1-23 所示。

图 1-22 将军帽结构三

图 1-23　将军帽和头部紧密结构

（2）瓷套绝缘套管的结构

①瓷绝缘套管的头部。瓷绝缘套管的头部结构如图 1-24 所示，包含的结构有外瓷套、胶垫、压帽 1、胶珠、压帽 2、紧固螺栓。胶垫垫压在压帽 1 之下，与螺杆紧密相连，其作用在于对横向密封，防止变压器油沿垂直导杆方向渗漏。压帽 1 和压帽 2 之间垫压一胶珠，其作用是横向密封和纵向密封，防止变压器油沿导杆方向和垂直导杆方向渗漏。

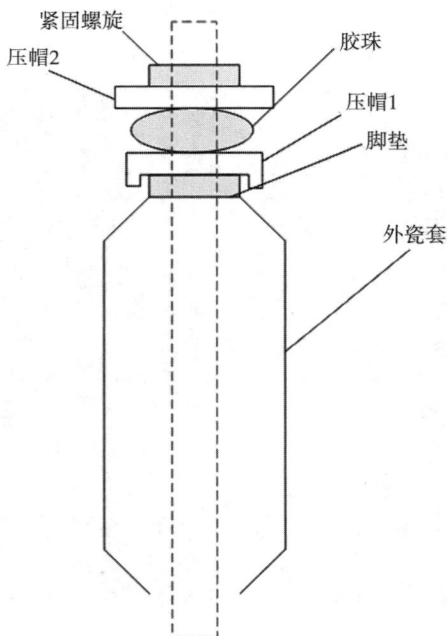

图 1-24　瓷绝缘套管头部结构

　　②瓷绝缘套管的底部。对于低压套管来说，通常采用压脚将瓷套固定在升高座上，由于瓷套和升高座是两种材质，在紧固压脚时需要防止瓷套直接和升高座接触，否则会造成瓷套破碎。图 1-25 为半圆形压脚实物图，图 1-26 为独立压脚实物图。当前新变压器，铁质法兰和瓷套胶装在一起，然后铁质法兰和升高座再接触，此种方式与高压套管一致，如图 1-27 所示。

图 1-25　半圆形压脚实物图

图 1-26　独立压脚实物图

图 1-27　瓷套和铁质法兰胶装

1.2.5　变压器的油枕

变压器油温会受外界环境温度和负载的变化影响，温度升高会使变压器油体积膨胀，温度降低又会使变压器油体积收缩。为了补偿这部分热胀冷缩的体积，变压器必须安装储油柜。储油柜又称为油枕，一般安装在变压器油箱上部，用弯管与变压器油箱连通。油枕中的储油量通常为变压器油总容量的 10% 左右，且其满足两个条件：第一，在变压器满载且外界环境温度最高的情况下油不会溢出；第二，在变压器停止运行且外界环境温度最低的情况下油枕内有一定的油量。储油柜还可以起到隔绝空气的作用，防止变压器油受潮和氧化，并且可以在对运行中的变压器补油的过程中防止气泡进入变压器内。

变压器油枕的基本形式有两种：一种是普通式储油柜，储油柜中油面和空气直接接触（有载分接开关用油枕）；另一种是密封式储油柜，即在储油柜中加装防止油老化的装置，使得油面不和空气直接接触，密封式储油柜又可分为胶囊式储油柜、波纹管式储油柜和隔膜式储油柜（变压器本体用油枕）。

当前应用最广泛的为胶囊式和波纹管式储油柜，隔膜式储油柜已经退出实际应用，本节主要介绍胶囊式和波纹管式储油柜。

1.2.5.1　胶囊式储油柜

胶囊式储油柜内部设有一个胶囊，变压器油通过胶囊与外界接触，胶囊连接一个呼吸器与大气相通，见图 1-28。当温度上升时，变压器油产生膨胀，储油柜内油面上升，会挤压胶囊，使得胶囊中的空气排出一部分；当温度下降时，储油柜内的油量下降，在大气压力作用下，胶囊的体积增大。胶囊内部空气的排出与吸入都通过与胶囊连接的呼吸器进行，呼吸器会过滤进入胶囊内空气中的水分和杂质，使得油枕中的油与空气完全隔绝，大大降低了变压器油的氧化速度和受潮速度，起到保护变压器油的作用。排气孔的作用在于，通过注放油口向储油柜中注油时，排出储油柜中进入的空气。油位计上带有一个浮子，浮子自由漂浮在油面上，当胶囊体积发生变化时，浮子会上下浮动，带动油位计变化，反映储油柜内油位的高低。

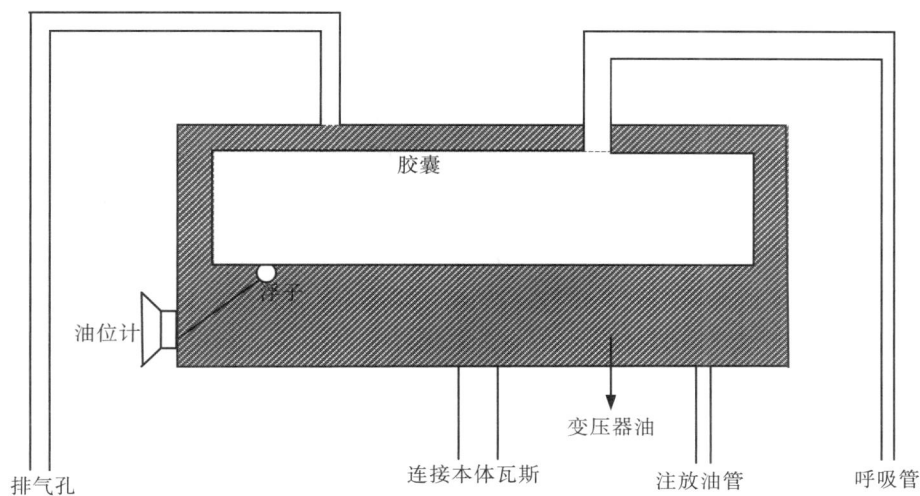

（a）结构示意图

（b）实物图

图 1-28　胶囊式储油柜

胶囊式储油柜的优点在于，技术成熟，当前西门子、ABB等国外大型变压器厂家仍坚持使用这种储油柜。其缺点在于，使用寿命有限，当胶囊老化，临近使用寿命时，会产生渗漏油的问题，针对这个现象，国内的新变压器基本都采用波纹管式储油柜。

1.2.5.2　波纹管式储油柜

波纹管式储油柜是近几年出现的一种芯式储油柜，它利用不锈钢波纹节做成的膨胀器作为变压器油体积补偿，从而使得变压器油与大气隔开。波纹管是一个膨胀体，其体积可随变压器油温的变化而产生膨胀或收缩。按照油处在膨胀器的内部还是外部，可以分为内油式储油柜和外油式储油柜。

（1）波纹管外油式储油柜。其结构见图 1-29。膨胀器为圆形，卧式放置在储油柜筒体内，储油柜筒体与膨胀器之间充满变压器油。膨胀器内部连通大气，一端固定，另一端自由活动。活动端借助装在储油柜内壁上的导向滚轮，可随变压器油体积的膨胀和缩小而左右移动，自动补偿油体积的变化。膨胀器上部有一个排气口，作为膨胀器内部气体呼吸口；储油柜上下各有一根管子，上管子是储油柜的放气管，用来排除储油柜内部气体；下管子是储油柜的注油管，可对储油柜进行注油。油标管一头与波纹管连接，当油箱内油的体积发生变化时，波纹管的体积也发生变化，波纹管因伸缩而左右移动，带动油标移动，从而使得油位指示发生变化。

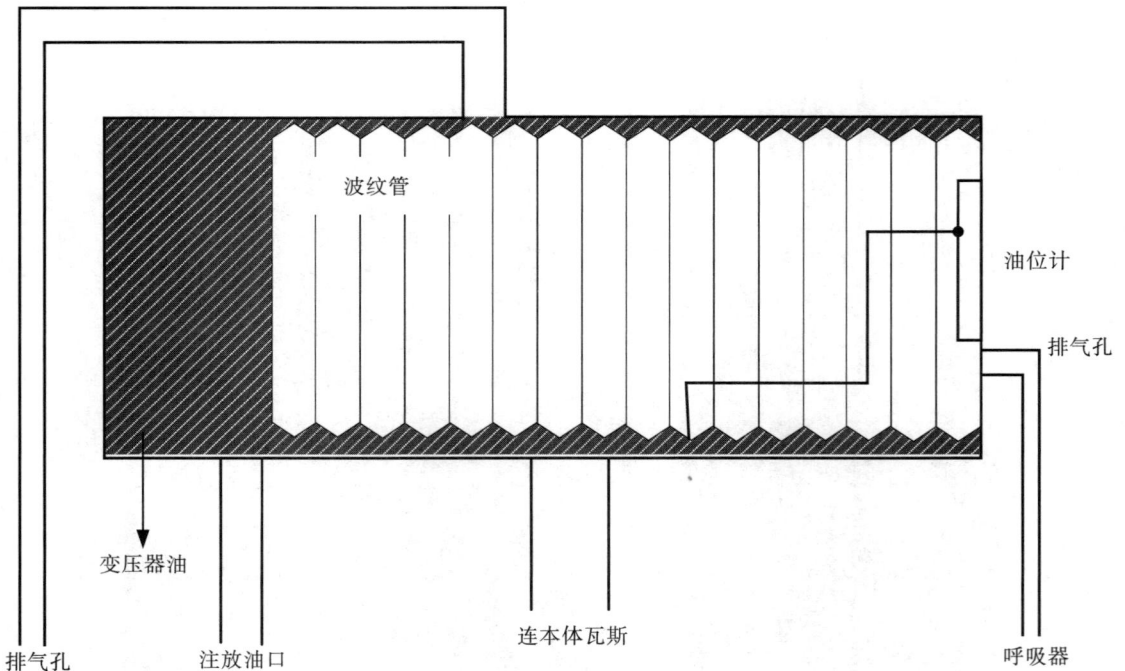

（a）结构示意图

（b）实物图

图 1-29　波纹管外油油枕

波纹管外油油枕的优点在于，使用寿命远远长于胶囊式油枕。但由于波纹管在储油柜内是侧放，同时，体积变化时会与储油柜外壳产生摩擦力，运行时容易发生卡涩现象。

（2）波纹管内油式储油柜，见图 1-30。

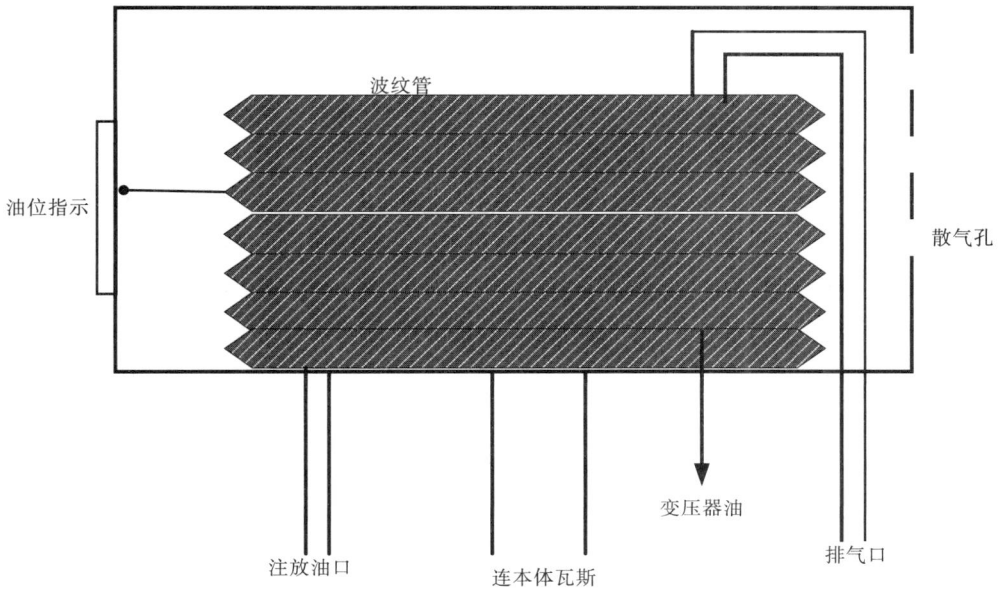

（a）结构示意图

图 1-30

散气孔

（b）实物图

图1-30　波纹管内油式储油柜

波纹管内油式储油柜，金属膨胀器为椭圆形，并立放置在一个底盘上，膨胀器内充满变压器油，外部与大气连接，并加装防尘外罩，外形多为立式长方体。膨胀器随变压器油体积的变化而上下移动，自动补偿变压器油体积的变化。膨胀器的顶部装有一根排气管，用于排出膨胀器顶部的气体。油位计安装在波纹节上，当波纹管内变压器油发生体积变化时，波纹管也随之上下伸缩而移动，带动油位计指针上下移动，从而指示油位的变化。

图1-30所示的油枕没有呼吸器，而是在油枕侧面开一些小孔，称为散气孔，用以油枕内变压器油的体积变化呼吸排气。此种结构的油枕在变压器中应用较为广泛。但其缺点在于，一旦波纹管发生破损，波纹管中的变压器油便会与空气直接接触，空气中的水分及杂质会污染变压器油。

当前还有一种有呼吸器的内油式波纹管式储油柜，其结构如图1-31所示。有呼吸器的内油式波纹管的优点在于，进入油枕的空气是经过过滤的，即便波纹管产生裂纹，变压器油的老化和变质也会相对缓慢。如图1-30所示的内油式波纹管油箱在实际应用中是比较实用的一种，但是由于该种结构被申请了专利，其他公司不能生产相同结构的油枕，因此产生了带呼吸器的内油式波纹管储油柜。

波纹管

油位指示

散气孔

呼吸器　注放油口　连本体瓦斯　变压器油　排气口

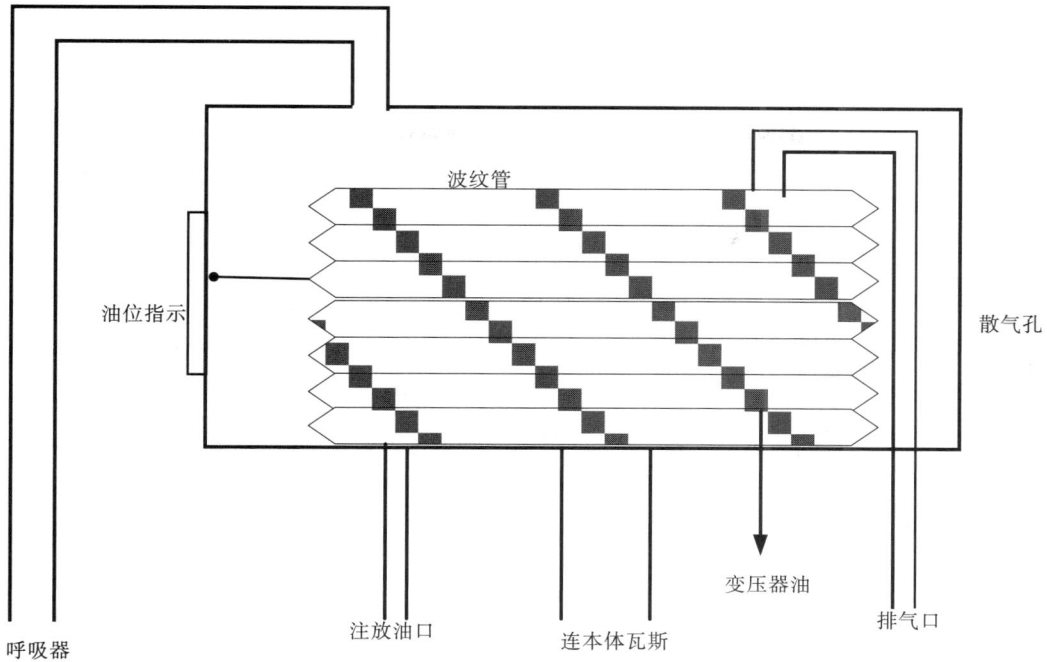

图 1-31　带呼吸器的内油式波纹管结构

1.2.6　压力释放阀与速动油压继电器

压力释放阀普遍应用于大中型变压器上，其原理是，在变压器正常运行时，压力释放阀上的金属膜盘被弹簧紧紧压在阀座上，当变压器内部发生故障而造成油箱内部压力值骤增且超过一定阈值时，金属膜盘就会被顶起，使得变压器油从膜盘和阀座之间喷出，进而保护油箱，防止油箱产生破裂。压力释放阀的结构如图 1-32 所示。

（a）压力释放阀外观　　　　　　（b）结构示意图

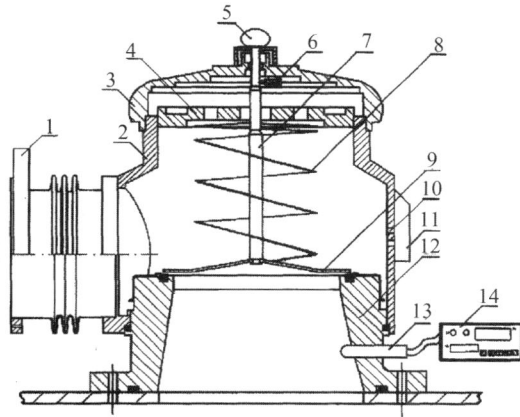

图 1-32　压力释放阀结构图

1—泄油口　2—阀罩　3—阀盖　4—弹簧调节压盘　5—防雨帽　6—行程开关　7—阀杆　8—弹簧　9—阀盘　10—出线孔　11—接线盒　12—阀座　13—压力传感器　14—控制箱

速动油压继电器反映变压器油箱压力上升速度，当油箱内压力上升速度超过整定数值时，速动油压继电器会动作于跳闸或者报警信号。其结构如图 1-33 所示。

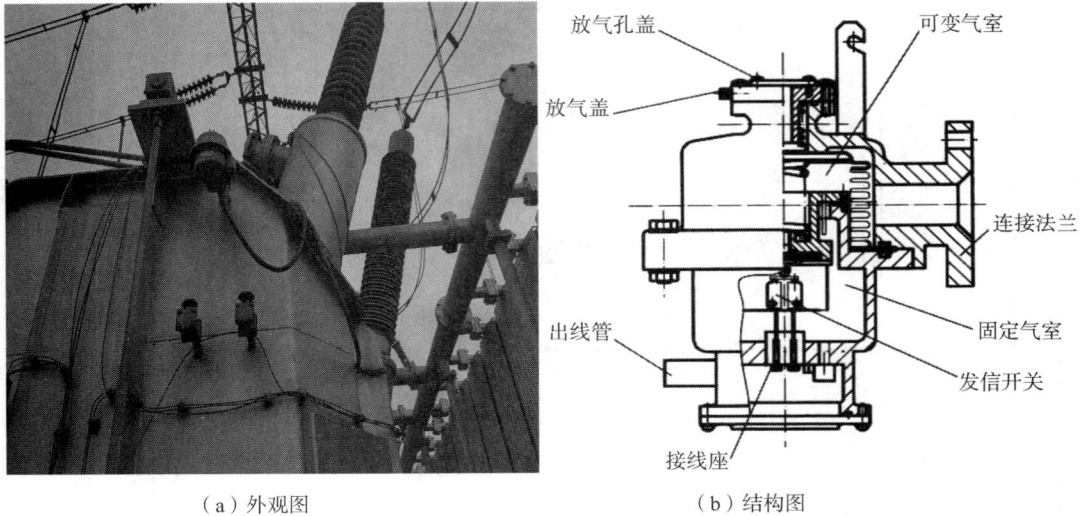

（a）外观图　　　　　　　　　　　（b）结构图

图 1-33　速动油压继电器结构图

1.2.7　气体继电器

气体继电器也称瓦斯继电器，是变压器的主要保护装置，安装在变压器油箱与储油柜的连接管上。安装时留有 1%～1.5% 的倾斜角度，便于气体进入瓦斯继电器内，当变压器内部发生故障时，变压器油因热胀冷缩产生体积变化，从而产生油流，在油流的作用下重瓦斯动作，从而跳开变压器各侧断路器。如果变压器内部产生轻微故障，变压器油会因分解产生若干气体，或者变压器在运行过程中有空气进入，使得继电器上的接点动作，发出预报信号（轻瓦斯），通知相关人员处理。

气体继电器有浮筒式和挡板式两种结构。浮筒式气体继电器目前已不再使用，下面主要介绍双浮球并带挡板结构的气体继电器。其结构如图 1-34 所示。

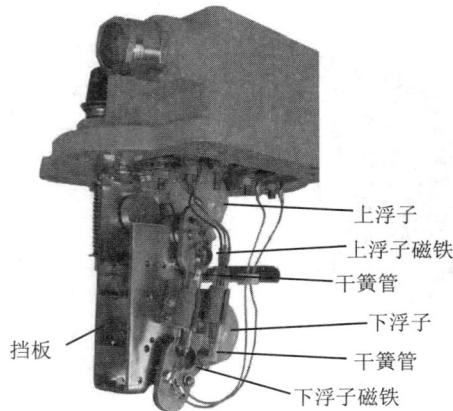

图 1-34　双浮球并带挡板结构的气体继电器结构

挡板式气体继电器结构主要由外壳和继电器芯子组成。在顶盖上装有跳闸及信号端子、嘴子和顶针，在顶盖下方支架上装有开口杯、重锤、上下磁铁和上下干簧节点，在支架的下部装有可转动的挡板。

正常运行时，继电器内部充满变压器油，开口杯向上翘起，固定在开口杯侧面的磁铁也随之向上翘起，上干簧接点处于断开状态。当气体继电器内气体体积达到一定容积之后，开口杯下沉，开口杯磁铁也随之下沉，在磁铁的作用下，上干簧管接点闭合，形成通路，接通信号回路并发出报警信号，此动作称为轻瓦斯保护动作。

当变压器内部发生严重故障时，变压器内部产生大量气体，此时油箱内部油流速度增大，和气体一起涌向储油柜，当油流速度达到一定数值时，油流对继电器的挡板产生冲击，使得挡板磁铁随挡板移动而移动，在挡板磁铁作用下，下干簧管接点闭合，接通跳闸回路，将变压器的电源切断，此保护称为重瓦斯动作。

挡板式气体继电器的整定要求：改变重锤位置，可调节轻瓦斯动作的气体容量，整定值为 $250 \sim 300 cm^3$；转动调节杆，改变弹簧的长度，可以调整重瓦斯动作的油流速度，其整定值依据变压器本身的冷却方式不同而不同。

在实际工作中，对气体继电器进行校验时，通常将气体继电器顶盖上的探针摁下，查看重瓦斯信号是否能够正常发出。当前国内所有的气体继电器校验时按下探针，重瓦斯发出信号，松动探针，信号自动复归；ABB 公司生产的调压瓦斯探针在摁下探针后不会自动归位，会始终发信号，需要摁复归探针，重瓦斯才会复归，这样在调压重瓦斯动作后，便于查看重瓦斯本身是否实际动作，如图 1-35 所示。

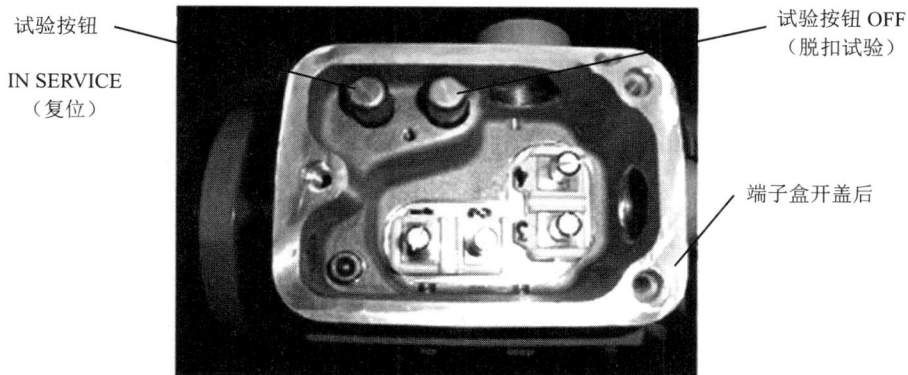

图 1-35 ABB 调压瓦斯结构图

集气盒用以收集轻瓦斯报警时聚集的气体，轻瓦斯的气体排放通过集气盒实现。集气盒如图 1-36 所示。

图1-36 集气盒

1.2.8 冷却装置

运行中的变压器会产生相当多的热量，冷却装置是将这些变压器运行中由损耗产生的热量散发出去，以保证变压器安全运行。

由于变压器损耗的增加与容量的3/4次方成正比，而冷却表面的增加只与容量的1/2次方成正比，所以变压器容量增大时必须采用冷却装置，以散发足够的热量。强迫油循环的称为冷却器，不强迫油循环的称为散热器。

当变压器容量较小时，其铁芯和绕组损耗所产生的热量，使得油箱内部的油受热上升，热油沿着油箱壁以及散热管（片）向下对流的过程中，热量通过油箱壁和散热管（片）向四周的空气中散发。利用这种简易的冷却装置，保证了变压器在额定温升下的正常运行。随着变压器容量的增大，变压器需要更大的散热面积，从而需要采用专门的冷却装置，以散发足够的热量。

冷却方式分为：油浸自冷式、油浸风冷式、强油风冷式、强油水冷式以及强油导向风冷和水冷式。冷却装置通常分为：片式散热器、扁管散热器、强油风冷却器、强油水冷却器等。110kV变压器通常采用油浸自冷式，220kV变压器通常采用风冷式，其实物图如图1-37所示。

（a）自冷式变压器

（b）风冷式变压器

图 1-37 自冷式及风冷式变压器实物图

油浸自冷式变压器没有特殊的冷却设备，变压器油在变压器内自然循环，铁芯和绕组在运行中所发出的热量依靠变压器油的对流作用传导至油箱壁或散热器。这种冷却系统的外部结构与变压器的容量有关，容量很小的变压器采用结构最简单的、具有平滑表面的油箱；容量更大些的变压器，为了增大油箱的冷却表面，需要在油箱外加装若干散热器，散热器是一组散热片，散热片通过法兰与油箱连接，是可拆卸部件。变压器运行时，油箱内的变压器油因铁芯和绕组发热而受热膨胀，体积增大的变压器油会上升至油箱顶部，然后从散热片的上端入口进入散热片内，散热片的外表面与外界冷空气接触，使油得到冷却。冷油体积收缩，在散热片内下降，由散热片的下端再流入变压器油箱的下部，自动进行油流循环，使得变压器铁芯和绕组得到有效冷却。油浸自冷冷却系统结构简单、可靠性高，广泛用于 110kV 电压等级的变压器。

油浸风冷冷却系统，也称由自然循环、强制风冷式冷却系统。它是在变压器油箱的各个散热器旁安装一个至几个风扇，把空气的自然对流作用改变为强制对流作用，以增强散热器的散热能力。与自冷系统相比，风冷系统的冷却效果可提高大大提升。为了增加片式散热器的散热效果，有的新型特大型变压器采用风冷片式散热器，即在散热器旁边加装风扇进行吹风冷却，分为侧吹式、底吹式和混合式三种。

部分 220kV 以及电压等级更高的变压器采用强油循环风冷变压器，实物图如图 1-38 所示。强油风冷却器由本体、油泵、风扇和油流继电器等组成。强油泵和油流继电器的实物图如图 1-39 所示。它的工作状况是：当油泵强制地把油从变压器箱底打入内部的各部分后，变压器油会被绕组和铁芯加热，并会上升，热油从油箱上部进入冷却器，经过冷却器单流程（单回路）或几经折流（多回路）后，热量将向四周环境中扩散，而后再经油泵把冷却的油打入变压器内部，使其各部分得到冷却。与此同时，安装在冷却器上的风扇强制吹风，加快冷却器的散热，提高冷却效果。

图 1-38　强油循环风冷变压器

（a）强油泵

（b）油流继电器

图 1-39　强油泵和油流继电器实物图

　　变压器应按其冷却方式进行标志。对于油浸式变压器，其冷却方式采用下面四个字母进行标志。

　　第一个字母（代表内部冷却介质）：

　　O ——矿物油或燃点不大于 300℃ 的合成绝缘液；

　　K ——燃点大于 300℃ 的绝缘液体；

L——燃点不可测出的绝缘液体。

第二个字母（代表内部冷却介质的循环方式）：

N——流经冷却设备和绕组内部的液体流动是自然的热对流循环；

F——冷却设备中的液体流动是强迫循环，流经绕组内部的液体流动是热对流循环；

D——冷却设备中的液体流动是强迫循环，且至少在主要绕组内部的液体流动是强迫导向循环。

第三个字母（表示外部冷却介质）：

A——空气；

W——水。

第四个字母（代表外部冷却介质的循环方式）：

N——自然对流；

F——强迫循环（风扇、泵等）。

作者所在公司采用变压器通常为油浸自冷和油浸风冷，其标志通常为：

ONAN/ONAF——变压器装有一组风扇，在大负载时，风扇可投入运行。在这两种冷却方式下，液体流动均按热对流方式循环；

ONAN/OFAF——变压器装有油泵和风扇类冷却设备，也规定了在自然冷却方式下（例如：辅助电源出现故障或容量不足的情况下）降低的容量。

1.2.9 温度计

变压器在正常运行过程中，铁芯和绕组会产生损耗进而发热，变压器油及变压器的固体绝缘材料在持续高温下会老化，当温度超过一定限度后会产生变质，进而影响变压器的安全可靠运行，为防止变压器油温过高，加速变压器的老化，故变压器一般安装温度计，油面温度计用来测量变压器油箱上层油温，监视变压器运行状态是否正常。

早期变压器一般只安装一只温度计，最近几年变压器油面温度计一般安装两只。对于容量较大的变压器，油箱内空间较大，变压器的发热和散热也是不均匀的，在变压器内不同的区域，可能存在较大的温差，为了安全起见，需要较准确地测出变压器的油温，所以有时在变压器的长轴两端各设信号温度计来监测其油温，以确保变压器更安全地运行。

如果变压器温度计故障，可能会造成变压器风冷系统拒动或者高温报警信号拒发，从而引起变压器喷油或者绝缘损坏，所以保证变压器温度计可靠运行意义重大。

1.2.9.1 变压器温度计的分类

变压器的温度计按测量部位可分为油面温度计和绕组温度计。按输出信号可分为电流输出温度计、电压输出温度计和电阻输出温度计；按表盘形状可分为圆形温度计、矩形温度计；按测量原理可分为膨胀式温度计、压力式温度计和电阻式温度计。当前变压器温度计通常按照测量部位来分，即当前变压器温度计包括油面温度计和绕组温度计。电阻和电流输出温度计如图 1-40 所示。

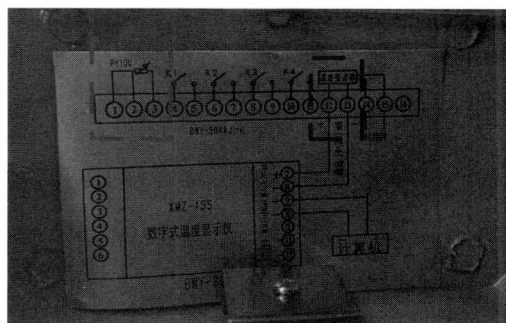

（a）电阻和电流输出

（b）电阻输出

图 1-40 电阻和电流输出温度计

图 1-40（a）为电阻和电流同时输出温度计，可以根据实际情况选择接取电流或电阻信号。图 1-40（b）为电阻输出温度计。在实际工程应用中，电压输出温度计逐渐减少，以电流和电阻输出温度计为主。

图 1-41 为矩形表盘和圆形表盘温度计，矩形表盘是模仿德国企业，圆形表盘是模仿瑞典企业。表盘形状的不同主要代表了两个不同的历史传承，在实际工作应用中没有实质性的影响。

（a）矩形表盘

（b）圆形表盘

图 1-41 矩形表盘和圆形表盘温度计

图 1-42 为压力式温度计。其原理是，当变压器油温度升高或降低时，变压器前端探头中的液体温度也随之升高或降低，体积增大或收缩，进而带动图 1-41 中的波纹管收缩或者膨胀，从而带动表盘指针动作。

图 1-42　压力式温度计

膨胀式温度计是普通的水银温度计，在变压器温度计中应用较少。电阻式温度计是通过 PT100 铂电阻来实现温度的测量，PT100 铂电阻是温感电阻，与温度变化呈线性关系。

通常铭牌上标注 BWR 或者 winding 的为绕组温度计，标注 BWY 或者 oil 的为油面温度计。图 1-43 为绕组温度计和油面温度计。

（a）绕组温度计　　　　（b）油面温度计

图 1-43　绕组温度计和油面温度计

绕组温度计本质上是油面温度再叠加一个符合电流换算的温度，这种方法得到的绕组温度是否准确有待进一步商榷。当前也有将温度计探头在变压器绕组制作时预先埋入线圈中，可以直接测得绕组实时温度，但实际工程中存在的问题是，如果采用有线信号传输，则要更改变压器的内部绝缘距离，会对变压器内部绝缘产生影响；如果采用无线传输，则存在电磁干扰问题。

1.2.9.2　温度计的基本结构

（1）油面温度计结构工程实际中，油面温度计典型结构包括 803A 和 804AJ 两种，其中 803A 为 PT100 铂电阻输出，804AJ 包括 PT100 铂电阻和电流同时输出，更具有代表性。本书以典型的 BWY-804AJ（TH）型变压器油面温度计为例进行介绍。

在 BWY-804AJ（TH）铭牌中，其含义如下：

B ——变压器；

W ——温度计；

Y ——油面；

80——线性测量范围；

4——4 对输出节点；

A —— PT100 铂电阻输出；

J ——电流输出；

TH ——湿热带保护。

图 1-44（a）为温度计输出端子，包括 PT100 铂电阻输出和 4～20mA 电流输出；图中端子 1～2 的电阻为补偿电阻，用于补偿温度计到温控器之间的线阻，一般为 1～2 欧姆。理论上应该实际测量二次线电阻，然后再设定补偿电阻，但实际上温度计的补偿电阻在出厂时已经确定，这会造成一定的测量误差，这也是油面温度计未来改进的一个点。端子 2～3 的电阻为实际测量电阻。

图 1-44（b）中的表盘指针波纹管中的液体与温度计探头中的液体通过压力式测量线连通，探头中的液体热胀冷缩会带动波纹管收缩，从而带动指针转动。同时节点输出装置波纹管带动节点输出装置转动，实现报警节点闭合。从图 1-44（c）中可以看出，电流变送器的输入电阻为表盘指针后的滑动变阻器输出。表盘指针转动，输出电阻随之变化，这样温度计的电流输出和电阻输出属于非同源，能够提高输出准确性。

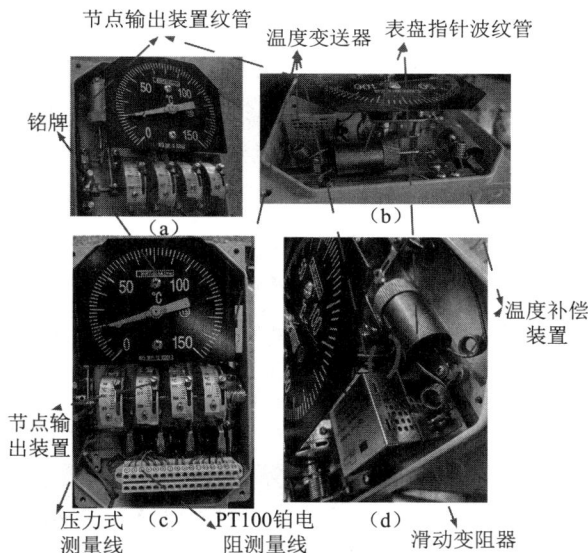

图 1-44　油面温度计结构

（2）绕组温度计结构在变压器的运行过程中，绕组温度计主要起到对线圈温度的全程监视的作用。绕组的温度会直接决定变压器的使用寿命，因为绝缘材料的温度和老化情况会直接受绕组温度的影响，特别是线圈绕组最热部分的温度。通常情况下，变压器绕组位置的电位较高，所以无法采用直接使用测温元件测量绕组温度的方法，针对这种情况，应该采用间接方法来实现对变压器绕组的温度的测量。

变压器在正常运行中，会有负载损耗产生，这就会引起变压器绕组发热，从负载损耗公式来看，绕组的发热和电流平方成正比。因为绕组浸在变压器油中，所以变压器绕组的温度可以用油的温度和变压器中通二次电流的电热元件的温度相加测量出来。

图 1-45 为绕组温度计工作原理。其本质上就是油面温度计叠加一个与负荷电流对应的温度，即在普通的波纹管内部增加一个电热元件，通过负荷电流在电热元件上的发热量来近似估计绕组的温度。

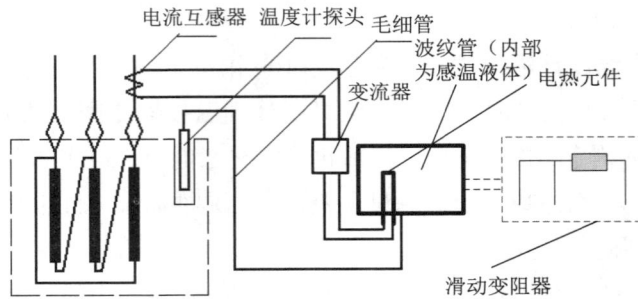

图 1-45　绕组温度计工作原理

绕组温度计是在一个油面温度计的基础上，又配备了一台电流匹配器和一个电热元件。绕组温度计的工作原理是在位于变压器油箱顶层的油孔内插入温度计传感器的温包，无负荷运行时，变压器绕组没有发热现象，这时候温度表中显示出来的温度就是变压器油的温度。如果变压器处于带负荷的运行状态，电流互感器输出的电流经电流匹配器调整之后将会流经电热元件，这时电热元件会发热。弹性元件在受到电热元件所产生的热量的影响下，位移量会增大。通常来说，变压器的油温和负荷电流都会对弹性元件的位移产生影响，所以在设计绕组温度计的时候，对于流经电热元件的电流所引起的温升进行了考虑，而流经电热元件的电流的温度计真正显示出来的温度就是变压器顶层油温和电热元件电流的温升的和，测出来的是变压器绕组最热部分的温度，也就是变压器绕组的温度。

图 1-46 为绕组温度计结构，与油面温度计相比只增加一个变流器和电热元件，电热元件如图 1-47 所示，红色为电流线。变流器是为了匹配电流互感器二次输出电流与电热元件输入电流的元件。

图 1-46　绕组温度计结构

图 1-47　绕组温度计电热元件

1.3 有载分接开关

随着电力系统的不断发展，用户对供电质量的要求也随之不断增高。但是由于发电和用电无法时时保持平衡，所以不可避免地会产生一些电压波动，所以为了稳定负荷中心电压、调节负荷潮流，就需要对变压器进行电压调整。可以采用的变压器电压调整手段包括安装电容器、安装无功补偿器（SVC）或者无功发生器（SVG）、调整有载分接开关分接位置等。通常在系统无功功率充足的情况下，优先采用调整有载分接开关分接位置，这种方式的具体方法为：在变压器绕组的不同部位设置分接抽头，在负荷变化引起电压波动时，调换分接抽头的位置，改变其变压器绕组的匝数，从而调节变压器输出电压的高低，进而达到稳定电网电压的目的。

1.3.1 有载分接开关基本原理

有载分接开关是一种能够在变压器带负荷的情况下，通过调节变压器绕组分接头来实现调节输出电压的一种装置。有载分接开关的原理图如图 1-48 所示。

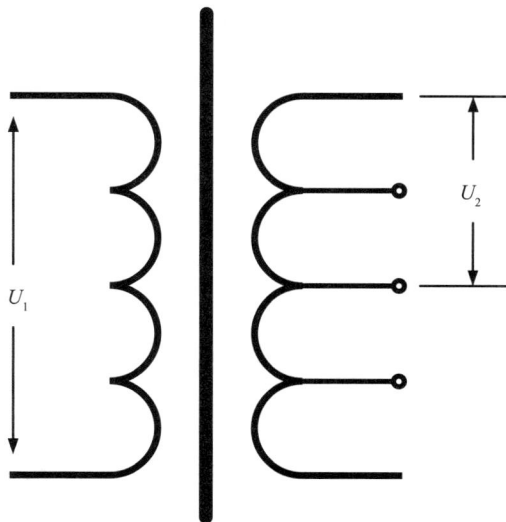

图 1-48 有载分接开关原理图

其基本原理是，在变压器的高压绕组中引出若干分接头后，在不中断负载电流的情况下，由一个分接头切换到另一个分接头，通过改变高压侧绕组的有效匝数来改变高压侧和低压侧的变比，从而实现调压的目的。有载分接开关选择在变压器高压侧安装的原因在于：第一，一般来说变压器的高压侧绕组在最外侧，并且绕组线径相对来说较细，制作抽头比较容易；第二，高压绕组负荷电流小，灭弧比较容易。

有载分接开关必须保证满足以下基本条件：

①在切换过程中，负载电流不能发生中断；②在切换过程中，两个分接头之间不能发生短路。

为了满足切换过程中负载电流不中断的条件，必然会存在两个分接头切换过程中同时连接的现象，这种现象也被称为桥接；同时为了满足两个分接头之间不发生短路的条件，需要在两个分接头之间串入阻抗。两个分接头之间连接的电路就称为过渡电路，串入的阻抗称为过渡阻抗，该阻抗为电抗的，称该有载调压开关为电抗式有载调压开关；同理，阻抗为电阻的则称为电阻式有载分接开关，现在最常用的是电阻式有载分接开关。此外，由于为达到调压目的，变压器高压绕组存在多个分接头，选择这些分接头的装置称为选择电路；同时为了满足不同调压方式的需求，需要设置调压电路。因此，有载分接开关的电路包含过渡电路、选择电路和调压电路。

1.3.1.1 过渡电路

如上所述，过渡电路是指连接于两个分接头之间，串联了一个阻抗的电路，与之对应的装置为切换开关或选择开关。由于电阻式过渡电路应用较为广泛，本文以电阻式过渡电路为例进行介绍。

假设此时某台变压器动触头接于分接头 4，此时负载电流通过分接头 4 输出，如图 1-49（a）所示。现在需要调压，动触头需从分接头 4 改为分接头 5。若此台变压器可以停电调压（无励磁调压），则可以将此台变压器进行断电，将分接头 4 改为分接头 5，但对此台变压器的要求是不断电调压，则需要在分接头 4 与分接头 5 之间串入一个过渡电路。过渡电路相当于一组桥梁，当动触头从分接头 4 过渡到分接头 5 时，动触头在过渡电路上滑过，以保证负载电流可以通过过渡电路输出而不中断，如图 1-49（b）所示。直到动触头到达分接头 5 为止，如图 1-49（c）所示。当动触头从分接头 4 过渡到分接头 5 时，则该分接过程完成，过渡电路便完成了它的使命，需要拆掉，如图 1-49（d）所示。

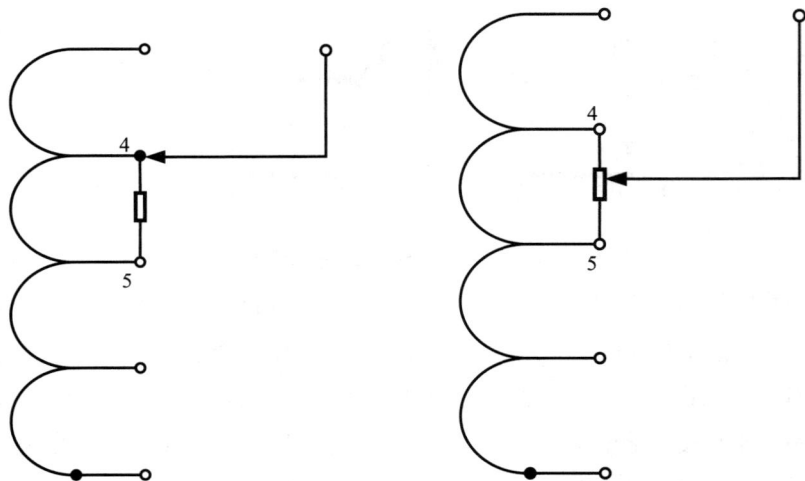

（a）动触头接于分接头 4 　　　　　　（b）动触头在过渡电阻上滑过

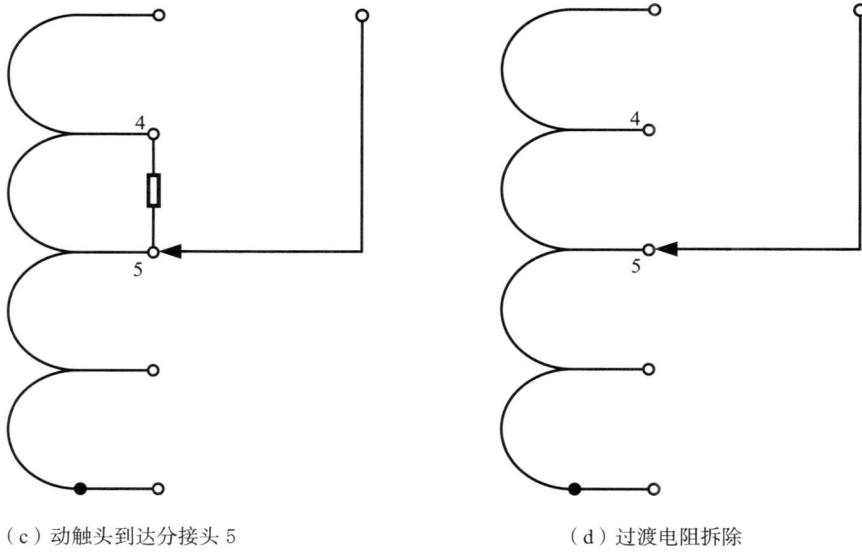

（c）动触头到达分接头 5   （d）过渡电阻拆除

图 1-49　过渡电路工作原理

　　过渡电路的种类很多，按电阻数可分为单电阻、双电阻、四电阻与六电阻等，除此之外还有可控硅开关电路、真空开关电路等过渡电路，目前以双电阻过渡电路应用最为广泛，以下做简单介绍。

　　双电阻过渡电路通常应用在 V 型开关以及 M 型开关中，V 型开关的双电阻过渡过程见图 1-50，M 型开关的双电阻过渡过程见图 1-51。

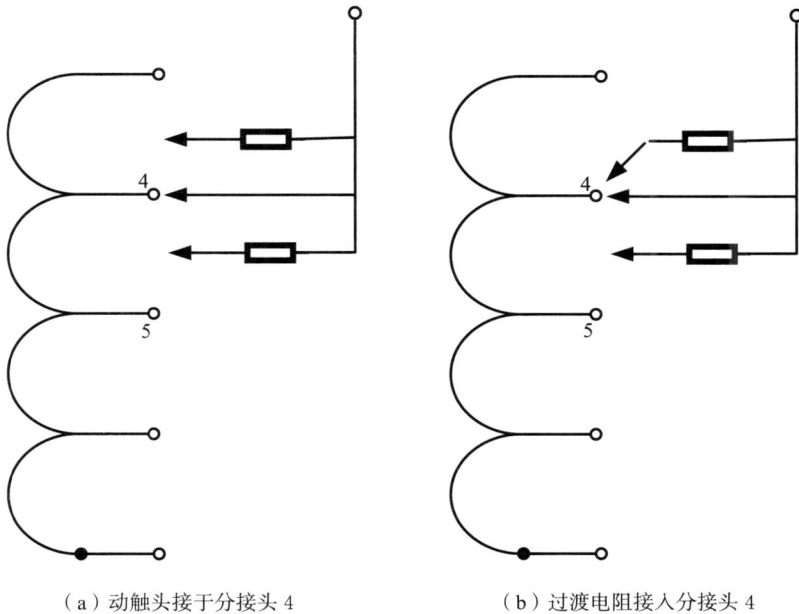

（a）动触头接于分接头 4   （b）过渡电阻接入分接头 4

图 1-50

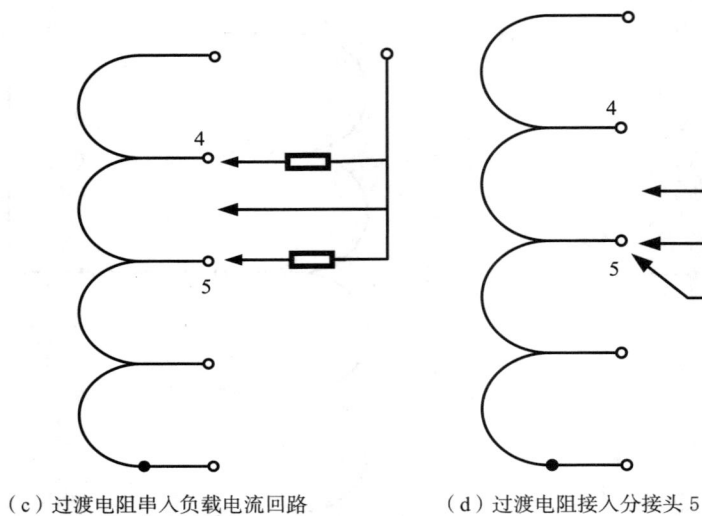

（c）过渡电阻串入负载电流回路　　　　　　（d）过渡电阻接入分接头 5

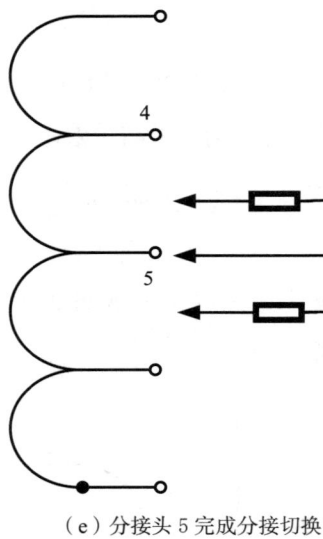

（e）分接头 5 完成分接切换

图 1-50　V 型开关的双电阻过渡过程

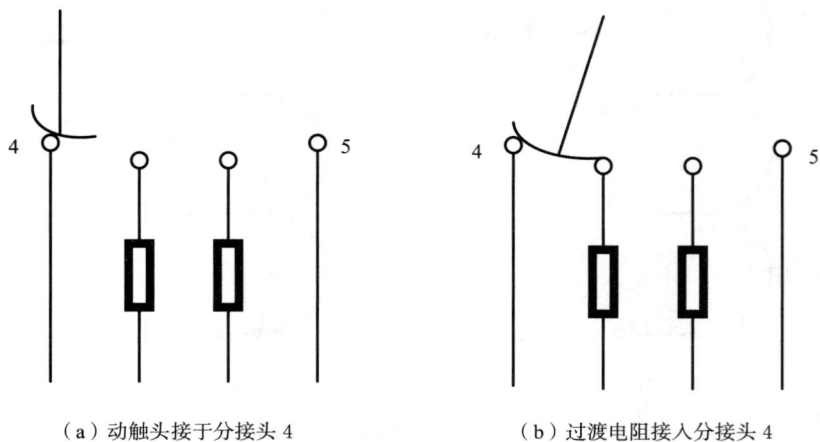

（a）动触头接于分接头 4　　　　　　　　（b）过渡电阻接入分接头 4

（c）一个过渡电阻接入负载电流回路　　　　　（d）两个过渡电阻接入负载电流回路

（e）一个过渡电阻接入负载电流回路　　　　　（f）动触头与一个过渡电阻及分接头 5 连接

（g）完成分接头 5 切换

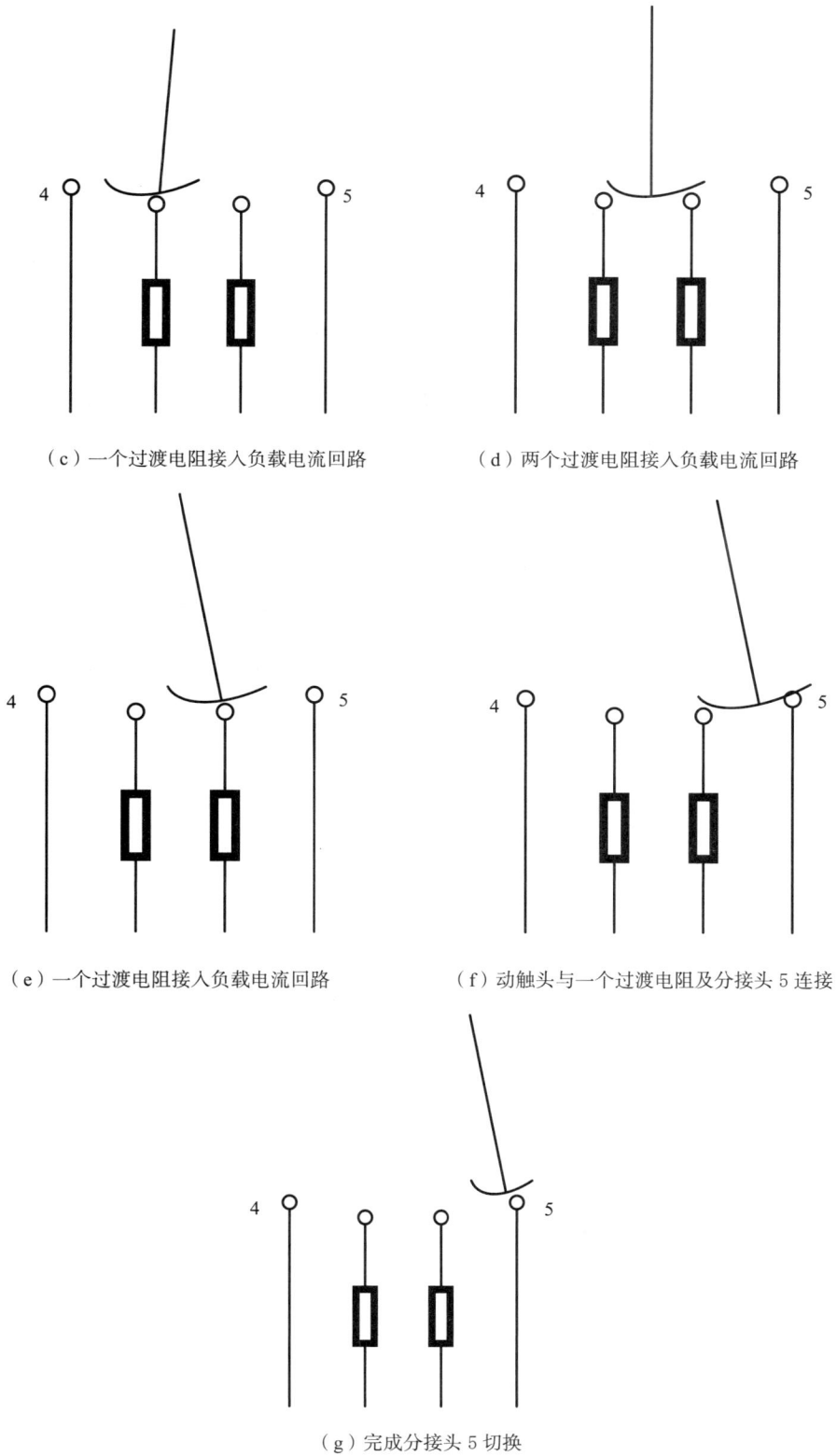

图 1-51　M 型开关的双电阻过渡过程

双电阻过渡电路的特点为，触头变化程序为"1—2—1"，输出电压会经历四次变化。双电阻过渡电路的结构简单，主通断触头的切换任务相对来说较轻，经济性较好，该结构在有载分接开关中应用较为广泛。

1.3.1.2 选择电路

选择电路是为选择分接绕组分接头所设计的一套电路，与其对应的机构为分接选择器、转换选择器或选择开关。其常用的结构有两种：

（1）复式结构。复式结构没有单独的切换开关，是将切换触头和选择触头合二为一，直接在各个分接开关上依次转换，如图 1-50 所示的 V 型开关属于复合式结构，就是所谓复合式分接开关，即选择开关。这种分接开关适用于电流不大、级电压不高的情况。

（2）组合式结构。组合式分接开关主要是为大容量高电压的有载变压器设计的，其采用组合式结构，结构及电气连接图如图 1-52 所示。组合式分接开关由切换开关和分接选择器组合而成，切换开关主要用来切换电流。而分接选择器是把变压器的绕组分接头分为单数组和双数组两组，也称为奇数组和偶数组。进行分接头切换时，分接选择器先动作，转到要切换的分接头位置，切换开关再动作，实现分接头的转换。

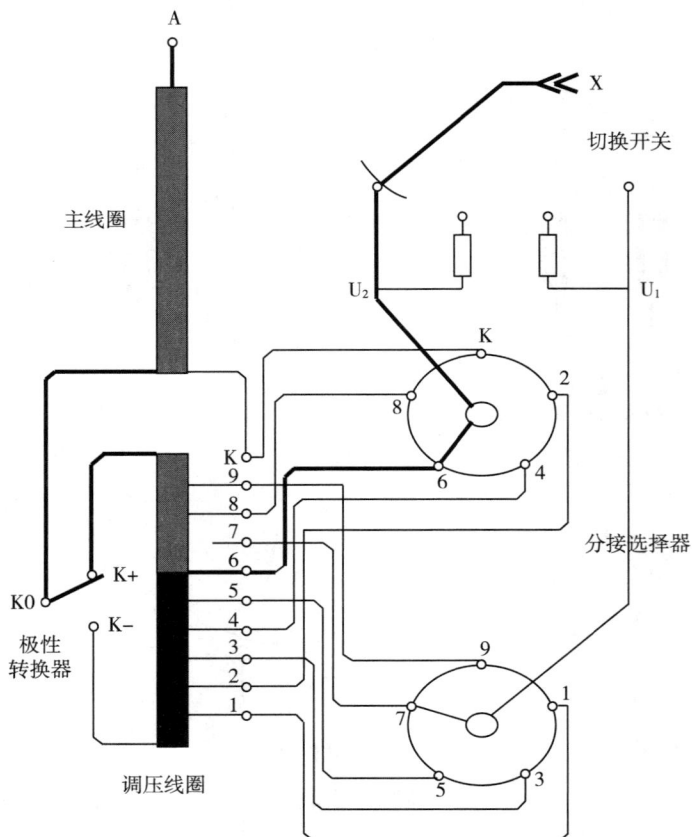

图 1-52 组合式开关调压原理图

1.3.1.3　调压电路

调压电路是变压器绕组在进行调压过程中形成的电路。调压电路中存在多个变压器绕组分接头，调压电路和选择电路连接，通过分接选择器的动触头实现与绕组分接头的连接，从而达到调压的目的。

1.3.2　有载分接开关常见分类

按照不同的分类标准，有载分接开关分为不同的类型。按结构方式，有载分接开关分为复合型和组合型；按照过渡阻抗，分为电阻式和电抗式；按绝缘介质分类，分为油浸式、空气式和六氟化硫。

考虑到按结构分类的复合型与组合型结构差别比较大，所以本节重点分析组合型与复合型有载分接开关。

1.3.2.1　复合型有载分接开关

复合型有载分接开关的结构如图 1-53 所示。复合型有载分接开关是把分接选择器和切换开关功能结合在一起，在带电负荷状况下其触头一次性完成选择切换分接头任务。复合型有载分接开关中的 V 型有载分接开关，主要适用于容量 63000kVA 以下，额定电压 35kV ~ 110kV，最大额定通过电流为三相 350A、500A，单相 350A、700A 的油浸式电力、整流和电炉变压器。由于使用容量小，现在逐渐被淘汰。

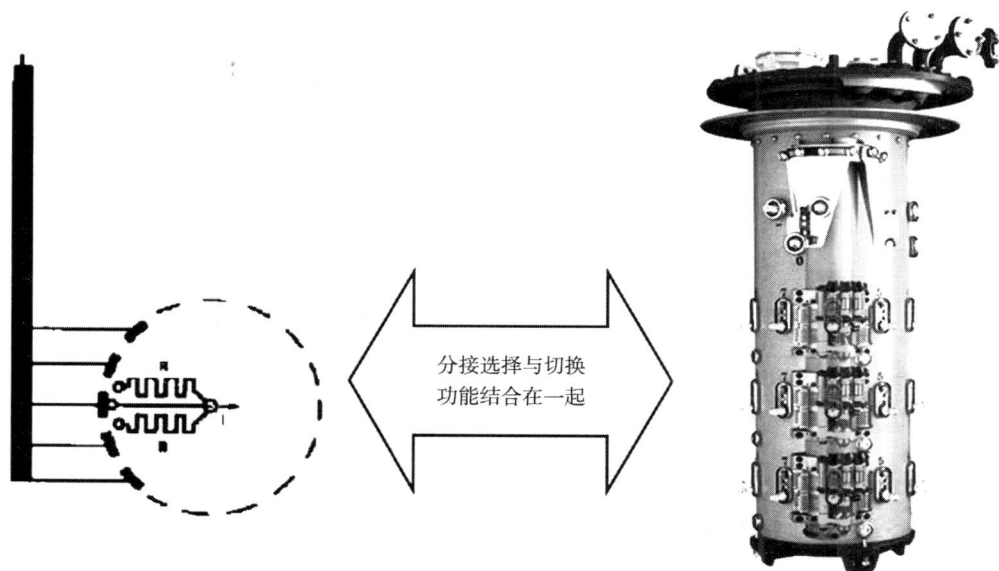

分接选择与切换
功能结合在一起

图 1-53　复合型有载分接开关结构

1.3.2.2　组合型有载分接开关

组合型有载分接开关是切换开关和分接选择器功能独立，分步完成，即分接选择器触头是在无负荷状况下选择分接头之后，切换开关再切换，从而将负荷电流转换到已选的另一个分接头上，其结构如图 1-54 所示。

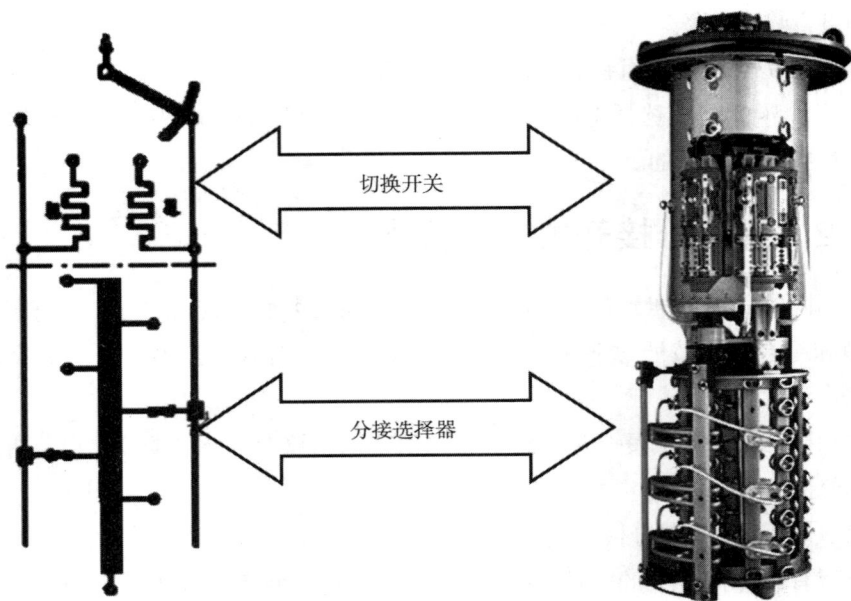

图 1-54 组合型有载分接开关结构

由于组合型有载分接开关不受容量限制，因此当前新投运的变压器主要为组合型有载分接开关，当前组合型有载分接开关主要以上海华明、贵州长征、德国 MR 公司生产的 M 型结构与 ABB 公司的钟摆型结构为主。M 型与钟摆型的有载分接开关工作方式有明显的区别。M 型有载分接开关结构如图 1-55 所示。

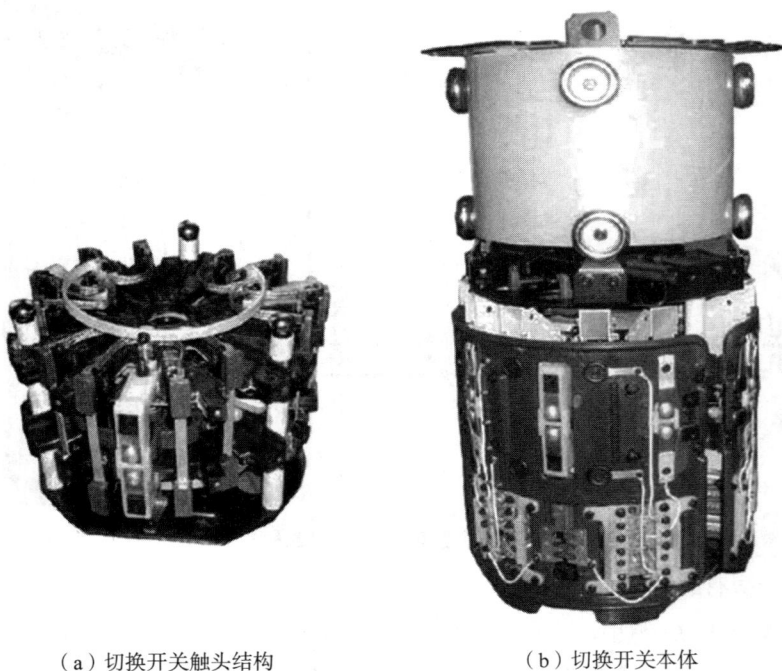

（a）切换开关触头结构   （b）切换开关本体

图 1-55 M 型有载分接开关结构

此种结构采用圆形布置，每一相占的角度为120°。

图 1-56 为 ABB 有载分接开关结构。

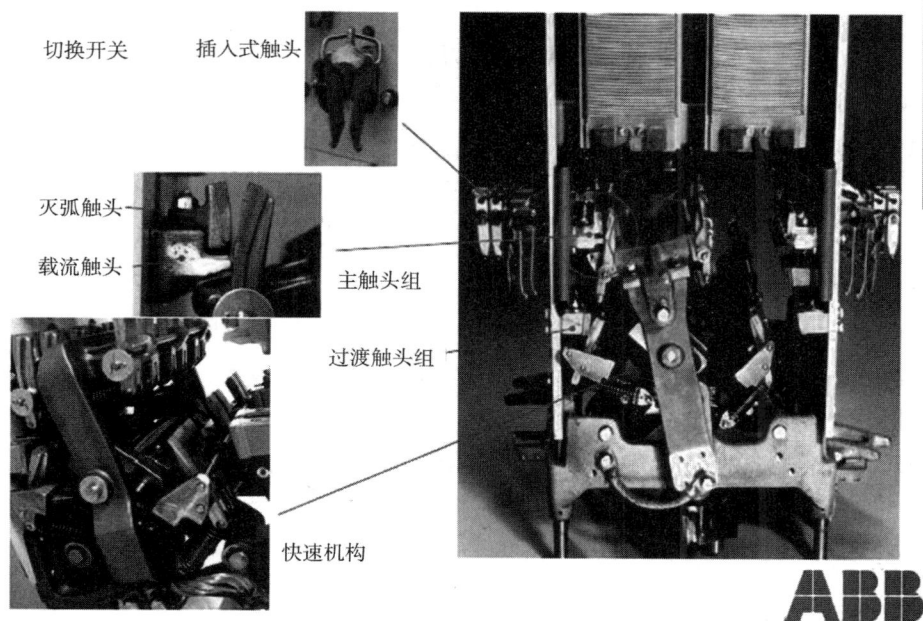

图 1–56　ABB 有载分接开关结构

1.3.3　有载分接开关铭牌含义

当前来说，国内有载分接开关厂家主要包括上海华明、贵州、德国 MR 以及 ABB，其中上海华明、贵州长征、德国 MR 产品铭牌含义近似，而 ABB 产品铭牌含义有所不同。

1.3.3.1　上海华明、贵州长征、德国 MR 产品铭牌含义

以 CM Ⅲ -600 Y/126 D – 10193W 为例进行介绍。

CM ——产品型号；

Ⅲ ——相数代号；

600——最大额定通过电流；

Y ——连接方式；

126——设备最高电压（kV）；

D ——分接选择器绝缘等级代号；

10193W ——分接选择器基本连接方式。

1.3.3.2　华明 M 型有载分接开关铭牌含义

以 M Ⅲ 500 Y -123/C-10193W 为例进行介绍。

M —— M 型开关为组合式，其型式包含 A，G，M，R，V，VV，VT，AVT，VR 等；

Ⅲ ——相数；

500——最大通过电流及附加代号，例如 2，就是有 2 组扇形件；

Y ——中性点；

123——对地绝缘水平，设备最高电压；

C ——分接选择器等级，绝缘等级通常还有 A，B，D 等；

1019 Ⅲ W ——基本接线图。

基本接线图说明如下：

10——分接选择器每相圆周平面的触头数；

19——最多工作位置数；

Ⅲ ——中间位置数，有 0、1、3 三种；

W ——转换类别：W 正反调、G 粗细调。

分接选择器绝缘水平编号表示：分接选择器分 4 种不同绝缘尺寸，分别以 A、B、C、D 表示。

相数表示：分接开关的相数分别以罗马字母"Ⅰ"表示单相和"Ⅲ"表示三相。

1.3.3.3 长征 V 型有载分接开关铭牌含义

以 V Ⅲ 350 Y-72.5-10191W 为例进行介绍。

V ——分接开关型号；

Ⅲ ——分接开关相数（Ⅰ、Ⅲ）；

350——分接开关最大额定通过电流；

Y ——分接开关连接方式（Y、D）；

72.5——分接开关最高工作电压（kV）；

10191W ——基本接线图。

1.3.3.4 MR V 型有载分接开关铭牌含义

以 V Ⅲ 350 D-76/-12231W 为例进行介绍。

V —— V 型开关为复合式；

Ⅲ ——相数；

350——最大通过电流；

D ——连接方式为角接，三相相与相之间为全绝缘；

76——设备最高电压，对地绝缘水平；

12231W ——基本接线图。

1.3.4 有载分接开关结构

目前国内使用的有载分接开关型号众多，适合于不同的电压等级和使用环境，由于 V 型开关基本已经淘汰，本文只介绍 M 型开关结构。M 型有载分接开关包括国内华明公司的 CM 型、长征公司的 ZY 型、德国 MR 公司的 M 型，其结构基本相同。M 型有载分接开关包括油室、切换开关、分接选择器和电动机构等部分。其整体结构如图 1-57 所示。

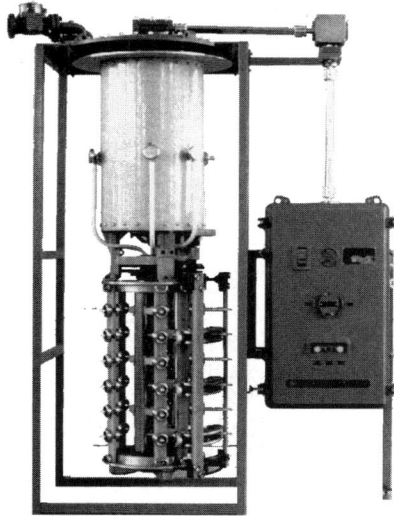

图 1-57　M 型开关整体布置图

1.3.4.1　分接选择器

分接选择器也就是 1.3.1 节中所指的选择电路，其实物图如图 1-58 所示，包括级进机构和触头系统，正反调压时，还带有极性选择器。级进机构又称为槽轮机构，能够保证当前档位只能向邻近的上或者下个档位变化，其由两个槽轮和一个拨槽件组成，两只槽轮交替工作。在分接变换操作时，拨槽件转动半圈，拨动槽轮，将运动转换为一次级进运动，把分接选择器上的桥式触头从一个分接头转移到另一个分接头上。

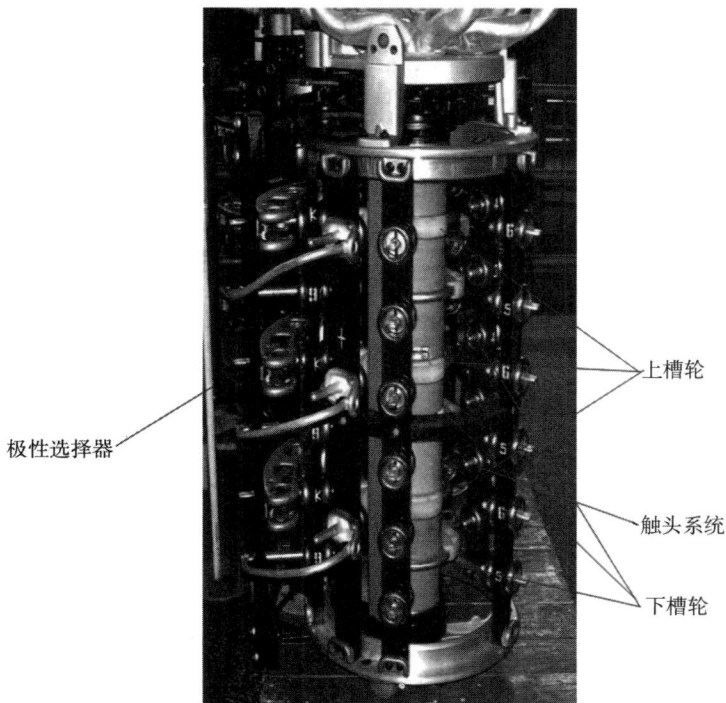

图 1-58　分接选择器图（选择开关）

　　绝缘板条上装有带屏幕罩的单双数静触头，固定在上下法兰圆周上，静触头通过桥式触头与中心绝缘筒壁上的接触环相连，接触环的连接由中心绝缘筒引出与切换开关相连。分接选择器的桥式触头采用"山"字形的上下夹片式结构，如图 1-59 所示，经传动管由槽轮机构带动，沿中心绝缘筒上的接触环旋转依次与选择器绝缘板条上的分接头接触。在触头弹簧的作用下，可始终保持四点接触。

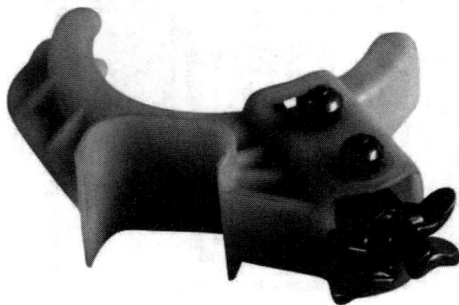

图 1-59　"山"字形触头

1.3.4.2　切换开关

　　切换开关由绝缘转轴、快速机构、动触头系统及弧形板组成，整个切换开关装在油室内，如图 1-60 所示。

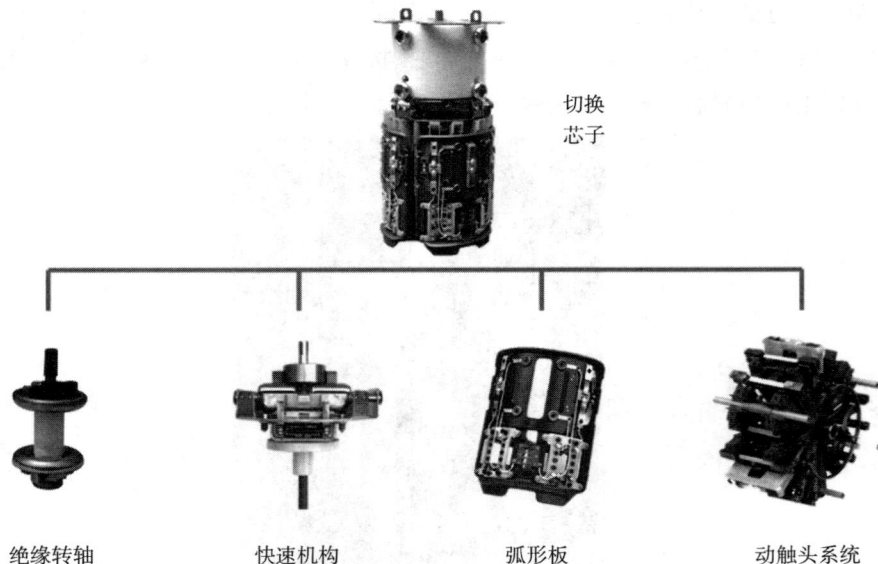

切换芯子

绝缘转轴　　　　快速机构　　　　弧形板　　　　动触头系统

图 1-60　切换开关图

　　快速机构包换偏心轮槽的上滑板、下滑板、储能压簧、导轨、爪卡、凸轮盘、基座托架等装置，采用的是枪机释放原理。弹簧装在上下滑板之间的导轨上，由上滑板侧壁控制的爪卡锁定凸轮盘，使下滑板保持在原位上，当偏心轮带动上滑板沿着导轨移动时，弹簧压缩储能，一旦上滑板侧壁将相应的爪卡从锁定的凸轮盘移开，下滑板的滑板立刻将传动力传至凸轮盘的轴套上，使切换开关动作，其结构如图 1-61 所示。

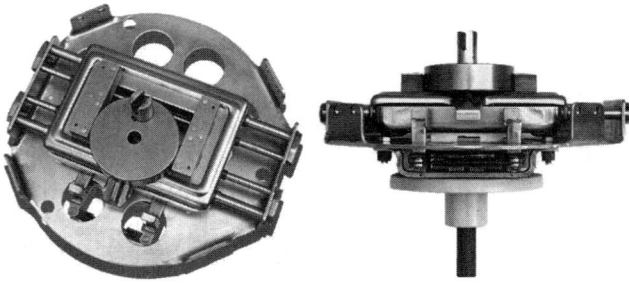

图 1-61　快速机构

切换开关的触头系统采用双电阻过渡。触头系统分三部分，三相分接开关的三部分动触头内部为星形连接，单相分接开关的三部分触头采用并联连接的方式，其每个部分包含两对主弧触头和两对过渡电阻，过渡触头与过渡电阻相连，主弧触头与过渡电阻的制成材料均为铜钨合金。动触头安装在绝缘良好的上下导板的导槽内，与转换扇形件的曲槽滚销相连，在扇形件的两侧装有一个羊角形的并联主触头，从而保证长期运行时接触良好。静触头置于绝缘弧形板上，由灭弧室互相隔开。当切换开关动作时，动触头由转换扇形件控制沿导轨的导槽做直线运动，与布置在弧形板（图 1-62）内壁的静触头按规定的程序进行切换，其结构如图 1-63 所示。过渡电阻按辐射方向均匀分布，与切换开关过渡触头并联。

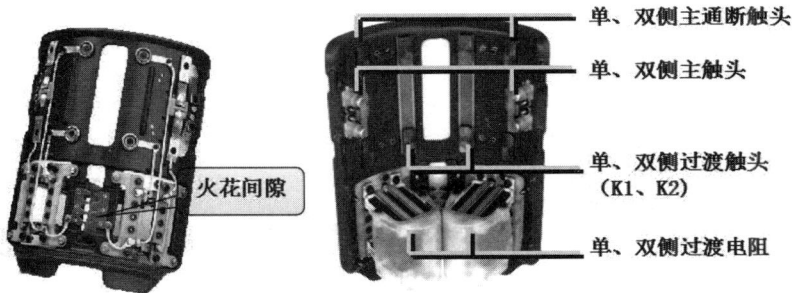

火花间隙

单、双侧主通断触头

单、双侧主触头

单、双侧过渡触头（K1、K2）

单、双侧过渡电阻

图 1-62　灭弧板

图 1-63　触头系统

如图 1-64 所示为切换开关动作过程。

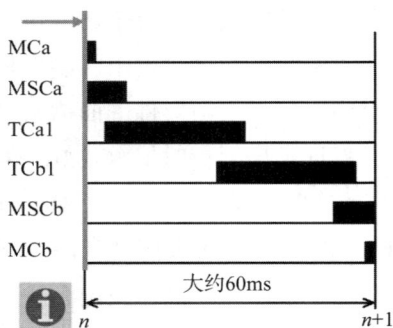

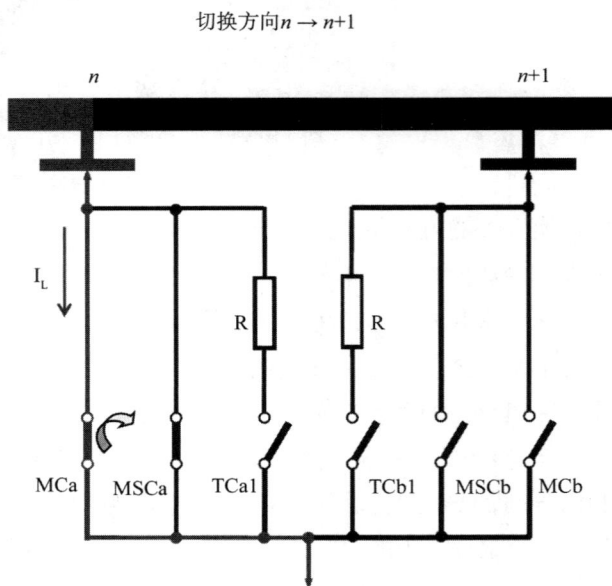

切换方向 $n \rightarrow n+1$

（a）主触头载流

切换方向 $n \rightarrow n+1$

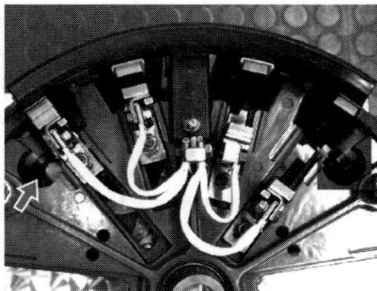

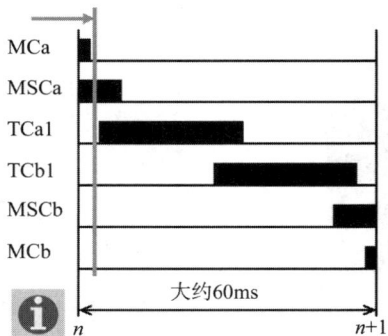

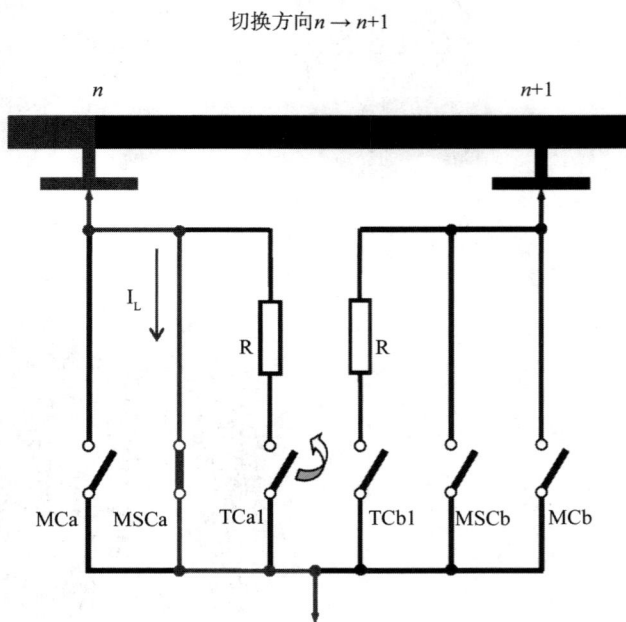

（b）主通断触头载流

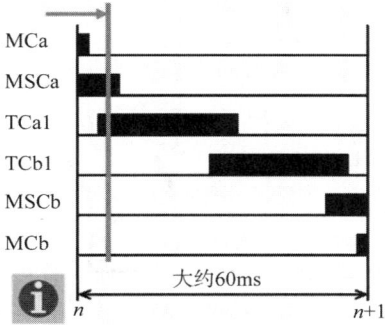

切换方向$n \rightarrow n+1$

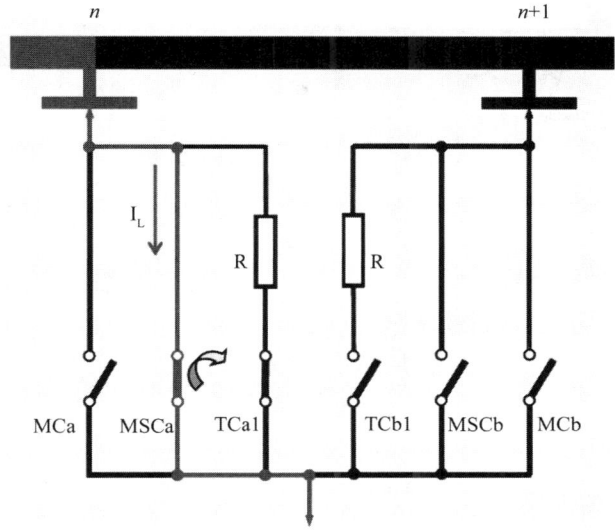

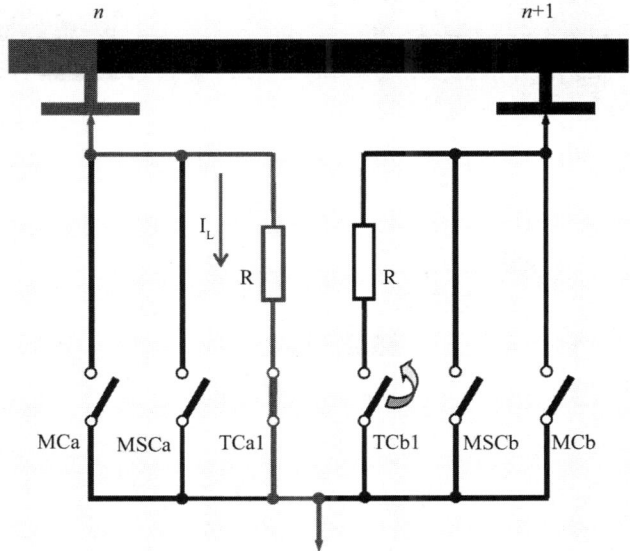

n $n+1$

MCa
MSCa
TCa1
TCb1
MSCb
MCb

大约60ms

n $n+1$

I_L

R R

MCa MSCa TCa1 TCb1 MSCb MCb

（c）过渡触头闭合

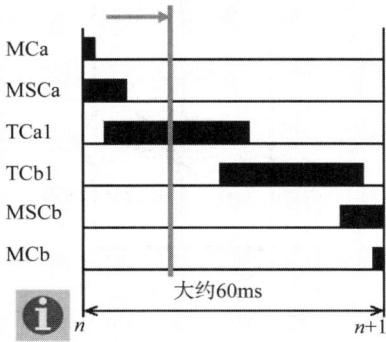

切换方向$n \rightarrow n+1$

n $n+1$

MCa
MSCa
TCa1
TCb1
MSCb
MCb

大约60ms

n $n+1$

I_L

R R

MCa MSCa TCa1 TCb1 MSCb MCb

（d）过渡触头载流

图 1-64

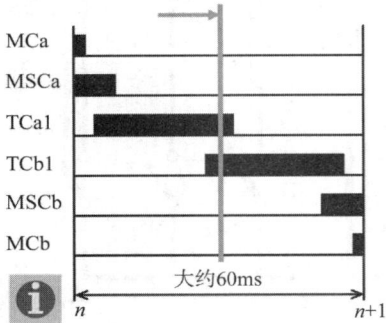

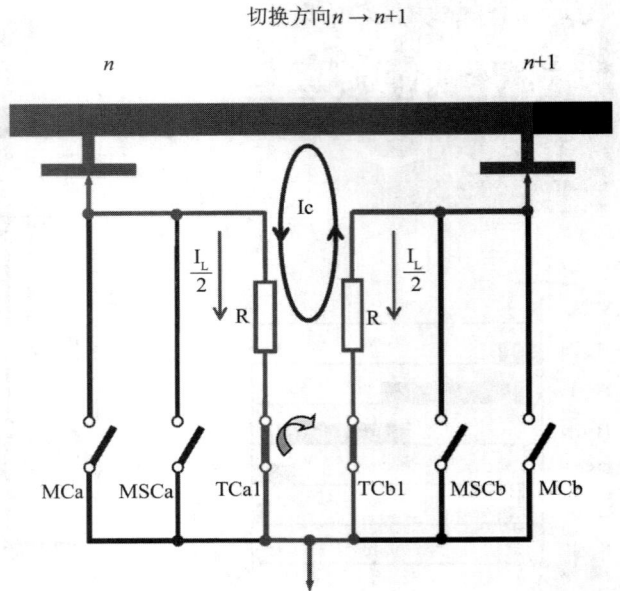

切换方向 $n \rightarrow n+1$

n 　　　　　　　　　　　　　　　　　 $n+1$

I_c

$\dfrac{I_L}{2}$　　R　　　　R　　$\dfrac{I_L}{2}$

MCa　MSCa　TCa1　　TCb1　MSCb　MCb

MCa
MSCa
TCa1
TCb1
MSCb
MCb

大约60ms

n 　　　　　　　　　　　　 $n+1$

（e）产生环流

切换方向 $n \rightarrow n+1$

n 　　　　　　　　　　　　　　　　　 $n+1$

R　　　R　　I_L

MCa　MSCa　TCa1　　TCb1　MSCb　MCb

MCa
MSCa
TCa1
TCb1
MSCb
MCb

大约60ms

n 　　　　　　　　　　　　 $n+1$

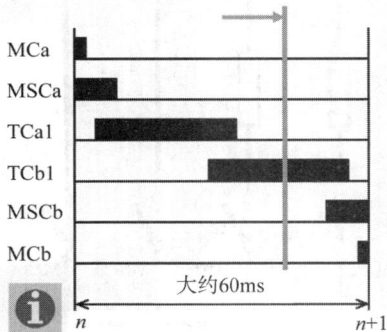

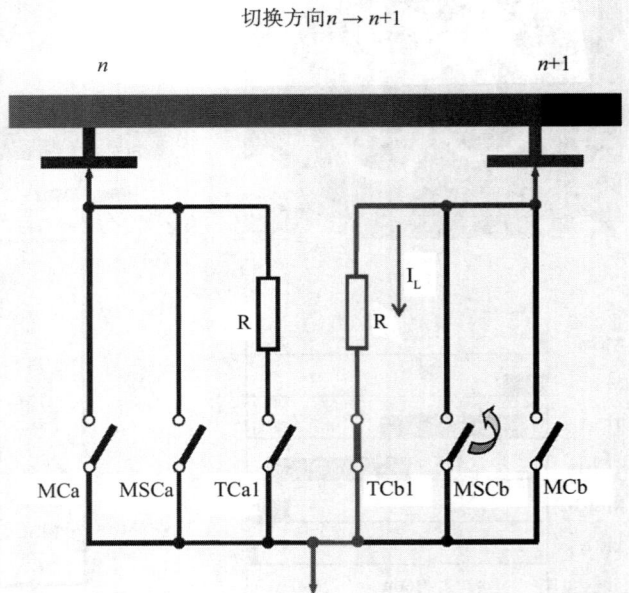

（f）过渡触头载流

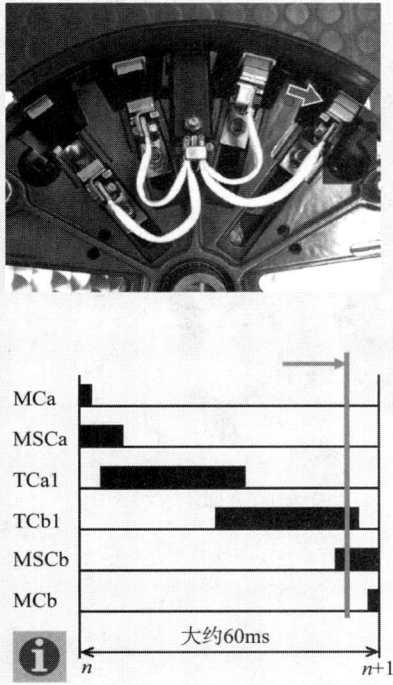

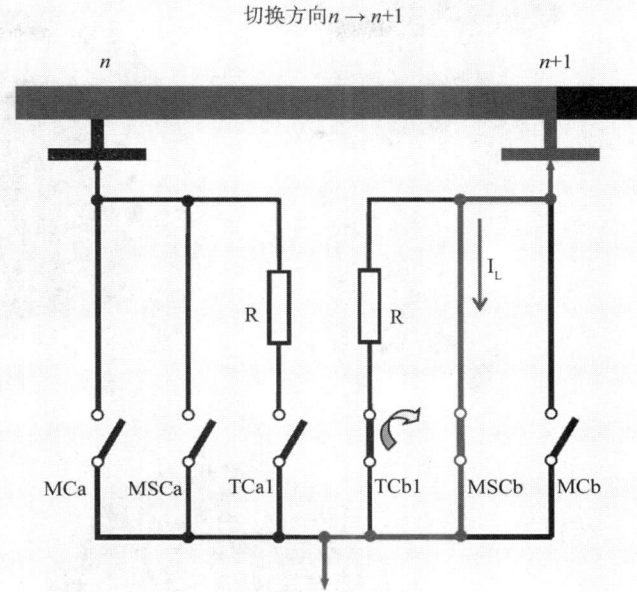

（g）主通断触头载流

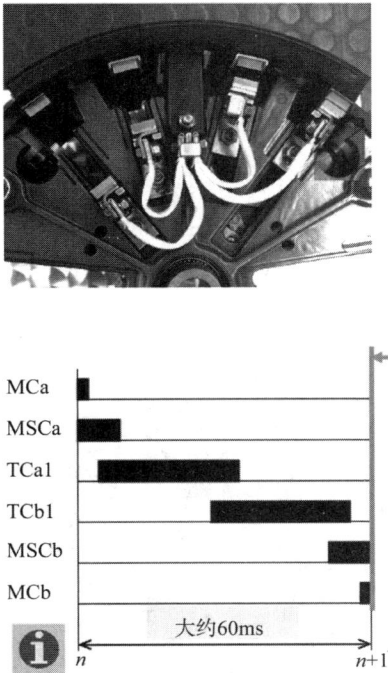

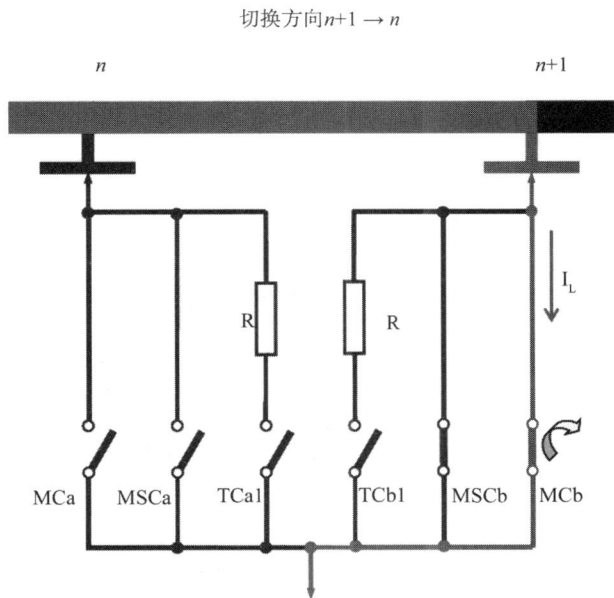

（h）主触头载流

图 1-64 切换开关动作过程

切换开关的油室分为四个部分，包含头部法兰、顶盖、绝缘筒和筒底，油室的作用是使得开关内被电弧碳化的绝缘油与变压器油箱内的本体油隔离开来，如图 1-65 所示。

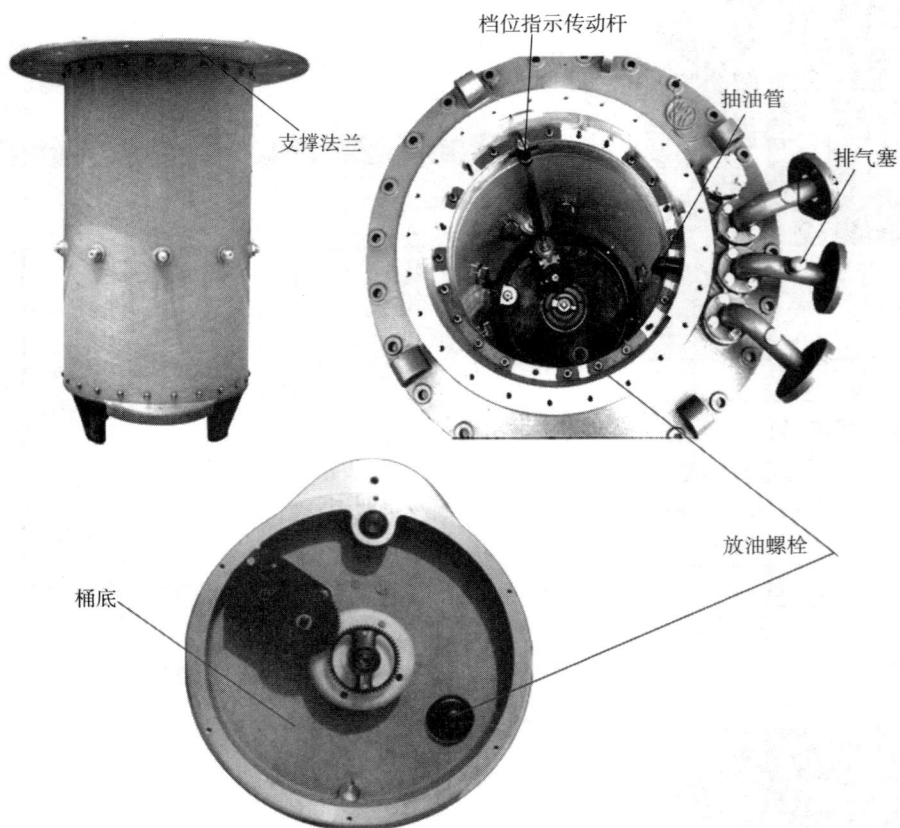

图 1-65 切换开关油室

如图 1-66 所示，切换开关油室的顶盖上装有防爆片（当前有安装压力释放装置的）、减速箱、分接位置观察孔及溢油排气螺钉。

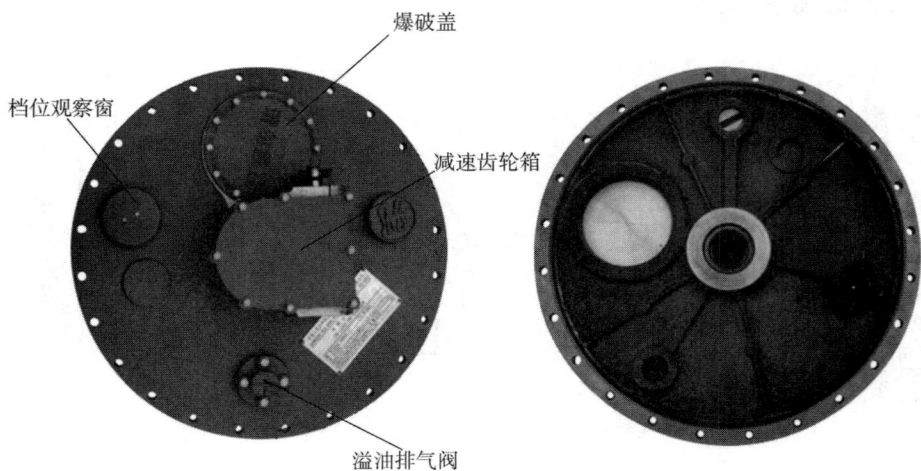

图 1-66 切换开关油室顶盖

绝缘筒是用环氧玻璃丝绕制而成的，上下端分别用铆钉将头部法兰与筒底相接，其侧壁上装有静触头，并通过外壁上的螺钉、导电杆与分接选择器导电环相连。筒底是由铝合金制成的。筒底上部有穿过筒底的传动轴，轴的上端连接器与切换开关本体相连，下端通过筒底齿轮装置带动分接选择器。筒底上还有分接位置指示自锁机构，为的是当进行切换开关本体吊芯时，位置指示传动机构自锁，防止位置错乱。

1.3.4.3　电动操动机构

电动机构箱内有驱动有载分接开关工作所需的全部电气和机械装置，控制依据的是级进原理，即有载分接开关从一个工作位置变到相邻位置，电动机构的动作由单一控制信号启动，无任何间断地直至完成。机构内有双重限位装置，防止超越两个终端位置，安全和监控装置完善，操作方便。

笔者认为，电动机构箱总共经历了三代变化，第一代属于传统电动机构箱，内部含有接触器、凸轮、中间继电器等部件，结构比较复杂，例如上海华明公司的 CMA7（图 1-67）、CMA9 型机构箱，MR 公司、ABB 公司也始终坚持此种类型机构箱，如图 1-68 所示。

图 1-67　CMA7 机构箱

图 1-68 ABB 机构箱

该类型机构箱所配备的调压控制器为 HMC-3C 型，如图 1-69 所示，该控制器只有分头显示和就地的升降停功能。

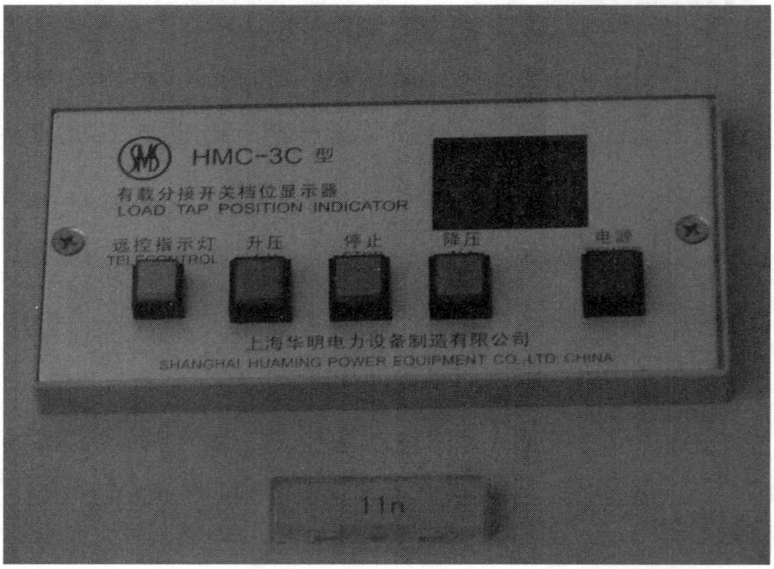

图 1-69 HMC-3C 控制器

　　第二代属于智能型控制器，以上海华明的 SHM-Ⅰ、SHM-Ⅲ，以及贵州长征的 MAE 型机构箱为代表，如图 1-70 所示。该类型机构箱结构简单，传动机构箱中接触器、凸轮、中间继电器需要实现的功能统一由调压控制器实现，电动机构箱只接受命令，实现分头变化功能。SHM-Ⅰ 与 HMK7 匹配，SHM-Ⅲ 通常与 HMK8 匹配，如图 1-71 所示。

图 1-70　SHM-Ⅲ 控制器

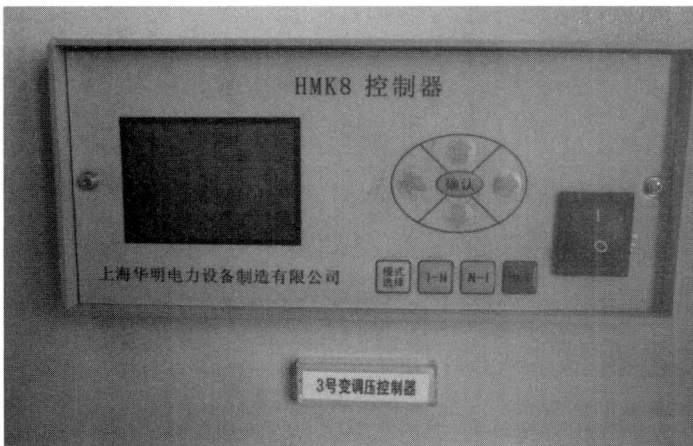

图 1-71　HMK8 控制器

第三代属于基于光纤传输的智能型电动机构，其机构箱结构与第二代机构箱一样，只是在信号传输方面不同。第二代智能型电动机构使用电缆线传输信号，第三代电动机构在机构箱处增加光电转换模块，控制器中也增加光电转换模块，这样能够实现所有信号的光纤传输，如图1-72所示。

图1-72　SHM-D电动机构箱

从第一代到第二代，类似于电子化改造，虽然机构箱结构得到简化，但是功能更加集成化，而且调压控制器可靠性不高，成本较高，但是传动机械型机构箱，如果某个接触器、凸轮损坏，可以直接更换相应部件，但是智能型机构箱只能更换调压控制器，这样反而增加了电动机构箱运维成本。其与微机保护和电磁保护有些类似，微机保护相对于电磁保护是技术进步，但是运维成本确实大大提高了，集成化的芯片，变电检修中心不具备芯片维修能力。第三代机构箱由于用光纤传输，一旦光纤损坏只能更换整根光纤，不如第二代机构箱，哪根线损坏就更换哪根线。第三代机构箱的初衷是减少信号传输线路数量，殊不知电动机构箱和调压控制器之间本来信号数量就不多，所以实际意义不大。

1.3.5　真空有载分接开关

1.3.5.1　真空有载分接开关原理

真空有载分接开关在工作原理上与传统的油灭弧有载分接开关相同，主要变化就是用真空管灭弧装置代替原来的机械灭弧装置（理论上传统有载分接开关属于过零点自然熄弧，绝缘油不承担主动熄弧），由于绝缘油不用承担灭弧作用，解决了绝缘油的碳化与污染问题，同时能够提高触头的工作寿命，延长维护周期，提高运行可靠性，其工作原理如图 1-73 所示，真空管结构如图 1-74 所示。

钨铜合金主通断触头和主过渡触头

主通断触头（MSV）的真空开关管和过渡触头（TTV）的真空开关管

图 1-73 真空有载分接开关工作原理

VCM

CM

真空管

（a）真空管示意图

图 1-74

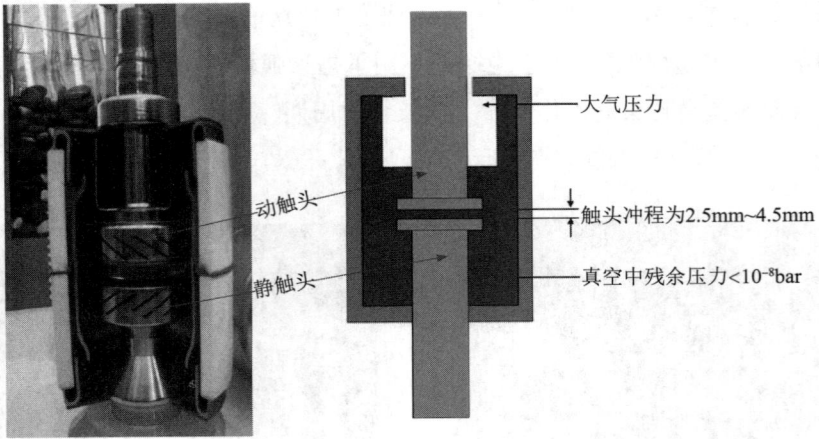

（b）真空管结构图

图 1-74　真空管示意图

1.3.5.2　真空有载分接开关铭牌

真空有载分接开关由于采用真空管灭弧，所以通常在原有常规型分接开关的铭牌上增加 V 字（VACUUM），下面列举了本公司常见的几种真空有载分接开关。

（1）华明 VCM/VCV/SHZV 型

其铭牌含义如图 1-75～图 1-77 所示。

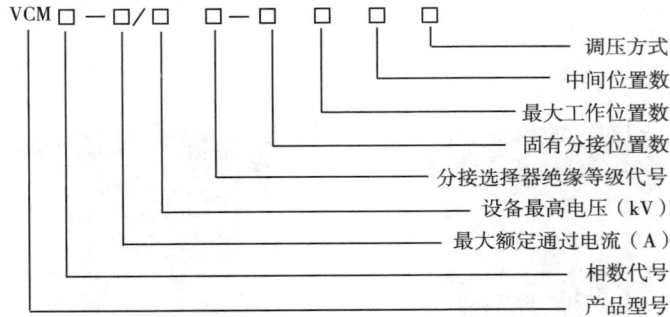

图 1-75　华明 VCM 型真空有载分接开关

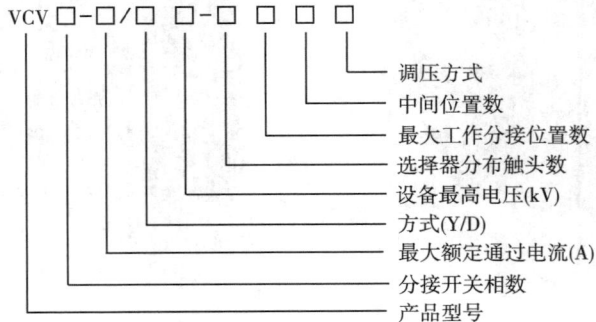

图 1-76　华明 VCV 型真空有载分接开关

以 VCV Ⅲ 500Y/72.5-10193W 为例，代表的是 VCV 型分接开关，三相，最大额定通过电流为 500A，设备最高工作电压为 72.5kV，Y 接，19 个工作位置，3 个中间位置，带极性选择器。

图 1-77 华明 SHZV 型真空有载分接开关

（2）长征真空分解开关 ZVMD

其铭牌含义如图 1-78 所示。

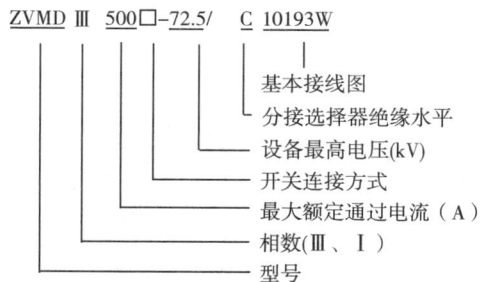

图 1-78 长征 ZVMD 型真空有载分接开关

其中：①开关连接方式：D 为 D 连接，无标志为 Y 连接。

②分接选择器绝缘水平编号表示：分接选择器分 4 种不同绝缘等级，分别以 A、B、C、D 表示。

③基本接线图说明如下：

10——分接选择器每相圆周触头数；

19——最大工作位置数；

3——中间位置数：有 0、1、3 三种，0 表示线性调；

W——转换类别：W 正反调、G 粗细调。

（3）ABB VUCGRN 650/800/ Ⅲ

ABB 真空开关也是在常规铭牌的基础上增加了 V 字。

1.3.6 有载分接开关在线滤油装置

如前所述，变压器的有载分接开关的切换装置是整个浸泡在有载分接开关油室中的变压器油中的，变压器油起到绝缘和降温的作用。对于油灭弧有载分接开关，在分接位置变换过程中引起的电弧会使得油室内的变压器油产生电离分解，进而形成游离碳和各种固体颗粒物，这些游离碳和固体颗粒物会污染变压器油。此外，变压器油还会吸收一些外部水分，变压器油中的含水量增加，会进一步降低绝缘油的耐压水平，导致开关的接触性能下降，变压器油中污染进一步增加，从而形成恶性循环。油质的劣化，不仅降低了油的绝缘强度，还限制了有载分接开关的切换次数。

因此，变压器有载分接开关的在线滤油装置与有载分接开关配套使用，是为了能够在变压器正常运行状况下，有效地去除分接开关油室内因电离产生的游离碳、金属微粒、杂质等固体颗粒物，降低油中的水分含量，使得分接开关室内的绝缘油能够基本达到或者接近新绝缘油的标准，恢复变压器油的绝缘强度和性能，提高有载分接开关运行的安全性、可靠性，大大减少变压器的停电次数，提高供电的可靠性。但是随着真空有载分接开关的大面积推广使用，以及传统有载分接开关的真空化改造，有载分接开关在线滤油机逐渐退出历史舞台。笔者所在公司常用的有载分接开关在线滤油装置通常为上海华明制造的ZXJY系列。

ZXJY系列有载分接开关通常分为两种型号：ZXJY-1型和ZXJY-3型。

ZXJY-1型：机械与电器部分在同一箱体中，如图1-79所示。

图1-79 ZXJY-1

ZXJY-3型：采用一个控制单元控制三台滤油中心，且三台中心可单独调试，并联运行，如图1-80所示。

图 1-80 ZXJY-3

ZXJY-1 型在线滤油装置既可以安装在变压器器身上，称为"壁挂式"，也可以安装在地面上，称为"落地式"。而 ZXJY-3 型在线滤油装置则采用壁挂式安装。

ZXJY 有载分接开关滤油装置分为两级过滤，前级过滤的主要作用为除去游离碳等杂质，后级过滤的主要作用为除去水分。其油流通道设计为独特的集成板式结构，结构紧凑，不存在管路连接，有效减少了需要密封的部位；所有主密封的部位均设计为两道密封，以增加密封保险的系数。

1.4 变压器状态在线监测装置

1.4.1 油色谱在线监测装置

变压器在运行过程中，若发生故障，会导致变压器油分解，因此变压器油中溶解产生的气体成分、含量和产气率，一定程度上可以反映变压器的绝缘老化或故障程度，这种通过监测油中气体来判断变压器运行状态的方式已经成为电力部门应用相对成熟、有效、广泛的方法之一。但是由于实验室色谱检测手段存在较大的局限，一是其监测周期较长，二是对需要跟踪分析器发展状况和产气增长速率的大型变压器不能连续监测，捕捉两次色谱分析之间发生的故障难度很大，无法充分掌握发展较快的故障，并且实验室气相色谱监测结果分散性比较大，因此引入变压器油色谱在线监测装置。

笔者所在公司通常采用大连世有和思源电气这两个厂家生产的油色谱在线监测装置。思源电气生产的油色谱装置型号通常为 TROM-600G，大连世有生产的油色谱装置型号通常为 OGMA。

以 TROM-600G 为例，其工作原理为：系统首先进行充分的油循环，以保证所取的用于分析的油样能够真实地反映变压器内部的真实情况；变压器中油样通过充分循环后再获取少量油样，进入油气分离装置，由真空装置抽取真空将特征气体与被检测油样分离，被分离后的特征气体进入色谱柱进行气体组分的分离，在载气的推动下经过气体传感器，将气体浓度值转换成电压信号，此电压信号通过高精度 A/D 转换器转换成数字序列信号，并通过通信线上传到后台控制系统进行相近的分析、储存和显示。其工作原理如图 1-81 所示。

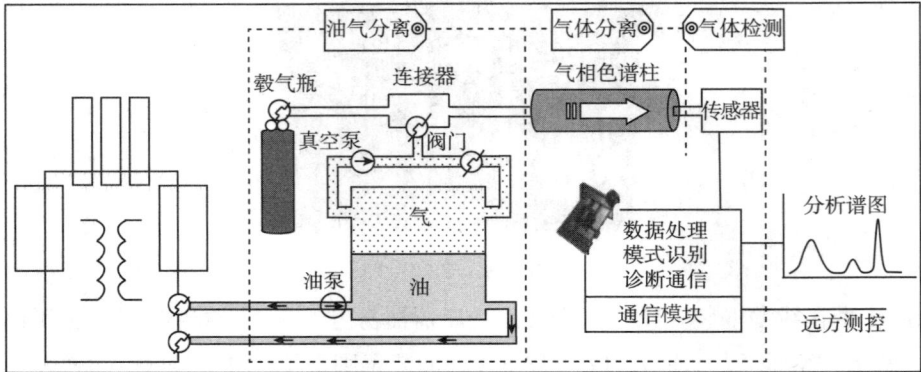

图 1-81 TROM-600G 工作原理图

而大连世有生产的 OGMA 系列油色谱在线监测装置由 OCMA 装置和后台服务器组成，后台服务器由主站单元（数据处理服务器）、监控软件及数据库组成。OGMA 装置由脱气单元、中控单元、检测单元、IED 单元及辅助单元和配件组成，可以独立完成油中溶解气体分析、存储工作，并将气体组分浓度等数据信息传输至监控后台。其外观如图 1-82 所示。

图 1-82 油色谱在线监测装置采样主机

油色谱在线监测装置采集到油气信息转换为电压信号，电压信号传至光转换模块，如图 1-83 所示，光转换模块再将电压信号转换为光纤信号传至内网机，进行解码、存储。

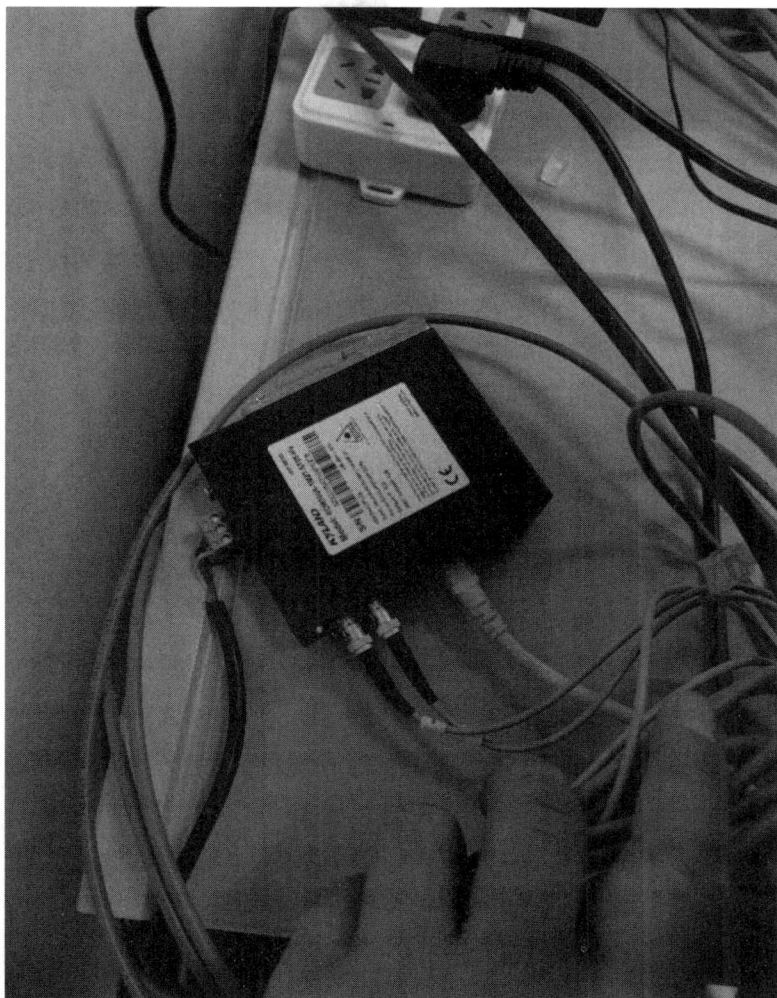

图 1-83　光转换模块

1.4.2　铁芯在线监测装置

当电力变压器的铁芯发生两点或者多点接地时，铁芯内部会产生环流，引起局部过热，严重的会造成铁芯局部烧损，甚至会使接地片熔断，从而导致铁芯电位悬浮，产生放电性故障，严重威胁变压器的可靠运行。因此，对铁芯电流进行实时监测很有必要。

变压器铁芯在线监测装置由上机位和下机位组成，下机位通常安装在变压器现场，其主要功能是完成铁芯电流信号的提取、数字化处理、监测参数的显示、历史数据的自动保存和显示等功能。下位机可向上位机实时发送电流、时间、电阻的投切状态、下位机的工作模式等多种监测数据；上位机获得了下位机上传的数据后可以进行波形显示、历史数据分析和初步的故障诊断等。其铁芯在线监测原理框图如图 1-84 所示。

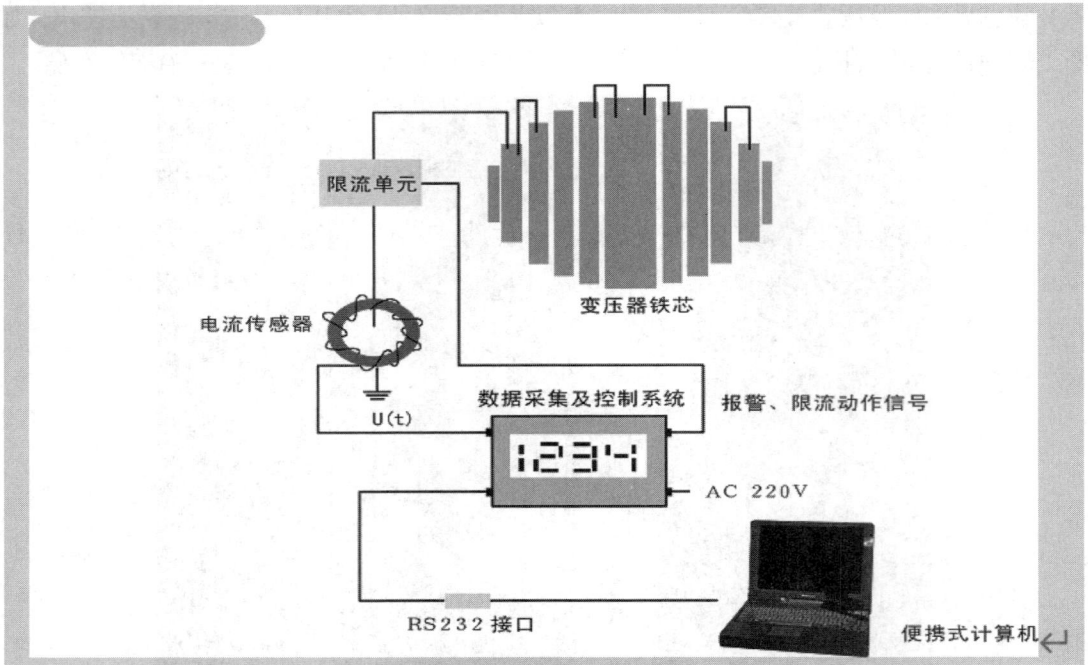

图 1-84　变压器铁芯接地在线监测原理框图

图 1-85 为铁芯在线监测装置现场实物图。

图 1-85　铁芯在线监测装置现场实物图

1.4.3　关于变压器监测装置的讨论

当前变压器监测装置的发展趋势是从离线向在线发展，当前油色谱、铁芯在线监测装置都已经能够实现在线监测，未来套管油色谱分析，红外测温装置，包括变压器渗漏都可能实现在线监测。考虑到变电站主要以变压器为中心，所以未来可能会开发一套变压器运行状态在线监测装置，对于变压器的所有运行变量都能够在线监测，这不同于当前变压器状态监测镶嵌于变电站运行状态监测系统之中，而是一套独立的运行监测系统。

变压器各监测量除了应实现绝对值监测，还应该实现变化量的监测，例如压力释放阀实现油箱内压力绝对值监测，而速动油压继电器反映油箱内压力变化速率；当前温度计反映温度绝对数值，未来如果温度计响应速度足够快，则也可以反映温度变化速率，以及油位变化速率。因为变压器稳定运行时，各状态量不可能发生急剧的瞬间变化，一旦发生急剧变化，必然预示着运行状态有急剧改变。同时，非同源监测也是未来的发展方向，对于一个状态量，如果非同源的监测装置均显示有问题，则表明变压器故障概率很大，这也是增加变压器运行状态监测准确率的一个方法，另一个方法就是增加同源监测装置的冗余度，但是非同源装置更具有实用性。

1.5　关于变压器几个基本问题的讨论

1.5.1　变压器、电流互感器和电压互感器工作原理有何本质区别

变压器和 PT 都是并联在电网中，所以二者的一次电压都是电网线电压，其一次电流

随着二次负荷电流的变化而变化，对于三绕组变压器两个低压绕组 S_2 与 S_3 的容量之和会大于高压绕组容量 S_1，工作时，两个低压绕组 S_2 与 S_3 负荷电流各自变化，当 $S_2+S_3=S_1$ 时，S_2 与 S_3 的负荷电流不能再增大，也就是变压器已经满负荷运行。由于变压器是为了传递功率，如图 1-86 所示，需要满足 $U_1I_1=U_2I_2$。电压互感器是为了传递电压（如果电压互感器传递过多功率，会造成系统功率浪费，变压器传递功率是为了将一个电压等级的功率传递到另外一个电压等级），所以其二次侧阻抗无穷大（$Z_L \approx \infty$），尽量使二次侧电流 $I_2 \approx 0$，由于需要把高电压等级降低到 100V，其一次线圈非常多且比较细，这样励磁电抗也比较大，励磁电流比较小，确保 I_1 在 $Z_1=r_1+x_1$ 上的电压降足够小，尽量满足 $U_1 \approx E_1$。

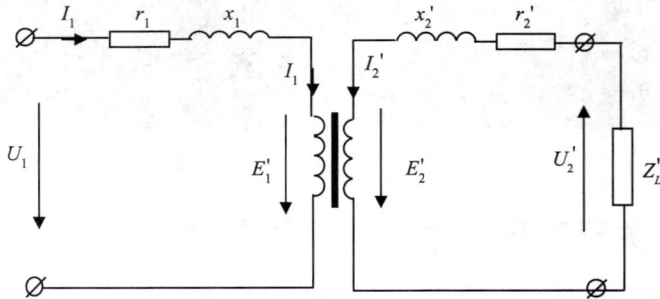

图 1-86　变压器等效电路图

　　而电流互感器串联在电路中，这样其一次电流 I_1 就被固定为系统负荷电流，由于 CT 是为了获得系统电流数值，所以为了减少功率传递，二次侧阻抗 $Z_L \approx 0$，也就是短路状态，这样二次电压 $U_2 \approx 0$。图 1-87 电路满足以下公式 $I_1=I_2+I_m$，为了尽量使得 $I_1=I_2$，只有 $I_m \approx 0$，这样励磁电抗 Z_m 非常大。由于电流互感器一次侧流过负荷电流，所以其一次侧线圈比较粗且较少，二次线圈比较细且较多。

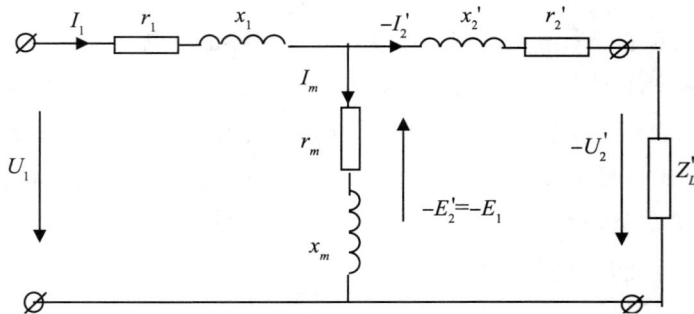

图 1-87　变压器 T 型等效电路图

1.5.2　变压器、电流互感器和电压互感器的电流比、电压比如何实现

　　关于电压成比例问题，只要线圈绕在同一个铁芯上，则即满足电压比：$E_1 : E_2 : E_3 = 4.44FN_1\Phi : 4.44FN_2\Phi : 4.44FN_3\Phi$，也就是改变电压比时，一定要采用一个铁

芯，所以变压器与电压互感器都是采用一个铁芯，不同线圈绕在同一个铁芯上。如果要电流成比例变化，则必须采用一个铁芯上只有一个二次绕组，这样才能满足 $N_1I_1+N_2I_2=0$，所以电流互感器每个二次绕组都有一个铁芯。

1.5.3　关于变压器、PT、CT铁芯接地问题的讨论

变压器和 PT 都是并联在电网中，所以铁芯承受的电位差为相电压，铁芯悬浮电位高，需要而且必须一点接地，如果多点接地，由于各接地点之间存在电位差，会在铁芯中形成环流，增大损耗。对于电流互感器，由于其串联在电网中，所以其承受的电位差较低，铁芯损耗小，悬浮电位低，可以不接地，如果结构设计合理，也可以采用单点接地模式。

2 变压器相关试验

在 220kV 及以下电压等级的变电站中，变压器包括主变压器和接地变压器或站用变压器，均为三相变压器。变电站的主变压器试验包括交接试验、例行试验、诊断试验和带电检测。具体试验项目见表 2-1。

表 2-1　主变压器试验项目

序号	试验项目	交接试验	例行试验	诊断试验	带电检测
1	绕组直流电阻试验	√	√	√	—
2	绝缘电阻试验	√	√	—	—
3	电容量和介质损耗因数	√	√	—	—
4	绕组各分接位置电压比	√	—	√	—
5	有载调压开关波形试验	√	√	—	—
6	绕组频率响应试验	√	√	√	—
7	绕组短路阻抗试验	√	√	√	—
8	绝缘油击穿电压试验	√	√	√	—
9	耐压试验	√	—	√	—
10	局部放电试验	√	—	√	—
11	油中溶解气体分析	√	√	—	√
12	红外热像检测	—	—	—	√

注：交接试验在新变压器出厂后、投运前开展；例行试验按周期开展；诊断试验项目一般根据实际情况开展。

2.1　绕组直流电阻试验

测量变压器绕组直流电阻的目的是：

（1）检查绕组焊接质量；

（2）检查分接开关各个位置接触是否良好；

（3）检查绕组或引线有无折断处；

（4）检查并联之路的正确性，是否有多股并绕或断线；

（5）检查层、匝间有无短路情况。

测量采用的方法是电桥法，试验接线方式如图 2-1 所示，现场试验如图 2-2 所示。

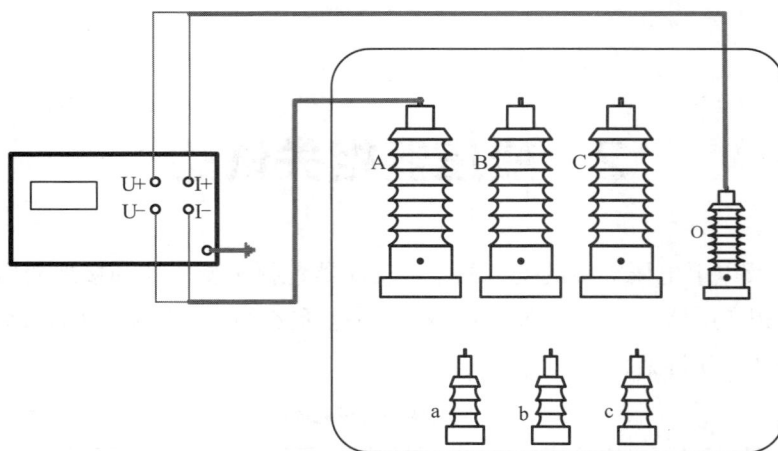

图 2-1　变压器直流电阻试验接线图

图 2-2　变压器直流电阻现场试验图

2.1.1 试验步骤

（1）进行接线，并确认接线正确。

（2）试验前，将变压器的有载调压开关全过程切换 2 ~ 3 遍，以尽量减小分接开关触头接触不良的影响。

（3）试验时，必须记录上层油温，应采用单相测量，不允许三相同时测量。

（4）按选定的接线方式进行直流电阻测量。由于绕组有较大的电感，而且所加的电流会给铁芯充磁，因此在测量时，需要经过一段时间，待读数稳定后测得的结果为变压器绕组的电阻。记录试验数据。

（5）结束测试，断开试验电源，对变压器充分放电并短路接地，拆除试验接线。

2.1.2 注意事项

（1）根据电阻值的范围选择不同的电流档位。测试电流越大，越能有效地补偿大电感设备电流惯性，加速铁芯饱和，极大程度缩短充电时间，从而提高测量速度。现场试验时，绕组电阻测试电流不宜大于 20A，否则容易使接线和绕组过热。铁芯的磁化极性应保持一致。

（2）测量时注意非被试绕组（包括中性点）均应悬空，否则试验回路将一直给铁芯充磁，造成试验结果不准确。

（3）不同温度下的电阻值按下式换算：

$$R_2 = R_1 (T + t_2)/(T + t_2) \tag{2-1}$$

式中，R_1、R_2 分别为在温度 t_1、t_2 下的电阻值，T 为电阻温度常数，铜导线取 235，铝导线取 225。

2.1.3 数据分析

绕组直流电阻试验在交接、例行和诊断时的规程要求是一致的。对于测试结果，跟初始值相比，三相直阻间对比、各分接头级差、换算至同一温度下的数据均不应有明显差别，否则应查明原因。在扣除原始差异之后，同一温度下各绕组电阻的相间差别或线间差别应满足规定值。

（1）1.6MVA 以上变压器，各相绕组电阻相间的差别，不大于三相平均值的 2%（警示值）。无中性点引出的绕组，线间差别不应大于三相平均值的 1%。交接时根据《Q/GDW 07 电力设备交接和检修后试验规程》，三相不平衡率变化量大于 0.5% 应引起注意，大于 1% 应查明原因。

（2）1.6MVA 及以下变压器，相间差别一般不大于三相平均值的 4%。线间差别一般不大于三相平均值的 2%。

（3）同相初值差不超过 ±2%（警示值）。交接时根据《Q/GDW 07 电力设备交接和检修后试验规程》，当超过 1% 时应引起注意。

2.2 绝缘电阻试验

绕组连同套管仪器的绝缘电阻及吸收比或极化指数，对检查变压器整体的绝缘状况具有较高的灵敏度，能有效检查出变压器的绝缘整体受潮、部件表面受潮或脏污以及贯穿性的集中缺陷。例如各种贯穿性短路、瓷件破裂、引线接壳、器身内有铜线搭桥等现象引起的半贯通或金属性短路等。经验表明，变压器绝缘在干燥前后绝缘电阻的变化倍数比介质损耗因数值变化倍数大得多。

测量铁芯、夹件等部件的绝缘电阻能更有效检出相应部件的绝缘缺陷或故障，例如铁芯多点接地等。

测量所用的试验仪器为兆欧表，测量时的接线方式如图 2-3 所示。测量使用的绝缘电阻测试仪实物图如图 2-4 所示。

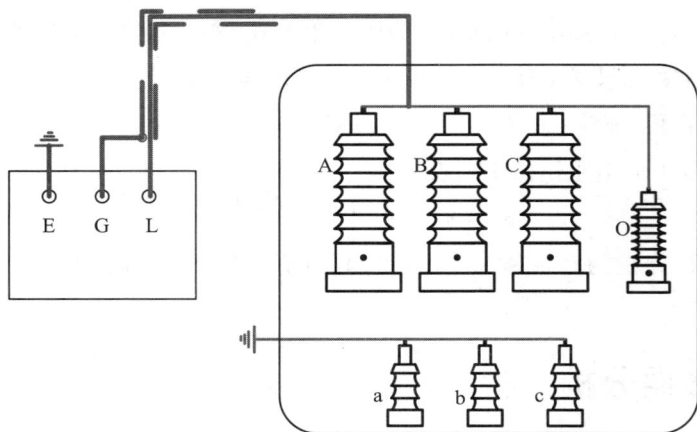

图 2-3 变压器高压侧绝缘电阻试验接线图

图 2-4 绝缘电阻测试仪实物图

测量绝缘电阻时，采用空闲绕组接地的方式，其主要优点是可以测出被测部分对接地部分和不同电压部分间的绝缘状态，且能避免各绕组中剩余电荷造成的测量误差。实测表明，测量绝缘电阻时，非被试绕组接地比接屏蔽时其测量值普遍低一些。

2.2.1　试验步骤

（1）试验前检查绝缘电阻表是否正常。

（2）进行接线，注意由绝缘电阻表到被试品的连线应尽量短。

（3）经检查确认无误，绝缘电阻表到达额定输出电压后，待读数稳定或60s时，读取绝缘电阻值，并记录。若测量绝缘电阻阻值大于10000MΩ，不需要测量吸收比和极化指数。

（4）需要测量吸收比和极化指数时，分别在15s、60s、10min时读取绝缘电阻值R_{15s}、R_{60s}、R_{10min}，并做好记录，用下列公式进行计算：

$$吸收比 = R_{60s}/R_{15s} \tag{2-2}$$
$$极化指数 = R_{10min}/R_{60s} \tag{2-3}$$

（5）读取数值后，如使用仪表为全自动式兆欧表，应等待仪表自动完成所有工作流程后，断开接至变压器高压端的连接线，然后将绝缘电阻表停止工作。

（6）测量结束时，应先可靠放电后方可拆线。

2.2.2　注意事项

（1）对于新装变压器或大修后的变压器，应在充满合格油并静置一定时间，待气泡消除后，方可进行试验。

（2）尽量在套管表面清洁干燥的情况下进行测量，如现场试验条件有限，则应对套管表面采取一定措施，如进行擦拭、涂油、加屏蔽线等，以保证测量数据准确。

（3）电压等级为220kV及以上且容量为120MVA及以上时，宜采用输出电流不小于3mA的兆欧表。

（4）测量时，铁芯、外壳及非测量绕组应接地，测量绕组应短路，套管表面应清洁、干燥。

（5）测量宜在顶层油温低于50℃时进行，并记录顶层油温。

（6）不同温度下的绝缘值一般可用下式换算（吸收比和极化指数一般不进行温度换算）：

$$R_2 = R_1 \times 1.5^{(t_1-t_2)/10} \tag{2-4}$$

式中，R_1、R_2分别为在温度t_1、t_2下的绝缘电阻值。

2.2.3　数据分析

所测得的绝缘电阻的数值不应小于一般允许值，若小于一般允许值，应进一步分析，并查明原因。对电容量较大的高压电气设备的绝缘状况，主要以吸收比和极化指数的大小作为判断依据。如果吸收比和极化指数有明显下降，说明其绝缘受潮或油质严重劣化。

在设备未明确规定最低值的情况下，将结果与有关数据比较，包括同一设备的各项的数据，同类设备间的数据，出厂试验数据，耐压前后数据，与历次同温度下的数据比较等，结合其他试验综合判断。

由于温度、湿度、脏污等条件对绝缘电阻的影响很明显，所以对试验结果进行分析时，应排除这些因素的影响，特别应考虑温度的影响。交接试验时，根据《Q/GDW 07 电力设备交接和检修后试验规程》，35 kV 及以上油浸式变压器：

（1）变压器绝缘电阻与出厂试验结果相比应无明显变化，一般不低于出厂值的 70%（大于 10000MΩ 以上不考虑）。

（2）在 10℃ ~30℃范围内，吸收比 ≥ 1.3 或极化指数 ≥ 1.5 或绝缘电阻 ≥ 10000 MΩ。

（3）220 kV 及 120 MVA 以上变压器应测量极化指数，用以判断绝缘状况。

（4）铁芯（有外引接地线的）绝缘电阻与以前试验结果相比无明显差别；出现两点接地现象时，运行中接地电流一般不大于 0.1A。

（5）铁芯、夹件绝缘电阻：220kV 及以上一般不低于 500MΩ，其他变压器一般不低于 10MΩ。

（6）电容型套管及末屏对地的绝缘电阻：绝缘电阻值一般不应低于 10000MΩ；末屏对地的绝缘电阻不应低于 1000MΩ。

例行试验时，根据《Q/ GDW 116-2013 输变电设备状态检修试验规程》，绕组连同套管绝缘电阻换算至同一温度下：

（1）无显著下降（70%）；

（2）吸收比 ≥ 1.3 或极化指数 ≥ 1.5 或绝缘电阻 ≥ 10000 MΩ（注意值）。

铁芯、夹件绝缘电阻：220kV 及以上的绝缘电阻一般不低于 500MΩ，其他变压器一般不低于 10MΩ，与以前试验结果相比无明显差别（70%）。

根据《DL/T 596-2021 电力设备预防性试验规程》，对于绕组连同套管绝缘电阻：

（1）换算至同一温度下，与前一次测试结果相比应无显著变化，不宜低于上次值的 70% 或不低于 10000 MΩ。

（2）电压等级为 35kV 及以上且容量在 4000kVA 及以上时，应测量吸收比。吸收比与产品出厂值比较无明显差别，在常温下不应小于 1.3；当 R_{60} 大于 3000MΩ（20℃）时，吸收比可不作要求。

（3）电压等级为 220kV 及以上或容量为 120MVA 及以上时，宜用 5000V 兆欧表测量极化指数。测得值与产品出厂值比较无明显差别，在常温下不应小于 1.5；当 R_{60} 大于 10000MΩ（20℃）时，极化指数可不作要求。

铁芯、夹件绝缘电阻：① 66kV 及以上：不宜低于 100MΩ；35kV 及以下：不宜低于

10MΩ；②与以前测试结果相比无显著差别；③运行中铁芯接地电流不宜大于0.1A；④运行中夹件接地电流不宜大于0.3A。

绝缘电阻测量时，需要特别注意的是屏蔽线的使用。屏蔽在电气试验中非常重要，通过采取合理而正确的屏蔽措施，可以有效消除测量误差，避免对被试品的绝缘状况做出误判断。由于现场试验受环境因素影响比较大，户外的被试品本身表面容易脏污，当阴雨天空气湿度比较大时，被试品的表面泄漏电流明显增大，这种情况下，只有通过采取屏蔽措施，才能得到准确的试验数据。

如图2-5所示为绝缘电阻测试接线图，被试品的绝缘电阻包括体积绝缘电阻和表面绝缘电阻两部分，等值电阻可以看成两部分绝缘电阻并联，如图2-6所示。

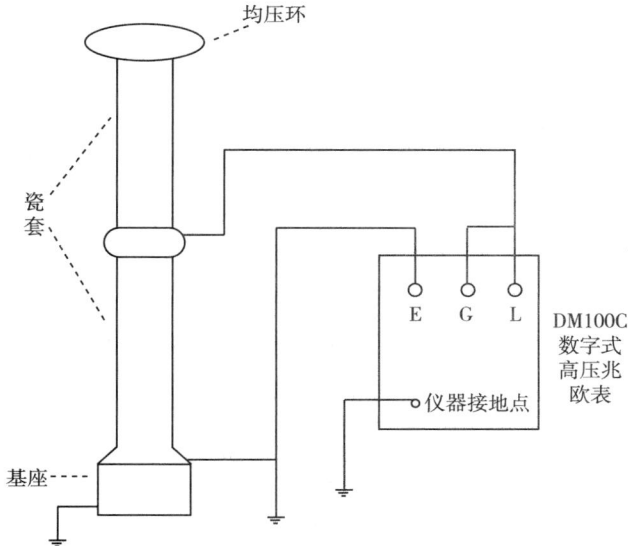

图2-5　绝缘电阻测试接线图

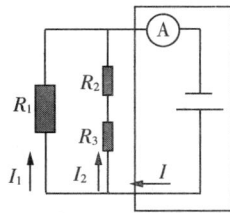

图2-6　绝缘电阻并联示意图

图2-6中，I_1为体积泄漏电流，I_2为表面泄漏电流，R_1为体积绝缘电阻，R_2和R_3为表面绝缘电阻，加粗黑方框内为兆欧表等效电路。

由图2-6可以看出，此时流过电流表的电流包括体积泄漏电流和表面泄漏电流，也就是测量的实际电阻是两部分电阻的并联，即：

$$R = R_1 / (R_2 + R_3) \tag{2-5}$$

电气试验主要是为了得到避雷器的体积绝缘电阻R_1，当被试品表面比较干燥时，表面电阻$R_2 + R_3$接近于无穷大，此时测量的数据基本上接近于电阻R_1。但是当避雷器处于空气湿度比较大的环境时，避雷器表面就会形成一层水膜，导致表面电阻下降，造成实际测量数据可能远远小于实际值，也就是此时的表面泄露电流过大，会对测试结果产生很大的影响。这种情况下就需要加装屏蔽环，屏蔽表面泄漏电流的影响，具体就是在避雷器瓷套表面紧密地缠绕一个铜丝绕制的屏蔽环接到兆欧表的 G 端，此时的等效电路图如图 2-7 所示。

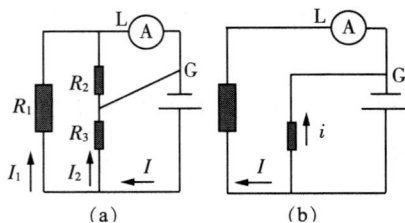

图 2-7　加装屏蔽后等效电路图

由图 2-7（a）可以看出，将屏蔽环和 G 端子连接之后，由于 L 端子和 G 端子等电位，所以电阻 R_2 相当于断路，等效电路如图 2-7（b）所示，此时测量的数据也就是体积绝缘电阻 R_1，从而达到了屏蔽表面泄漏电流的目的。

关于屏蔽环缠绕位置问题，测量避雷器的绝缘电阻时，都要求把屏蔽环缠绕在瓷套表面的上端。下面从屏蔽的原理出发分析其原因。由图 2-8 可以看出，无论把屏蔽环缠绕在避雷器瓷套表面的上端、中间还是下端，都可以屏蔽表面泄漏电流的影响，消除测量误差。但是，屏蔽环缠绕位置不同，剩余表面电阻消耗的兆欧表的功率是不一样的，根据功率公式，

$$P = \frac{U^2}{R} \tag{2-6}$$

当屏蔽环放在图 2-8 的 1 位置，也就是靠近上端时，$R=R_2+R_3+R_4+R_5$，随着屏蔽环位置的下移，电阻 R 越来越小，而电压 U 不变，所以消耗的功率越来越大。由于兆欧表的容量是一定的，屏蔽环缠绕在下端时，消耗的功率相对较大，兆欧表输出电压过低，影响测试结果。所以，在测量避雷器等被试品时，屏蔽环应该缠绕在表面的上端，避免出现测试误差。需要注意的一点是，屏蔽环也不能太靠近被试品的测量端，因为有可能会造成 G 端子和 L 端子短接，兆欧表内微安表读数为零，无法测量试验数据。

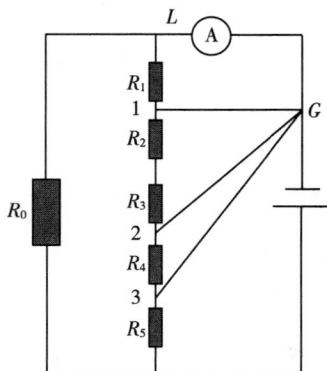

图 2-8　屏蔽缠绕位置示意图

2.3 电容量和介质损耗因数

测量变压器的电容量和介质损耗因数可有效检出变压器整体受潮、油质劣化、绕组上附着油泥及严重的局部缺陷等。介质损耗因数测量结果常受表面泄漏和外界条件（如电场干扰和大气条件）的影响，应采取措施减少甚至消除这两种影响。测量变压器本体介质损耗因数时所得的结果是连同套管一起的，但是为了提高测量的准确性和检出缺陷的灵敏度，应进行分解试验，即套管和本体的介损试验分别进行，以判明缺陷所在位置。

测量介损可使用高压电容电桥。其原理是从标准通道输入标准电容器的电流、从试品通道输入试品电流，通过比对电流相位差测量 $\tan\delta$，通过出比电流幅值测量试品电容量。外接标准电容器和高压试验电源实现介损和电容量测量。高压电容电桥适合实验室使用，特别是电流比较仪电桥（如 QS30）具有很高的比值精度（电容量测量精度），通常作为标准传递仪器使用。由于这种设备笨重和抗干扰能力弱，现场试验已经不再使用高压电容电桥。电流比较仪电桥的比值精度为 $10^{-5} \sim 10^{-8}$，介损测量精度一般为 0.5 级。

目前现场试验使用数字电桥的介损仪，将测量电路、高压试验电源和标准电容器合为一体，不需要依赖其他设备即可完成试验。介损仪的主要优势是抗干扰能力和便携性强。

具体试验接线方式如图 2-9 和图 2-10 所示。现场试验图如图 2-11 所示。

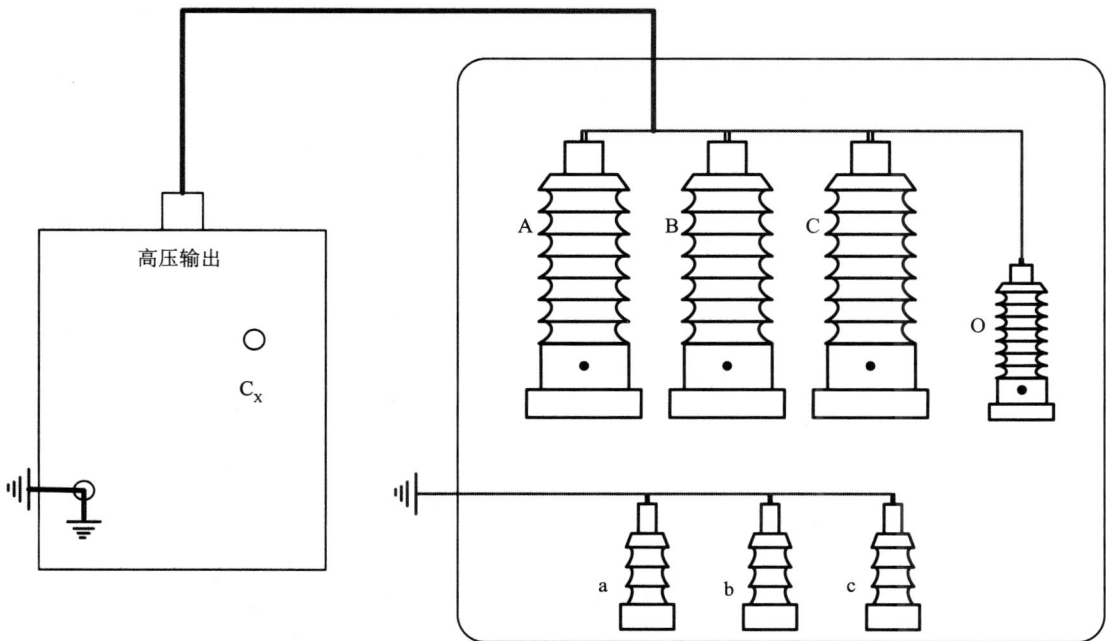

图 2-9　变压器本体介损测量接线图（反接线）

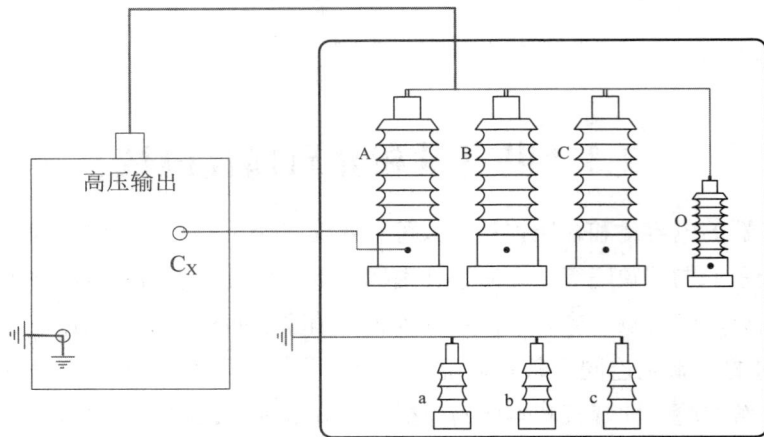

图 2-10　变压器套管介损测量图（正接线）

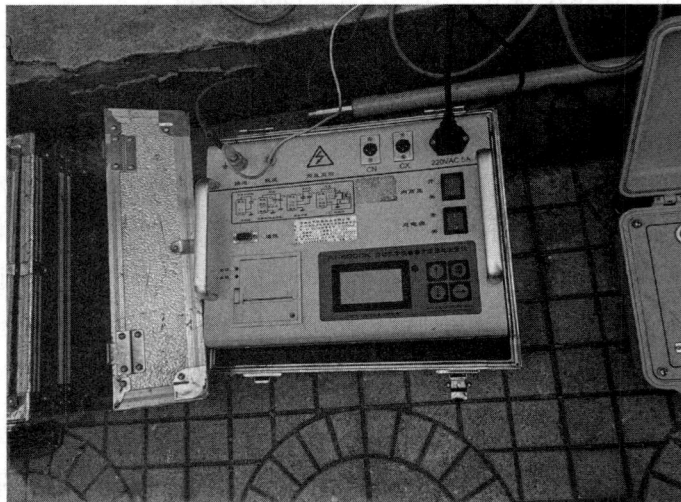

（a）

（b）

图 2-11　变压器介损现场试验图

2.3.1 试验步骤

（1）检查电容量及介质损耗测试仪是否正常。

（2）进行接线并检查以确认接线正确。

（3）设置试验仪器参数（试验电压值、接线方式），测量本体介损时，接线方式为反接线，测量套管介损时采用正接线，测量线接套管末屏处。

（4）升压至试验电压后读取电容值和介损值。

（5）降压至零，然后断开电源，充分放电后拆除接线，结束试验。

2.3.2 注意事项

（1）在进行变压器介损试验时，应将被测绕组短路，以避免因绕组电感的影响而造成各侧绕组端部和尾部电位相差较大，影响测量的准确性。非被测绕组应短路并接地，具体原因与测量绝缘电阻时类似。

（2）该试验应在天气晴好的情况下进行，特别是变压器本体介损试验采用反接线的方式，极易由于表面泄漏电流过大或其他原因引入干扰，影响试验数据的准确性。

（3）该试验电压较高（试验电压 10kV），接线人员注意与带电部位保持足够的安全距离，作业过程中注意安全，以免发生人身伤害。

2.3.3 数据分析

交接试验，根据《Q/GDW 07 电力设备交接和检修后试验规程》：

（1）绕组

① 20℃时的 $\tan\delta$ 不大于下列数：

500 kV	0.5%
110 kV ~ 220 kV	0.8%
35 kV	1.5%

② $\tan\delta$ 值与历年的数值比较不应有明显变化（一般不大于30%）。

③试验电压如下：

绕组电压 10 kV 及以上：10 kV；绕组电压 10 kV 以下：U_n。

④绕组电容量与初值相比变化≤ 2%。

（2）套管

①电容量初值差不超过 ±5%。

②主绝缘 20℃时的 $\tan\delta$ 值不应大于表 2-2 中数值。

表 2-2 主绝缘 20℃时的 tanδ 值要求

	电压等级 /kV	20 ~ 35	66 ~ 110	220 ~ 500
交接时	充油型	0.025	0.01	0.01
	油纸电容型	0.007	0.007	0.005
	胶纸电容型	0.015	0.01	0.01
大修后	充油型	0.03	0.015	0.015
	油纸电容型	0.01	0.01	0.008
	胶纸电容型	0.02	0.015	0.01

③当电容型套管末屏对地绝缘电阻低于 1000MΩ 时应测量末屏对地的介损因数；加压 2kV，其值不大于 2%。

例行试验，根据《DL/T596—2021 电力设备预防性试验规程》：

绕组连同套管电容量和介质损耗因数：

（1）20℃时的 tanδ 不大于下列数：

750kV 0.5%；

330kV ~ 500kV 0.6%；

110kV ~ 220kV 0.8%；

35kV 1.5%。

（2）tanδ 值与出厂比较不应有明显变化（一般不大于30%）。

（3）试验电压如下：绕组电压 10kV 及以上：10 kV；绕组电压 10kV 以下：U_n。

套管电容量和介质损耗因数：

（1）主绝缘在 10kV 电压下的介质损耗因数值应不大于表 2-3 中数值。

表 2-3 主绝缘在 10kV 电压下的介质损耗因数值要求

	电压等级 /kV	20 ~ 35	66 ~ 110	220 ~ 500	750
A 级检修后	充油型	0.030	0.015	—	—
	油纸电容型	0.010	0.010	0.008	0.008
	充胶型	0.030	0.020	—	—
	胶纸电容型	0.020	0.015	0.010	0.010
	胶纸型	0.025	0.020	—	—
	气体绝缘电容型	—	—	—	0.010
运行中	充油型	0.035	0.015	—	—
	油纸电容型	0.010	0.010	0.008	0.008
	充胶型	0.035	0.020	—	—
	胶纸电容型	0.030	0.015	0.010	0.010
	胶纸型	0.035	0.020	—	—
	气体绝缘电容型	—	—	—	0.010

（2）与电容型套管末屏对地绝缘电阻小于 1000MΩ 时，应测量末屏对地介质损耗因数，其值不大于 0.02。

（3）电容型套管的电容量与出厂值或上一次试验值的差别超出 ±5% 时，应查明原因。

根据《Q/ GDW 116—2013 输变电设备状态检修试验规程》：

（1）绕组连同套管电容量和介质损耗因数

330kV 及以上：≤ 0.005（注意值）；

110（66）kV ~ 220kV：≤ 0.008（注意值）；

35kV 及以下：≤ 0.015（注意值）。

（2）套管电容量和介质损耗因数

电容量初值差不超过 ±5%（警示值）；

介质损耗因数 $\tan\delta$ 满足表 2-4 要求（注意值）。

表 2-4　介质损耗因数 $\tan\delta$ 要求

U_m/kV	126/72.5	252/363	≥ 550
$\tan\delta$	≤ 0.01	≤ 008	≤ 0.007

聚四氟乙烯缠绕绝缘：≤ 0.005。

对于变压器介损来说，当试验数据出现明显不合理时，可以考虑变压器铁芯、外壳是否出现接地不良的情况。变压器铁芯发生高阻接地时，如图 2-12 所示，会使得各绕组现场实测的电容量和介损数据异常，其中对实测电容量的数据影响较小，而对介损数据的影响十分显著，并且随着高阻接地电阻值的增加，实测的电容值变化不大，仅会略微减小，但是介损数据则会剧增，远远超过规程的注意值。

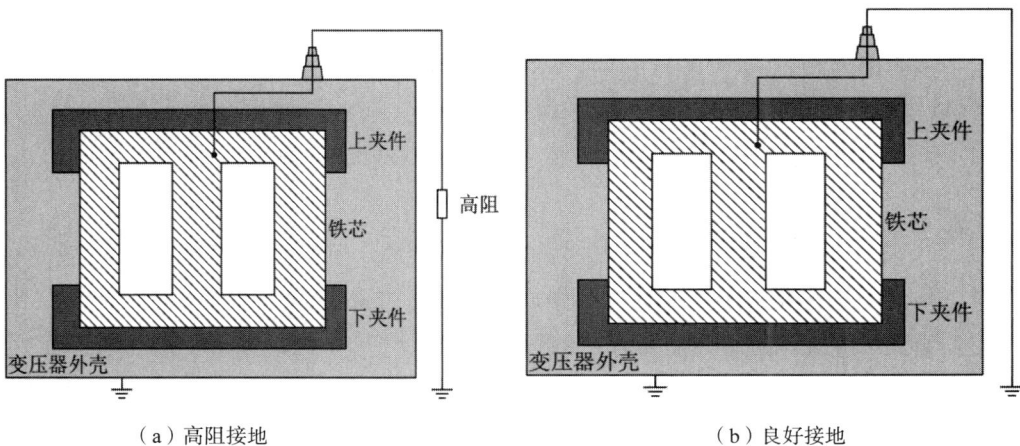

（a）高阻接地　　　　　　　　　　　　　　（b）良好接地

图 2-12　变压器铁芯高阻接地

2.4　绕组各分接位置电压比

变压器在空载情况下，高压绕组的电压 U_1 与低压绕组电压 U_2 之比称为电压比。三相变压器的电压比通常按线电压计算。变比试验是在变压器一侧施加电压，用仪表或仪器测量另一端电压，然后根据测量结果计算电压比。变比试验的目的是检查绕组匝数是否正确，检查分接开关状况，检查绕组有无层间、匝间的金属性短路等，为变压器能否投入运行或并联运行提供依据。

具体试验接线如图 2-13 所示。

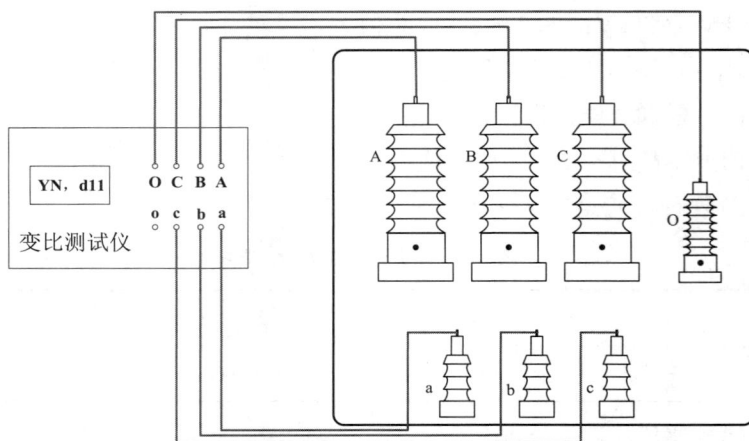

图 2-13　电压比试验接线图

2.4.1　试验步骤

（1）进行接线并检查以确认接线正确。

（2）变比测试仪在测试前应针对被试变压器进行相应设置，如选择相应的连接组别、设置额定电压和电压级差等。按开始按钮进行测试。

（3）变压器为多档位调压，出现测试数据后，记录数据和档位，换档后对各档位都应进行测试；全部测试完后，按复位键复位，关闭电源。

（4）拆除测试线，对变压器充分放电，收起测试仪器及接线。

2.4.2　注意事项

（1）测试前应正确输入变压器的铭牌、型号。

（2）测试线应正确连接，防止高、低压接反。

（3）变比试验应在直流电阻试验前进行，当具备试验条件时，还应对变压器进行消磁，保证测试结果的准确性。

2.4.3　数据分析

交接试验时，根据《Q/GDW 07 电力设备交接和检修后试验规程》：

（1）各相应分接的电压比顺序应与铭牌相同。

（2）额定分接电压比允许偏差为 ±0.5%，其他分接的偏差为 1%。

（3）电压比测量中如发现电压比误差超过允许偏差，确定故障部位及匝数的多少可按下列方法进行：

①所有分接中只有部分分接超差时，断定是高压绕组分接区错匝，应用高压某段分接绕组对低压绕组用设计匝数进行测量，以确定故障的部位和匝数；②所有分接均超差且误差相同时，应首先判断是高压绕组公用段还是低压绕组错匝：

a. 如果故障误差小于低压绕组一匝的误差，判断为高压绕组公用段错匝。

b. 如果故障误差大于两个绕组中任何一个绕组一匝所引起的误差，可根据线圈结构选择下列方法：

如果是圆筒式线圈末端抽头的绕组，可用分接区对低压用设计匝数进行电压比测量，如果故障相与正常相相同，则说明是高压公用段错匝而不是低压错匝，反之则是低压错匝。

如果是分为两部分的连续式线圈，用设计匝数分别对公用线段与低压绕组进行电压比测量；如果故障相的上半段与下半段电压比不对，是低压绕组错匝；若只有其中一个半段电压比不对时，则是高压半段错匝。

如果高低压绕组均没有分接且无法断开，可临时绕线匝；用低压绕组对临时匝进行电压比测量，以确定故障绕组。

诊断试验时试验结果应与铭牌标识一致。

2.5 有载调压开关波形试验

电压是电力系统的一个非常重要的质量指标，而系统中负荷的变化往往会造成系统电压的变化。随着经济社会的发展，用户对电能质量和供电可靠性的要求越来越高，这就要求在不中断供电的情况下适时对变压器进行调压。

所谓有载分接开关是指一种能在励磁状态下变换分接头，从而改变电压比的一种装置，其电路分为三个部分：调压电路、选择电路和过渡电路。

有载分接开关切换挡位时，先由选择电路选中要变换到的挡位。然后由切换开关迅速动作，实现由当前档位向目标档位的切换。由于分接开关是在带负载的情况下变换分接位置，因此它必须满足两个条件：①在变换分接过程中，要保证负荷电流连续，也就是不能开路；②在变换过程中要保证分接间不能短路。因此，在切换分接的过程中必然要存在某一瞬间同时桥接两个分接，此时，既要保证负荷电流的连续性，又要在桥接的两个分接间串入电阻来限制循环电流，保证不发生分接间短路。测试有载分接开关的切换波形，就是检测切换开关的这一动作瞬时过程是否正确。图 2-14 为典型的双过渡电阻的有载分接开关切换过程图，图 2-15 为其切换波形图。

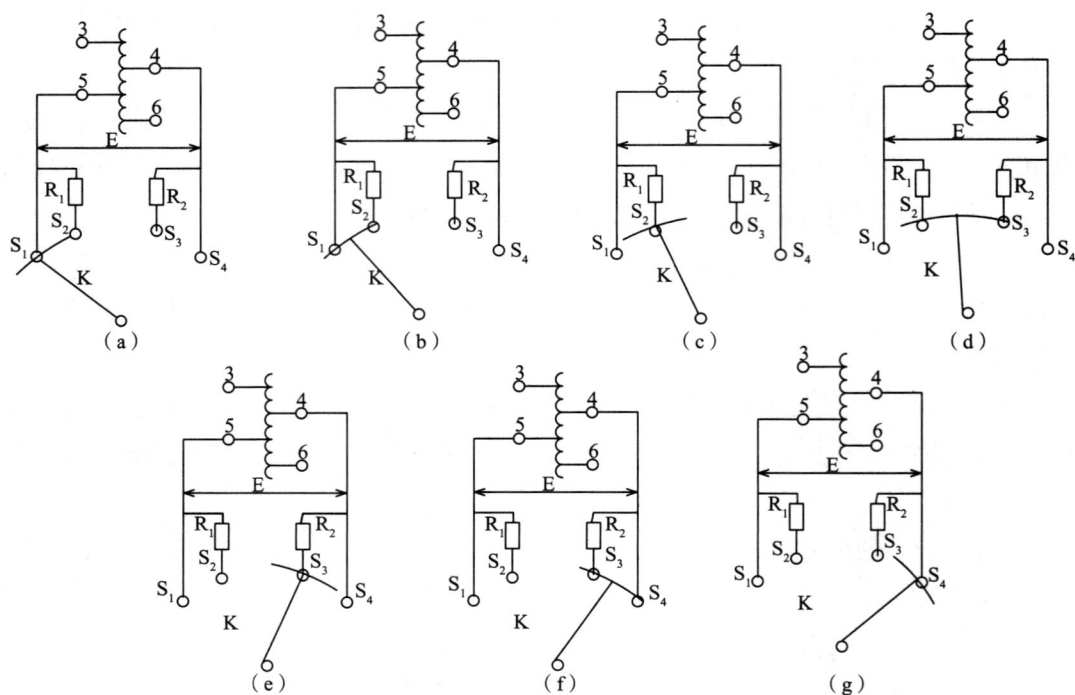

图 2-14　双过渡电阻有载分接开关切换过程（5 分接到 4 分接）

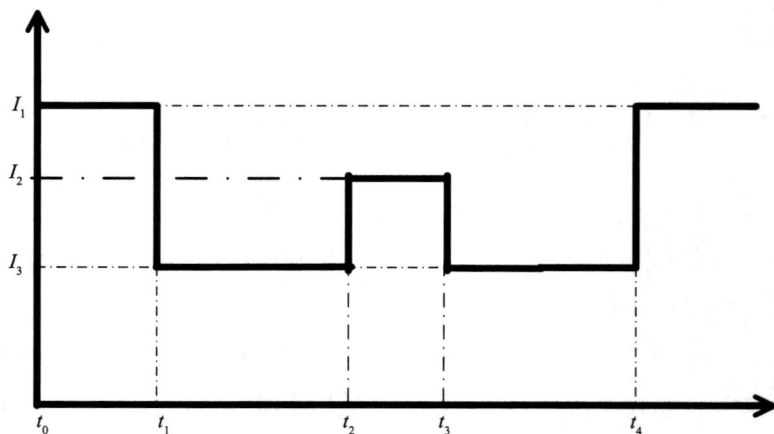

图 2-15　双过渡电阻有载分接开关切换波形

图 2-14 为有载分接开关由 5 分接头到 4 分接头切换的全过程，其中（a）和（b）过程对应的图 2-15 波形图中的 $t_0 \sim t_1$ 时间，此时电流完全通过 S_1；（c）过程中动触头仅接触 S_2，此时电流仅通过动触头 S_2，即接入了电阻 R_1，此时电流变小为 I_3，时间对应 $t_1 \sim t_2$；（d）过程中，动触头同时接触 S_2 和 S_3，此时电阻 R_1 和 R_2 并联（$R_1 = R_2$），故电流增大为 I_2，时间对应 $t_2 \sim t_3$；（e）过程中动触头仅接触 S_3，此时电流变小为 I_3，时间对应 $t_3 \sim t_4$；（f）和（g）过程对应 t_4 以后的时间，电流完全通过 S_4，故电流为 I_1。

图 2-16 为有载分接开关波形试验的接线图，非被试绕组应短路并可靠接地，否则会因为电磁感应的影响造成测量结果不准确。

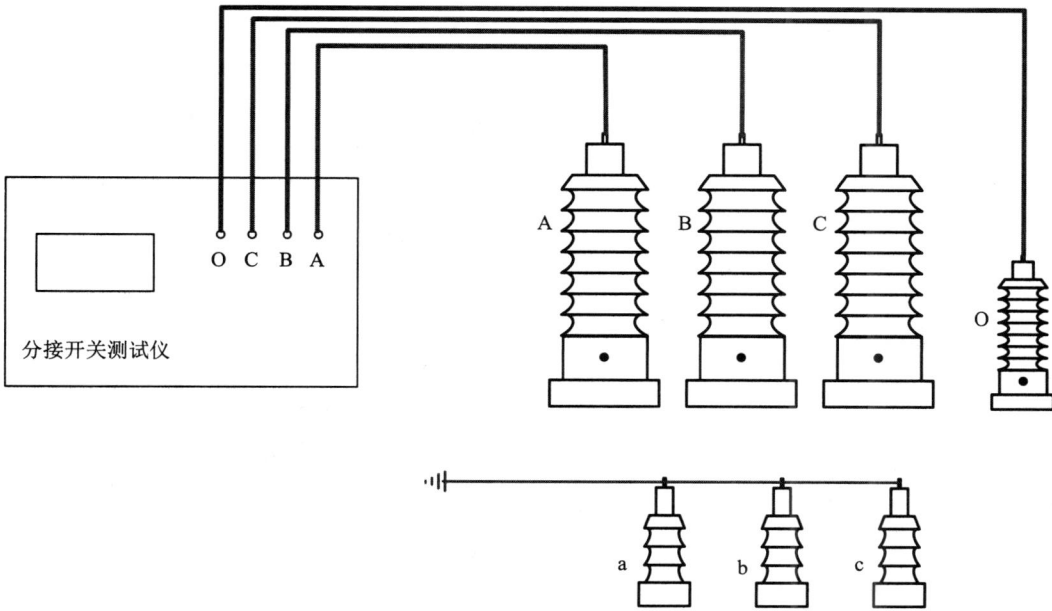

图 2-16　有载分接开关波形测量接线图

2.5.1　试验步骤

（1）进行接线并检查以确认接线正确。

（2）测试前应针对被试变压器进行相应设置，如选择相应的连接组别、设置当前有载调压开关分接位置等。

（3）按开始按钮进行测试。调节有载调压开关分接位置（一般从 5 分接到 4 分接），出现波形后，选择调压开关动作开始和结束线，测量过渡时间和过渡电阻。再次调节有载调压开关分接位置（一般从 4 分接到 5 分接），出现波形后，选择调压开关动作开始和结束线，测量过渡时间和过渡电阻。

（4）测试结束，断开电源，对变压器充分放电，拆除测试线，收起测试仪器及接线。

2.5.2　注意事项

由于试验是带绕组进行的，仪器显示的过渡电阻值应接近于 R1 和 R2 的并联值。在切换过程中的机械振动可能会影响试验测得的过渡电阻值，如果差异较大，则应将调压开关吊出，直接测量过渡电阻数值。

2.5.3　数据分析

有载分接开关过渡波形的判断在交接、例行时的规程要求是一致的。一个典型的有载调压开关波形图如图 2-17 所示。

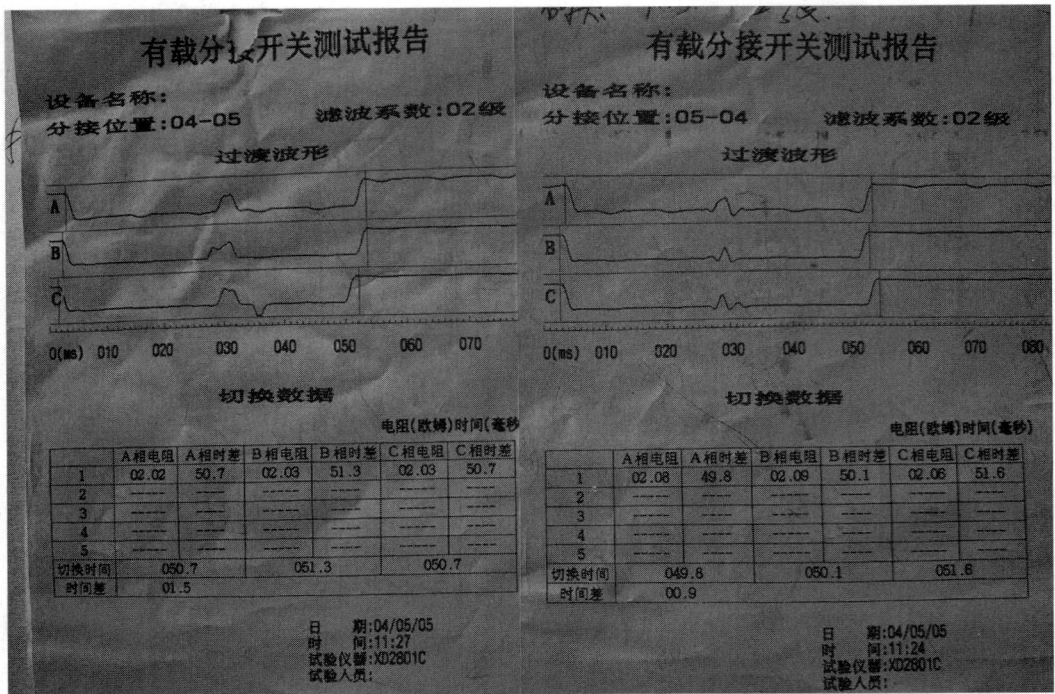

图 2-17　有载调压开关波形图

合格的有载调压开关波形图应遵循以下几点：

（1）过渡时间应符合制造厂规定，不能太长也不能太短，一般为 40～50ms。如果时间过长，则会由于系统电流和环流通过过渡电阻时间过长，造成温度上升过快，容易导致调压开关瓦斯信号；时间过短则可能过渡电阻未起到过渡作用，极易烧毁调压开关。

（2）分接开关波形图中电流线不应有回零，如有回零则说明在切换过程中有失去回路的情况，这将产生严重电弧，造成重瓦斯保护动作甚至烧毁调压开关。由于调压开关在调压过程中的机械振动强烈，触点有可能出现一定的弹跳，因此，在实际测量中，电流线回零时间不大于 2ms 一般可以认为是合格的。

（3）动触头同时连接两过渡电阻时间不宜过长（图 2-14 中 $t_2 \sim t_3$），因为此时过渡电阻中不仅通过系统电流，而且会通过两级分接头间电压差所形成的环流，如果时间过长，将会使温升过快。

（4）图形在时间上应该基本对称，即图 2-14 中的 $t_1 \sim t_2$ 和 $t_3 \sim t_4$ 应基本相同，如果差异过大，可能是开关内部动触头的螺丝松动、弹簧压力不均等原因造成的。

2.6　绕组频率响应试验

变压器的绕组变形是指在电动力和机械力的作用下，绕组的尺寸或形状发生不可逆的变化。它包括轴向和径向尺寸的变化、器身位移、绕组扭曲、鼓包和匝间短路等。

　　检测变压器绕组变形的方法，国际上较早提出的是低压脉冲法（LVI），其后有频率响应分析法（FRA）。低压脉冲法是在被试变压器绕组的一端施加比较稳定的低压脉冲电压信号，并且同时记录该端和其他端点上的电压波形。频率响应分析法是将一稳定的正弦扫描电压信号施加到被试变压器绕组的一端，同时记录该端和其他端点上的电压幅值及相角，从而得到该被试绕组的一组频响特性。由于每台变压器都对应有自己的响应特性，所以绕组变形后，其内部参数变化将导致传递函数发生变化。

　　低压脉冲法能灵敏、准确地检测出绕组轴向和径向的变形故障。但由于低压脉冲法采用的是时域脉冲分析技术，在现场容易受到外界的干扰和灵敏度校正过程的影响，往往需要一个特殊结构和精细调整的测试系统，用以消除脉冲传递过程中折/返射和脉冲信号源的不稳定问题，故现场很难保证测试结果的重复性。因此，近年来现场测试中已很少采用低压脉冲法来测量变压器绕组变形。

　　目前现场进行绕组频率试验一般采用频率响应分析法，如图2-18所示。绕组频率响应试验的接线方式与图2-1直流电阻的接线方式基本一致。

图2-18　绕组频率响应试验图

2.6.1　试验步骤

　　（1）进行试验接线并检查以确认接线正确；正确记录分接开关的位置、激励端/输出端。

　　（2）按选定接线方式分别测量并记录变压器不同测端的幅频响应特性曲线。

　　（3）比较相同电压等级的三相绕组的幅频响应特性曲线，若三相频响曲线较一致，则可认为测试数据正确无误。若存在明显差异，则首先应检查测试接线方式是否符合规定的要求，测试电缆是否处于完好状态，检查接地是否良好，确认无误后再重测。

（4）记录试验数据，断开试验电源，放电后拆除试验接线。

2.6.2 注意事项

（1）在变压器出厂和交接时，绕组情况良好，此时应进行此试验，取得初始频率响应特征图，试验时应在最大分接时测量，以便能考核到所有绕组线圈。

（2）当变压器遭受出口短路、长时间满载或过载等恶劣工况后，以及每六年一个周期时，需要进行该试验，试验所得的频率响应图形与初始特征图形对比，不应有太大变化。

（3）待试设备铁芯、夹件必须与外壳可靠接地，测试仪器必须与待试设备外壳可靠接地。测试仪器输入单元和检测单元的接地线应共同连接在待试设备铁芯接地处。无铁芯外引接地的变压器则应将测试接地线可靠接地。

2.6.3 数据分析

交接与例行试验时，用频率响应法分析判断绕组变形，主要是对绕组幅频响应特性进行纵向或横向比较，并综合考虑待试设备遭受短路冲击的情况、变压器结构、电气试验及油中溶解气体分析等因素。绕组幅频响应特性曲线中波峰或波谷分布位置及数量变化，是分析待试设备绕组变形的重要依据。

根据《Q/GDW 07 电力设备交接和检修后试验规程》：

①应通过频率响应分析法和电抗法两种方法进行测量；

②试验方法及判断标准按 DL/T911《电力变压器绕组变形的频率响应分析法》和 DL/T1093《电力变压器绕组变形的电抗法检测判断导则》执行。

根据《Q/GDW 116—2013 输变电设备状态检修试验规程》，当绕组扫频响应曲线与原始记录基本一致时，即绕组频响曲线的各个波峰、波谷点所对应的幅值及频率基本一致时，可以判定被测绕组没有变形。测量和分析方法参考 DL/T 911 中的规定。

现场开展变压器绕组变形测试时，正常测得的频响数据曲线应是连续和平滑的，但在较为复杂的现场环境下，有时测得的频响特性数据会受到干扰，会影响测试数据的效果，需要对测试数据的有效性进行分析。对变压器同一电压等级的三相绕组进行绕组变形测试和分析时，可按照一定的流程进行，必要时结合变压器运行工况及短路阻抗等其他试验结果。

典型的变压器绕组幅频响应特性曲线通常包含多个明显的波峰和波谷，波峰或波谷分布位置及分布数量的变化，是分析变压器绕组变形的重要依据。

幅频响应特性曲线低频段（1kHz～100kHz）的波峰或波谷位置发生明显变化，通常预示着绕组的电感改变，可能存在匝间或饼间短路的情况。频率较低时，绕组的对地电容及饼间电容所形成的容抗较大，而感抗较小，如果绕组的电感发生变化，会导致其频响特性曲线低频部分的波峰或波谷位置发生明显移动。对于绝大多数变压器，其三相绕组低频段的幅频响应特性曲线应非常相似，如果存在差异则应及时查明原因。

幅频响应特性曲线中频段（100kHz～600kHz）的波峰或波谷位置发生明显变化，通常预示着绕组发生扭曲和鼓包等局部变形现象。在该频率范围内的幅频响应特性曲线具有较多的波峰和波谷，能够灵敏地反映绕组分布电感、电容的变化。

幅频响应特性曲线高频段（>600kHz）的波峰或波谷位置发生明显变化，通常预示着绕组的对地电容改变，可能存在绕圈整体移位或引线位移等情况。频率较高时，绕组的感抗较大，容抗较小，由于绕组的饼间电容远大于对地电容，波峰和波谷分布位置主要以对地电容的影响为主。但由于该频段易受测试引线的影响，且该类变形现象通常在中频段也会有较明显的反应，故一般不把高频段测试数据作为绕组变形分析的主要信息。

2.7　绕组短路阻抗试验

进行变压器短路试验的目的是测量短路损耗和阻抗电压，以确定变压器的并列运行；计算变压器的效率、热稳定和动稳定；计算变压器二次侧的电压变动率以及确定变压器温升等。通过短路试验可发现以下缺陷：变压器各结构件（屏蔽、压环和电容环、铁梁板等）或油箱箱壁中由于漏磁通所致的附加损耗过大和局部过热；油箱箱盖或套管法兰等附件损耗过大并发热；带负载调压变压器中的电抗绕组匝间短路；大型电力变压器低压绕组中并联导线间短路或换位错误，这些缺陷均可能使附加损耗显著增加。

变压器绕组短路阻抗测试的试验接线有两种：

一是检测被加压绕组为 YN 接线的三相变压器的绕组参数现场测试接线，采用三相四线法，短接对侧绕组的所有端子（非被测绕组开路）后，按图 2-19 所示接入三相电源。

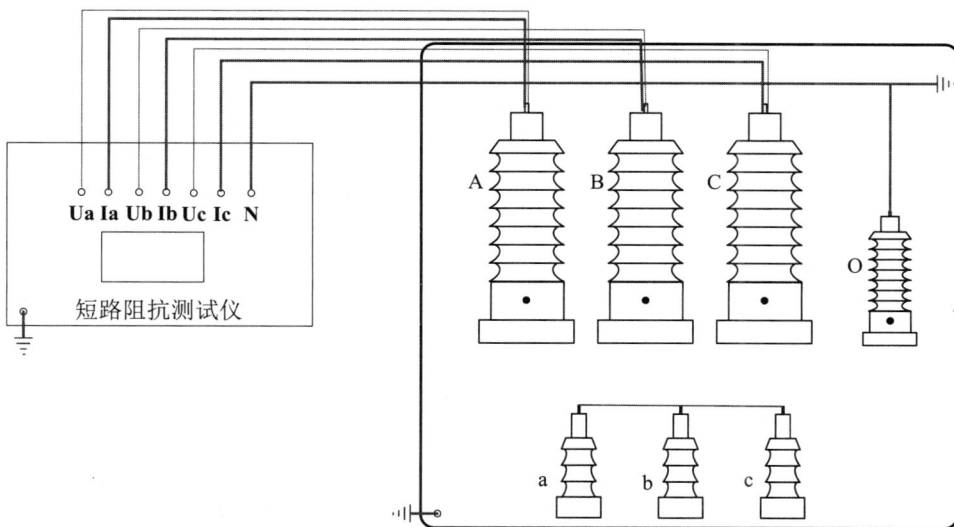

图 2-19　YN 接变压器三相法测试接线示意图

二是检测被加压绕组为Y（或D）接线的三相变压器的绕组参数现场测试接线，采用三相三线法，短接对侧绕组的所有端子（非被测绕组开路）后，按图2-20所示用三相三线法接入三相电源。

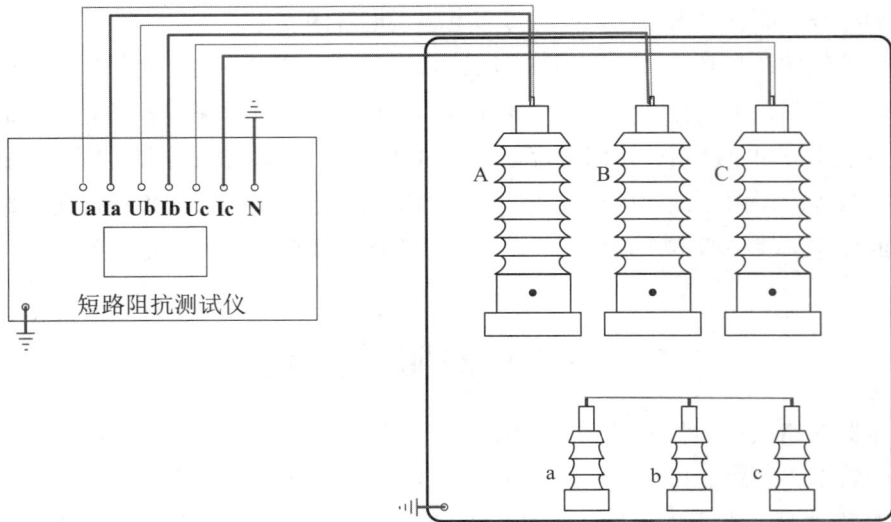

图2-20　Y（或D）接变压器三相法测试接线示意图

现场试验图如图2-21所示。

图2-21　变压器短路阻抗现场试验图

2.7.1　试验步骤

（1）正确记录分接开关的位置。

（2）进行试验接线并检查以确认接线正确。

（3）按选定的接线方式进行短路阻抗测量。

（4）记录试验数据，断电并拆除试验接线。

2.7.2　注意事项

（1）三相变压器应使用三相试验电源。

（2）在短路试验前，应将变压器本体的电流互感器二次短路。

（3）测试时，应在变压器铭牌上标有短路阻抗值（或出厂试验报告上有实测值）的分接位置测量短路阻抗。

（4）外部短路故障后的检测可增加短路时绕组所在分接位置的检测。

2.7.3　数据分析

交接试验时，根据《Q/GDW 07 电力设备交接和检修后试验规程》，短路阻抗测试应符合试验标准：与技术协议规定值、出厂试验值或大修后试验值相比应无明显变化。

例行试验时，根据《DL/T 596—2021 电力设备预防性试验规程》，短路阻抗纵比相对变化绝对值不大于：

≥330kV：1.6%；

≤220kV：2.0%。

诊断试验时，根据《Q/GDW 116—2013 输变电设备状态检修试验规程》：

（1）容量 100MVA 及以下且电压等级 220kV 以下的变压器，初值差不超过 ±2%；

（2）容量 100MVA 以上或电压等级 220kV 以上的变压器，初值差不超过 ±1.6%；

（3）容量 100MVA 及以下且电压等级 220kV 以下的变压器三相之间的最大相对互差不应大于 2.5%；

（4）容量 100MVA 以上或电压等级 220kV 以上的变压器三相之间的最大相对互差不应大于 2%。

2.8　绝缘油击穿电压试验

绝缘油广泛应用于变压器、油断路器、充油电缆、电容器等高压电力设备，其主要作用有绝缘、冷却、灭弧。在运行中，绝缘油由于受到氧气、高温、高湿度、强电场、杂质等的作用，性能会逐渐变差，因此应定期对绝缘油进行试验。油耐压试验仪如图 2-22 所示。

图 2-22 油耐压试验仪

2.8.1 试验步骤

（1）检测前倒掉试样杯中原来的绝缘油，立即用待测油清洗杯壁、电极及其他各部分，再缓慢倒入待测油，将试样杯放在测量仪上。

（2）在进行加压前，应保证足够的静置时间（15min）。

（3）在升压过程中应匀速升压，升压速度为每秒 2kV ~ 3kV，直到绝缘油被击穿。该试验重复 3 ~ 5 次，每两次试验之间静置 5min，以平均击穿电压为最终结果。

2.8.2 注意事项

（1）绝缘油击穿电压试验应采用 25mm^2 的平板电极，间距为 2.5mm，绝缘油应完全浸没平板电极。

（2）取油前保证油杯清洁、无杂质和水分；取油时尽量不要产生气泡；取完油后在第一时间放入设备中，盖上密封盖，以免空气中的杂质和水分进入油中。

2.8.3 数据分析

交接试验时，根据《Q/GDW 07 电力设备交接和检修后试验规程》：

（1）绝缘油击穿电压试验值满足下列标准时，认为检测合格。

15 kV 以下变压器：≥ 30kV；

15 kV ~ 35 kV 变压器：≥ 35kV；

66 kV ~ 220 kV 变压器：≥ 40kV；

500 kV 变压器：≥ 60kV。

（2）有载调压开关用的变压器油的试验要求按制造厂规定。

（3）击穿电压值达不到标准要求时，应进行滤油处理或更换新油。

根据《DL/T 596—2021 电力设备预防性试验规程》：

投入运行前的油：

35kV 及以下：≥ 40；

66kV ~ 220kV：≥ 45；

330kV：≥ 55；

500kV：≥ 65；

750kV：≥ 70。

运行油：

35kV 及以下：≥ 35；

66kV ~ 220kV：≥ 40；

330kV：≥ 50；

500kV：≥ 55；

750kV：≥ 65。

根据《Q/ GDW 116—2013 输变电设备状态检修试验规程》：

≥ 60kV（警示值），750kV；

≥ 50kV（警示值），500kV；

≥ 45kV（警示值），330kV；

≥ 40kV（警示值），220kV；

≥ 35kV（警示值），110（66）kV；

≥ 30kV（警示值），35kV。

2.9　耐压试验

交流耐压试验是鉴定绝缘强度最有效的方法，特别是对考核主绝缘的局部缺陷，如主绝缘受潮、开裂或者在运输过程中引起的绕组松动、引线距离不够以及绕组绝缘上附着污物等，具有决定性作用，耐压是否通过主要根据仪表指示和放电或击穿的声音进行判断。

交流耐压试验接线，应按被试设备的电压、容量和现场实际试验设备条件来确定。变压器、GIS 等电容量较大、试验电压高的被试品进行交流耐压试验，需要大容量的试验设备，可采用串联谐振试验装置。

串联谐振试验设备是利用 L-C 串联谐振的原理，使试品能受到交流高电压的作用，而供电设备的额定电压及容量可大大减小。其等效电路图则如图 2-23 所示。图 2-23 中 U_s 为可调输出频率的供电变压器，L 是根据试验要求进行串/并联的具有固定值的电感，C 为试品及分压器和变压器本体的总电容。在图中的 R 是代表回路中实际存在的总电阻，它包括引线及电感固有的电阻，也代表高压导线的电晕损耗及试品介质损耗的等效电阻，有时也包括特地接入的调整电阻。工作时，调节电源输出频率的大小（20～300Hz），使回路中的电感 L 与电容 C 发生串联谐振。

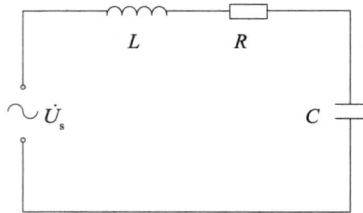

图 2-23　串联谐振原理图

发生串联谐振的条件是 $\omega L = 1/(\omega C), \omega = 2\pi f$。在谐振时，流过高压回路 L 及 C 的电流达到最大值，即 $I_M = U_S/R$，U_S 为电源电压。

定义谐振回路的品质因数为 Q，即

$$Q = \omega L/R = \sqrt{L/C}/R \qquad (2\text{-}7)$$

试验设备的 Q 值都较大，利用低压电感经变压器组成高压电感时，Q 值常不小于20，国外资料表明，其范围可高达 40～80。在谐振时，试品 C 上的电压 U_C 与电感 L 上的电压 U_L 一样大。

$$U_C = I_M/(\omega C), U_L = I_M(\omega L) \qquad (2\text{-}8)$$

$$U_C = U_L = U_S \omega L/R = QU_S \qquad (2\text{-}9)$$

所以 U_C 的值远大于电压 U_S。试验用电源变压器的容量

$$W = U_S I_M = I_M^2 R \qquad (2\text{-}10)$$

即在谐振时试验所耗功率仅为电阻上的有效功率，故试验用电源变压器的容量比普通工频耐压所用的试验变压器要小得多。

除了调频式的串联谐振装置外，还有以调容为主的串联谐振装置和调感式的串联谐振装置。在现场工作中，由于被试设备是一定的，故电容基本固定，每节电感的值是固定的，只能通过串并来调节电感，因此一般情况下采用调频的方法来达到谐振目的。

试验接线如图 2-24 所示，现场试验图如图 2-25 所示。

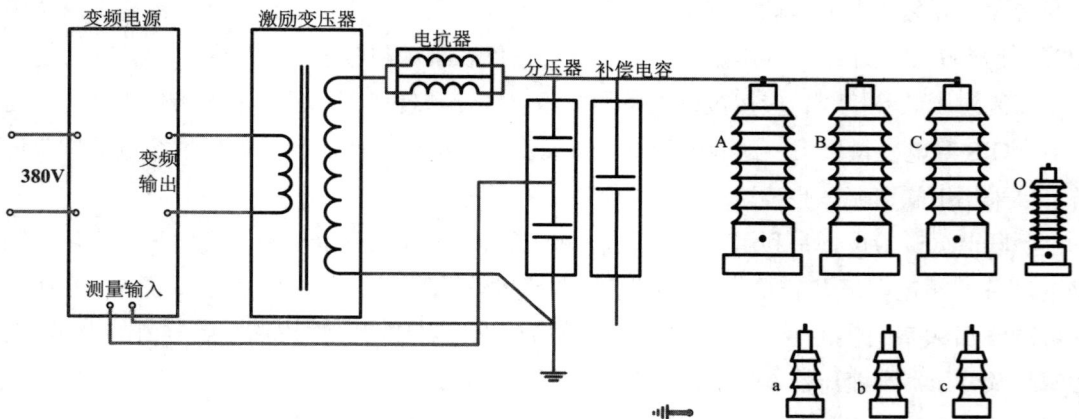

图 2-24　串联谐振回路接线

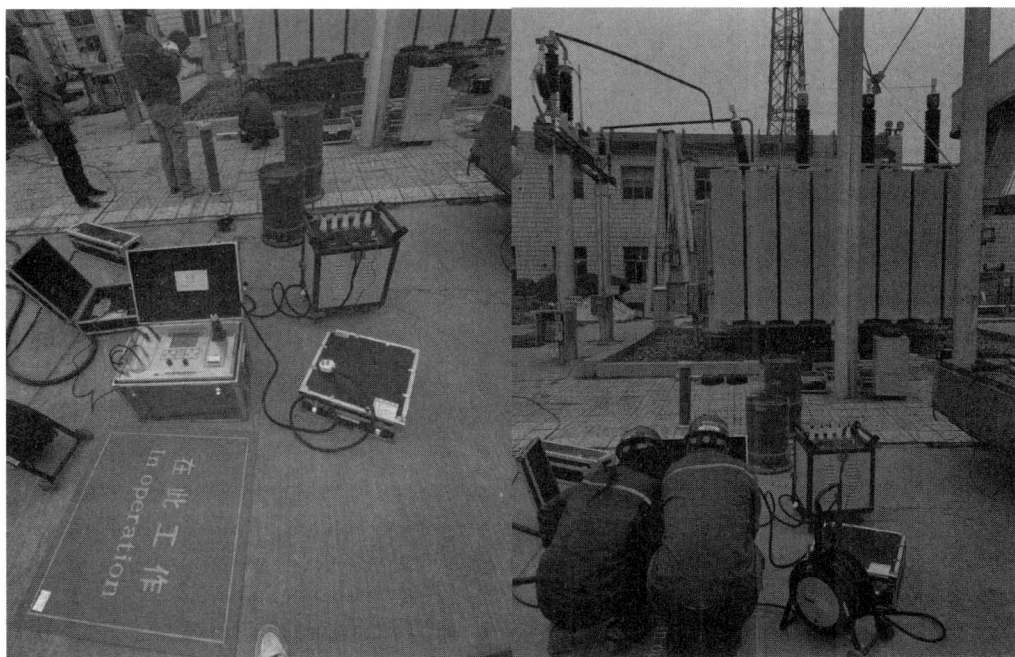

图 2-25　变压器耐压试验现场图

2.9.1　试验步骤

（1）耐压试验前，应先进行其他常规试验尤其是绝缘电阻试验，合格后再进行耐压试验。

（2）进行试验接线并检查以确认接线正确。

（3）接通试验电源，开始升压进行试验，升压过程中应密切监视高压回路，监听被试品有何异响。

（4）升至试验电压（出厂试验值的80%），开始计时并读取试验电压。

（5）计时1min结束，降压，然后断开电源，将被试设备放电并短路接地。

（6）耐压试验结束后，进行被试品绝缘试验检查，判断耐压试验是否对试品绝缘造成破坏。油浸式设备耐压后应进行油色谱分析。

2.9.2　注意事项

（1）对重要的被试品（如变压器）进行交流耐压试验时，宜在高压侧设置保护球间隙，该球间隙的放电距离对变压器整定1.15～1.2倍试验电压所对应的放电距离。

（2）在更换试验接线时，应在被试品上悬挂接地放电棒。再次升压前，先取下放电棒，防止带接地放电棒升压。

（3）当同一电压等级不同试验标准的电气设备连在一起进行试验时，试验标准应采用连接设备中的最低标准。半绝缘变压器中性点绝缘只有相绝缘等级的一半，因此带着高压侧 ABCO 套管同时进行耐压试验时，耐压数值需要采用 O 相套管和变压器中性点的标准。全绝缘变压器，变压器中性点绝缘和每相的绝缘等级是一样的，耐压试验数值比半绝缘耐压试验数值高。

（4）试验开始前，应确认试验电源的容量等参数是否满足试验要求。

（5）升压必须从零（或接近于零）开始，切不可冲击合闸。在 75% 试验电压以前，升压速度可以是任意的，自 75% 电压开始应均匀升压，均为每秒 2% 试验电压的速率升压。耐压试验后，迅速均匀降压到零（或接近于零），然后切断电源。

（6）为了保证人身安全，试验场地应设立防护围栏，防止作业人员偶然接近带电的高压装置，试验装置应有完善的保护接地（或接零）措施。

2.9.3　数据分析

交接时，根据《Q/GDW 07 电力设备交接和检修后试验规程》：交流耐压试验电压为出厂试验电压的 80%。

（1）经过交流耐压试验，在规定的持续时间内不发生击穿，且耐压前后的绝缘电阻无明显变化，则认为耐压试验通过。

（2）在升压和耐压过程中，如发现电压表指示变化很大，电流表指示急剧增加，调压器往上升方向调节，电流上升、电压基本不变甚至有下降趋势，被试品冒烟、出气、焦臭、闪络、燃烧或发出击穿响声（或断续放电声），应立即停止升压，降压、停电后查明原因。这些现象如查明是绝缘部分出现的，则认为被试设备存在问题或早已击穿。如确定被试品的表面闪络是由于空气湿度或表面脏污等所致，应将被试品清洁干燥处理后，再进行试验。

（3）试验中途因故失去电源，在查明原因，恢复电源后，应重新进行全时间的持续耐压试验。

2.10　局部放电试验

局部放电是指发生在电极之间但并未贯穿电极的放电，它是由于设备绝缘内部存在弱点或生产过程中造成的缺陷，在高电场强度作用下发生重复击穿和熄灭的现象。它表现为绝缘内气体的击穿、小范围内固体或液体介质的局部击穿或金属表面的边缘及尖角部位场强集中引起局部击穿放电等。这种放电的能量是很小的，所以它的短时存在并不会影响电气设备的绝缘强度。但若电气设备绝缘在运行电压下不断出现局部放电，这些微弱的放电将产生累积效应，会使绝缘性能逐渐劣化并使局部缺陷扩大，最后导致整个绝缘击穿。因而，测试电气设备的局部放电特性是目前预防电气设备故障的一种好方法。

现场试验时，一般可以使用同一套设备同时进行感应耐压和局放试验。感应耐压试验考核全绝缘变压器的纵绝缘、考核分级绝缘变压器的部分主绝缘和纵绝缘。由于在做全绝缘变压器的交流耐压试验时，只考验了变压器主绝缘的电气强度，纵绝缘并没有承受电压差，所以要做感应耐压试验。对于半绝缘变压器的主绝缘，因绕组首、末端绝缘水平不同，不能采用一般的外施电压法试验其绝缘强度，只能用感应耐压法进行耐压试验。

以变频电源柜为试验电源，经励磁变压器升压后对被试变压器低压侧加压。试验时，将高压侧及中压侧中性点接地，并在高压绕组末屏处引出试验线，经检测阻抗接入局部放电测试仪进行测量。试验原理接线图如图 2-26 所示。现场试验图如图 2-27 所示。

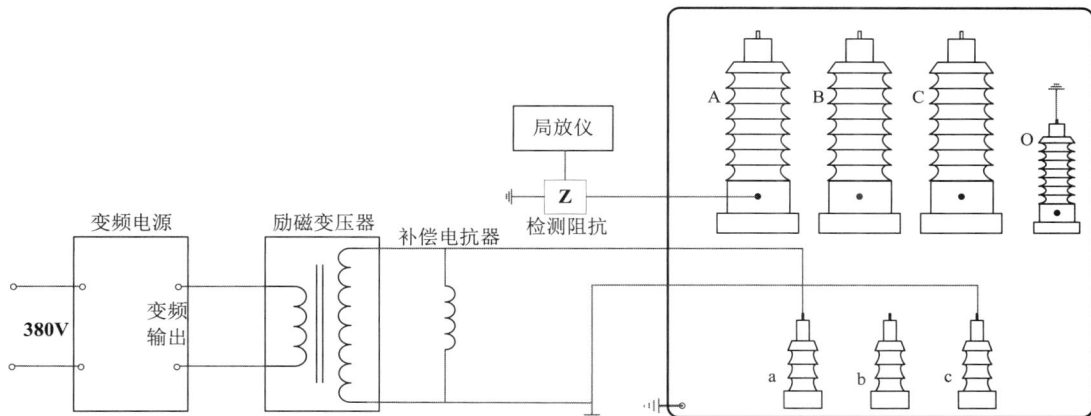

图 2-26　变压器局部放电试验接线图

图 2-27　变压器局部放电现场试验图

2.10.1　试验步骤

（1）进行试验接线并检查接线正确。

（2）校准视在放电量。

（3）测定背景噪声水平，其值应低于规定的视在放电量的 50%。现场试验时，可以允许有个别能分辨是干扰信号并且不影响测量读数的脉冲，过滤掉无法清除的背景局部放电量后，开始读取放电量。

（4）开始加压，进行局部放电试验。长时感应耐压试验带局部放电试验（ACLD）使用变频电源，试验分相进行，档位为1档。试验施加电压时间顺序如图2-28所示。

①首先将试验电压升到$1.1U_m/\sqrt{3}$下进行测量，保持5min；然后试验电压升到U_2，保持5min；接着试验电压升到U_1，除另有规定，当试验电压频率等于或小于2倍额定频率时，全电压下试验电压时间为60s，当试验电压频率大于2倍额定频率时，全电压下试验时间为$t = \dfrac{120 \times [额定频率]}{[试验频率]}$，但不少于15s；最后电压降到$U_2$时再进行测量，保持30min/60min。当在感应耐压试验同时进行局部试验时，U_1值即为感应耐压试验值。当仅作为局部放电试验时，U_1值则为预加电压。

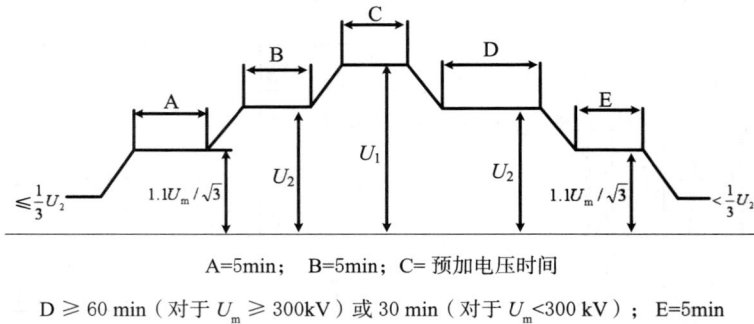

A=5min； B=5min； C= 预加电压时间

D ≥ 60 min（对于 U_m ≥ 300kV）或 30 min（对于 U_m<300 kV）； E=5min

图 2-28 变压器局部放电试验的加压程序

②测量应在所有分级绝缘绕组的线端进行。对于自耦连接的一对较高电压、较低电压绕组的线端，也应同时测量，并分别用校准方波进行校准。

③在电压升至U_2及由U_2再下降的过程中，应记下起始、熄灭放电电压。

④在整个试验时间内应连续观察放电波形，并按一定的时间间隔记录放电量Q。放电量的读取，以相对稳定的最高重复脉冲为准，偶尔发生的较高的脉冲可忽略，但应做好记录备查。整个试验期间试品不发生击穿；在U_2的第二阶段的时间内，所有测量端子测得的放电量Q，连续地维持在允许的限值内，并无明显地、不断地向允许的限值增长的趋势，则试品合格。

⑤如果放电量曾超出允许限值，但之后又下降并低于允许的限值，则试验应继续进行，直到此后30min/60min的时间内局部放电量不超过允许的限值，试品才合格。

（5）在整个试验时间内应连续观察放电波形，并按5分钟时间间隔记录放电量Q。

（6）测试完毕，断电、放电、拆除接线。

2.10.2 注意事项

（1）每次使用前应检查校准方波发生器电池是否充足电。

从串联电容到被试品的引线应尽可能短直并采用带屏蔽层的电缆，串联电容与校准方波发生器之间的连线最好选用同轴电缆，以免造成校准方波的波形畸变。

（2）被试品在局部放电试验前，应先进行其他常规试验，合格后再进行局部放电试验。

（3）局部放电试验回路每改变一次必须进行一次视在放电量的校准。

（4）放电量的读取，以相对稳定的最高重复脉冲为准，偶尔发生的较高脉冲可以忽略，但应做好记录备查。

（5）试验回路相关设备局部放电水平应低于规定的视在放电量的50%。

（6）油浸式设备在局部放电试验前应排气。

（7）试验前应将套管式CT二次端子全部短路接地。

（8）油浸式设备在局部放电试验前后应进行油色谱检测，试验后取油样时间应在试验后至少24小时。

（9）试验时，应使干扰水平抑制到最低水平：

①采用屏蔽式电源隔离变压器及低通滤波器抑制电源干扰。

②试验回路采用一点接地，减小接地干扰。

③远离不接地金属物产生的感应悬浮电位放电或采用接地的方式消除悬浮电位放电干扰。

④在高压端部采用防晕措施（如防晕环等），高压引线采用无晕的导电圆管，以及保证各连接部位的良好接触等措施消除电晕放电和各连接处接触放电的干扰。

⑤使用的试验变压器和耦合电容器的局部放电水平应控制在一定的允许量以下，降低其内部放电干扰。建议采用无局部放电变压器。

2.10.3　数据分析

交接试验时：

（1）试验期间不击穿，测得视在放电量不超过试验标准，则认为试验合格。根据《Q/GDW 07 电力设备交接和检修后试验规程》，局部放电标准值如下：

交接时：在线端电压为 $1.5U_\mathrm{m}/\sqrt{3}$ 时，放电量一般不大于100pC。

大修后：在线端电压为 $1.5U_\mathrm{m}/\sqrt{3}$ 时，放电量一般不大于500pC，在线端电压为 $1.3U_\mathrm{m}/\sqrt{3}$ 时，放电量一般不大于300pC。

（2）若视在放电量超出标准，根据放电的特征、与施加电压及时间的规律，区分并剔除由外界干扰引起的高频脉冲信号。

诊断试验时，《Q/GDW 116—2013 输变电设备状态检修试验规程》：$1.3U_\mathrm{m}/\sqrt{3}$ 时：$\leqslant$ 300pC（注意值）。

2.11　油中溶解气体分析

绝缘油中溶解气体组分含量的测定，是充油电气设备出厂检验和运行监督过程中判断设备潜伏性故障的有效手段。油中溶解气体组分含量色谱分析法，是实现油中溶解气体组分含量测定的有效方法。当变压器内部出现故障时，如绝缘油和固体绝缘材料中的热性故障（电流效应）和电性故障（电压效应），油中的 CO_2、CO、H_2 和低分子烃类的气体就会显著增加。不过，在故障初期时，这些气体的增加还不足以引起气体继电器动作。这时，通过分析油中溶解的这些气体，经过正确判断就能及早确定变压器的内部故障。实验室用油中溶解气体分析设备如图 2-29 所示。

图 2-29 变压器油中溶解气体分析设备

2.11.1 试验步骤

（1）对油样进行脱气处理，将溶解的气体从油中定量地脱出来。

（2）把经脱气装置从油中得到的溶解气体的气样及从变压器气体继电器中所取的气样，注入气相色谱仪，由载气把气体试样带入色谱柱中。

（3）利用气体试样中各组分在色谱柱中的气相和固定相间的分配及吸附系数不同进行分离，分离出的单质组分通过检测器进行检测。

（4）根据记录装置记录的各组分的保留时间和响应值进行定性、定量分析。

（5）精密度和准确度。取两次平行试验结果的算术平均值为测定值。

①重复性 r。油中溶解气体浓度大于 $10\,\mu L/L$ 时，两次测定值之差应小于平均的 10%；油中溶解气体浓度小于或等于 $10\,\mu L/L$ 时，两次测定值之差应小于平均值的 15% 加两倍该组分气体最小检测浓度之和。

②再现性 R。两个试验室测定值之差的相对偏差：在油中溶解气体浓度大于 $10\,\mu L/L$ 时，为小于 15%；小于或等于 $10\,\mu L/L$ 时，为小于 30%。

③准确度。本方法采用对标准油样的回收率试验来验证。一般要求回收率不低于 90%，否则应查明原因。

2.11.2 注意事项

（1）用注射器全密封取样，且不能有气泡。

（2）用 5mL 针管取氮气脱气时，应先用氮气冲洗针管针筒 2～3 次，排除内部可能存在的气体，并在取气后立即加入油中。

（3）仪器标定与分析应使用同一支进样注射器，取相同进样体积。

（4）仪器较长时间不用再次使用时，应先用载气冲洗管路 20min 左右。

（5）从取样到分析样品应避光并及时送样，确保能在 4 天内完成。

2.11.3 数据分析

油中溶解气体的色谱分析，根据《Q/GDW 07 电力设备交接和检修后试验规程》，交接试验的结果应符合下列规定：

（1）新装变压器的油中任一项溶解气体含量不得超过下列数值：

总烃：20 μL/L；

H_2：30 μL/L；

C_2H_2：不应含有。

（2）大修后变压器的油中任一项溶解气体含量不得超过下列数值：

总烃：50 μL/L；

H_2：50 μL/L；

C_2H_2：痕量。

根据《DL/T 596—2021 电力设备预防性试验规程》，按 DL/T 722 判断是否符合要求：

（1）新装变压器油中 H_2 与烃类气体含量（μL/L）任一项不宜超过下列数值：

500kV 及以上：总烃：10；H_2：10；C_2H_2：0.1；

330kV 及以下：总烃：20；H_2：30；C_2H_2：0.1。

（2）运行变压器油中 H_2 与烃类气体含量（μL/L）超过下列任何一项值时应引起注意：

总烃：150；

H_2：150；

C_2H_2：5（35kV～220kV），1（330kV 及以上）。

（3）烃类气体总和的产气速率大于 6mL/d（开放式）和 12mL/d（密封式），或相对产气速率大于 10%/月，则认为设备有异常（对乙炔 <0.1 μL/L、总烃小于新设备投运要求时，总烃的绝对产气率可不作分析）。氢气的产气速率大于 5mL/d（开放式）和 10mL/d（密封式），则认为设备有异常。

根据《Q/GDW 116-2013 输变电设备状态检修试验规程》：

（1）乙炔≤1 μL/L（330kV 及以上）：

$\leqslant 5\mu L/L$（其他）（注意值）；

（2）氢气$\leqslant 150\mu L/L$（注意值）；

（3）总烃$\leqslant 150\mu L/L$（注意值）；

（4）绝对产气速率：

$\leqslant 12mL/d$（隔膜式）（注意值）

或$\leqslant 6mL/d$（开放式）（注意值）；

（5）相对产气速率：

$\leqslant 10\%$/月（注意值）。

2.11.4 特征气体分析

绝缘油是由许多不同分子量的碳氢化合物分子组成的混合物，分子中含有CH_3、CH_2和CH化学基团并由$C—C$键合在一起。由于电或热故障的结果可以使某些$C—H$键和$C—C$键断裂，伴随生成少量活泼的氢原子和不稳定的碳氢化合物的自由基，如CH_3*、CH_2*CH*，或$C*$（其中包括许多更复杂的形式）。这些氢原子或自由基通过复杂的化学反应迅速重新化合，形成氢气和低分子烃类气体，如甲烷、乙烷、乙烯、乙炔等，也可能生成碳的固体颗粒及碳氢聚合物（X-蜡）。故障初期，所形成的气体溶解于油中；当故障能量较大时，也可能聚集成自由气体。

低能量故障，如局部放电，通过离子反应促使最弱的键$C—H$键（338kJ/mol）断裂，大部分氢离子将重新化合成氢气而积累。而$C—C$键的断裂需要较高的温度（较多的能量），然后迅速以$C—C$键（607kJ/mol）、$C=C$键（720kJ/mol）和$C\equiv C$（960kJ/mol）键的形式重新化合成烃类气体，依次需要更高温度和更多能量。

乙烯是在大约为500℃（高于甲烷和乙烷的生成温度）下生成的（虽然在较低的温度时也有少量生成）。乙炔一般在800℃~1200℃下生成，而且当温度降低时，反应迅速被抑制，作为重新化合的稳定产物而积累。因此，大量乙炔是在电弧的弧道中产生的。当然在较低的温度下（低于800℃）也会有少量的乙炔生成。油起氧化反应时伴随生成少量的CO和CO_2；CO和CO_2能长期积累，成为显著数量。

纸、层压纸板或木块等固体绝缘材料分子内含有大量的无水右旋糖环和弱的$C—O$键及葡萄糖贰键，它们的热稳定性比油中的碳氢键要弱，并能在较低的温度下重新化合。聚合物裂解的有效温度高于105℃，完全裂解和碳化高于300℃，在生成水的同时生成大量的CO和CO_2以及少量烃类气体和呋喃化合物，同时油被氧化。CO和CO_2的形成不仅随温度而且随油中氧的含量和纸的湿度增加而增加。

油色谱分析主要分析H_2、CH_4、C_2H_6、C_2H_4、C_2H_2、CO、CO_2七种气体，其中，CH_4、C_2H_6、C_2H_4、C_2H_2称为总烃。不同故障类型产生的主要特征气体和次要特征气体可归纳为表2-5。

表 2-5 不同故障类型产生的气体

故障类型	主要气体组分	次要气体组分
油过热	CH_4，C_2H_4	H_2，C_2H_6
油和纸过热	CH_4，C_2H_4，CO，CO_2	H_2，C_2H_6
油纸绝缘中局部放电	H_2，CH_4，CO	C_2H_2，C_2H_6，CO_2
油中火花放电	H_2，C_2H_2	—
油中电弧	H_2，C_2H_2	CH_4，C_2H_4，C_2H_4
油和纸中电弧	H_2，C_2H_2，CO，CO_2	CH_4，C_2H_4，C_2H_4

注：进水受潮或油中气泡可能使氢含量升高。

在热动力学和实践的基础上，推荐改良三比值法作为判断充油电气设备故障类型的主要方法。改良三比值法是用五种气体的三对比值以不同的编码表示，编码规则和故障类型判断方法见表 2-6 和表 2-7。

利用三对比值的另一种判断故障类型的方法，是溶解气体分析解释表和解释简表，见表 2-8 和表 2-9。表 2-8 是将所有故障类型分为六种情况，这六种情况适合所有类型的充油电气设备，气体比值的极限由于设备类型不同可稍有不同。表 2-8 中还显示了 D1 和 D2 之间的某些重叠，而又有区别，这说明放电的能量有所不同，因而必须对设备采取不同的措施。表 2-9 给出了粗略的解释，对于局部放电，低能量或高能量放电以及热故障可有一个简便粗略的区别。

表 2-6 编码规则

气体比值范围	比值范围的编码		
	C_2H_2/C_2H_4	CH_4/H_2	C_2H_4/C_2H_6
<0.1	0	1	0
≥ 0.1~<1	1	0	0
≥ 1~<3	1	2	1
≥ 3	2	2	2

表 2-7 故障类型判断方法

编码组合			故障类型判断	故障实例（参考）
C_2H_2/C_2H_4	CH_4/H_2	C_2H_4/C_2H_6		
0	0	1	低温过热（低于150℃）	绝缘导线过热，注意 CO 和 CO_2 含量及 CO_2/CO 值
	2	0	低温过热（150~300）℃	分接开关接触不良，引线夹件螺丝松动或接头焊接不良，涡流引起铜过热，铁芯漏磁，局部短路，层间绝缘不良，铁芯多点接地等
	2	1	中温过热（300~700）℃	
	0，1，2	2	高温过热（高于700℃）	
	1	0	局部放电	高湿度，高含气量引起油中低能量密度的局部放电

续表

编码组合			故障类型判断	故障实例（参考）
C_2H_2/C_2H_4	CH_4/H_2	C_2H_4/C_2H_6		
1	0.1	0，1，2	低能放电	引线对电位未固定的部件之间连续火花放电，分接抽头引线和油隙络络，不同电位之间的油中火花放电或悬浮电位之间的火花放电
	2	0，1，2	低能放电兼过热	
2	0，1	0，1，2	电弧放电	线圈匝间、层间短路、相间闪络、分接头引线间油隙闪络、引线对箱壳放电、线圈熔断、分接开关飞弧、因环路电流引起电弧、引线对其他接地体放电等
	2	0，1，2	电弧放电兼过热	

表 2-8　溶解气体分析解释表

情况	特征故障	C_2H_2/C_2H_4	CH_4/H_2	C_2H_4/C_2H_6
PD	局部放电（见注3）	NS	<0.1	<0.2
D1	低能量局部放电	>1	0.1~0.5	>1
D2	高能量局部放电	0.6~2.5	0.1~1	>2
T1	热故障 $t<300℃$	NS	>1 但 NS>1	<1
T2	热故障 $300℃<t<700℃$	<0.1	>1	1~4
T3	热故障 $t>700℃$	<0.2	>1	>4

1）NS 表示无论什么数值均无意义。

2）C_2H_2 的总量增加，表明热点温度增加，高于1000℃。

注　1. 上述比值在不同地区可稍有不同。

2. 以上比值在至少上述气体之一超过正常值并超过正常增长率时计算才有效。

3. 在互感器中 $CH_4/H_2<0.2$ 时为局部放电。在套管中 $CH_4/H_2<0.7$ 为局部放电。

4. 气体比值落在极限范围之外，而不对应于本表中的某个故障特征，可认为是混合故障或一种新的故障。这个新的故障包含了高含量的背景气体水平。在这种情况下，本表不能提供诊断。

表 2-9　溶解气体分析解释简表

情况	特征故障	C_2H_2/C_2H_4	CH_4/H_2	C_2H_4/C_2H_6
PD	局部放电	—	<0.2	—
D	低能量或高能量放电	>0.2	—	—
T	热故障	<0.2	—	—

2.12　红外热像检测

对变压器进行红外热像检测，要求红外热像图显示无异常温升、温差和／或相对温差。测量和分析方法可参考《DL/T 664—2018 带电设备红外诊断应用规范》，此处不再详细介绍。现场检测图如图 2-30 所示。

图 2-30 变压器红外热像检测现场图

3 变压器常见故障处理

本章将首先介绍变压器最常见的两类缺陷——渗漏和过热，在变压器常见故障中二者占 80% 以上，然后介绍变压器器身本体以及各附件的常见故障。本章将汇总笔者所在供电公司实际发生的设备故障，重点分析故障原因以及相应的处理措施，以期能够为变压器运维检修人员的工作提供经验或者理论参考。

3.1 变压器过热类缺陷

变压器过热缺陷通常采用红外测温和油色谱分析来进行诊断，本节主要介绍应用红外测温诊断的变压器过热缺陷，采用油色谱分析诊断的过热缺陷在后续部分介绍。由于变压器过热的部位以及故障原因各有不同，本节将从过热原因维度来分析变压器过热类故障。

3.1.1 导电膏涂抹过厚

3.1.1.1 导电膏简介

导电膏又称为电力复合脂，简称电力脂，是以矿物油、合成脂类油、硅油作基础油，加入导电、抗氧化、抗腐蚀等特殊添加剂，经研磨、分散、改性精制而成的软状膏体。电力复合脂可广泛应用于金属导体连接处，起到降低接触电阻、抗氧化、抗腐蚀等作用，有效地提高金属导体连接的可靠性和稳定性。

如图 3-1 所示，由于金属接触面不平整，存在空气，造成接触面氧化，同时电流只能沿接触点进行流通，从而造成接触电阻过大，导致连接处过热。

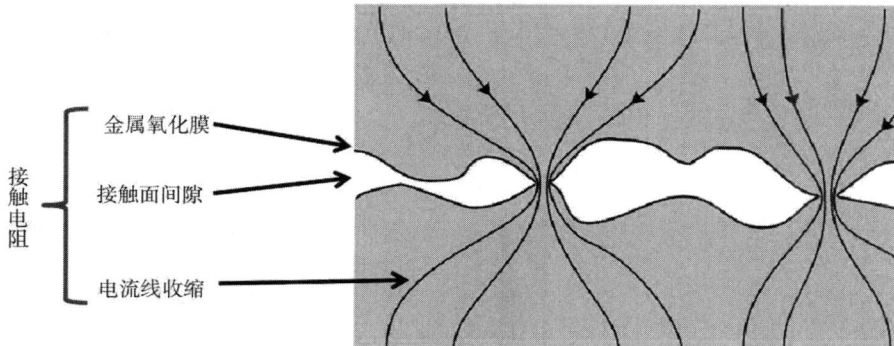

图 3-1 接触表面不平整

如图 3-2 所示，涂抹导电膏以后，接触面上的气孔处被导电膏充满，确保接触面不会被氧化，虽然导电膏本身不导电，但是由于存在"隧道"效应，电子能够通过两个接触面之间的一层薄薄的导电膏，确保电流流过整个接触面，降低了接触电阻。

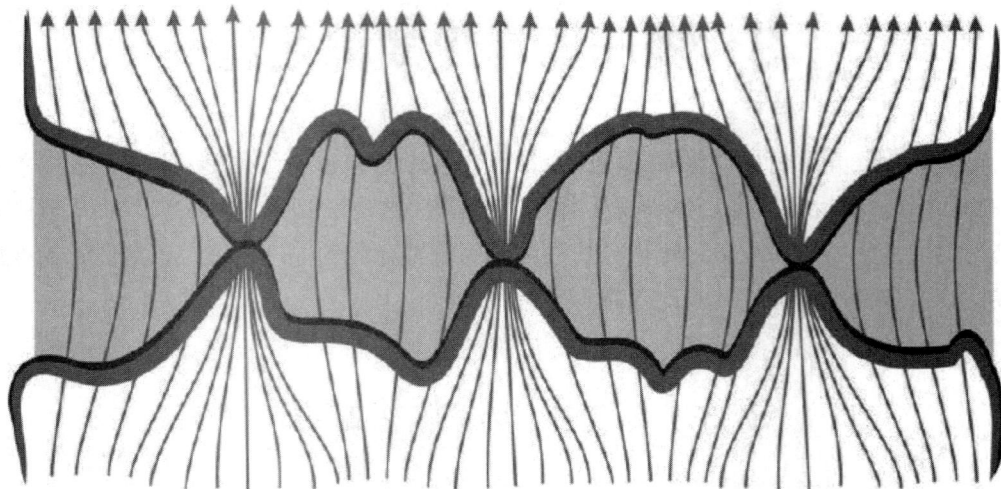

图 3-2　接触表面不平整（涂导电膏）

3.1.1.2　导电膏引起变压器过热分析

使用导电膏时，金属接触面依次用砂纸进行打磨，并擦拭干净，涂抹厚度不超过 2mm，确保能够"导电"。在实际应用中，由于涂抹工艺的偏差，容易造成导电膏涂抹超过 2mm，并且涂抹不均匀，从而引起接触电阻过大，造成变压器接触面过热。如图 3-3～图 3-6 为常见的变压器过热故障部位。

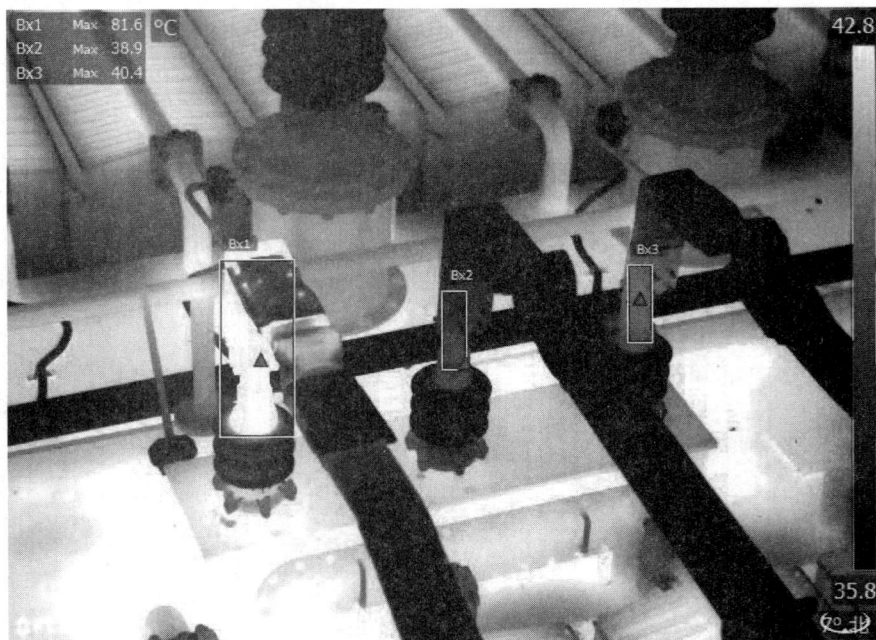

图 3-3　低压套管线夹与母线排连接处过热

图 3-4 低压母线排连接处过热

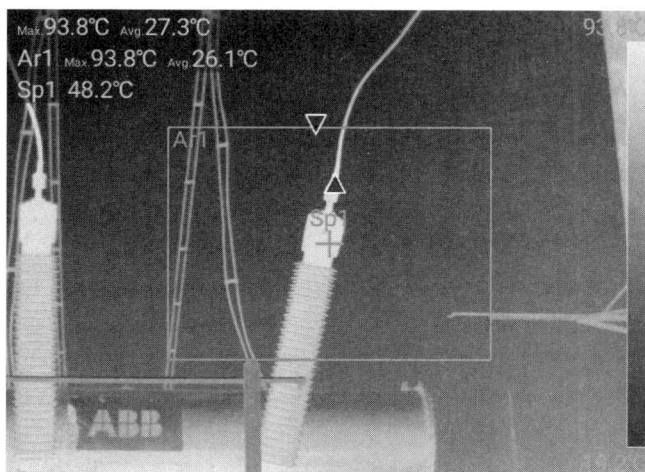

图 3-5 高压套管线夹与引线连接处过热

图 3-6 导电膏涂抹过厚照片

现场有效的处理方法就是对接触面进行打磨，重新连接紧固后测量接触面接触电阻，通常单接触面接触电阻小于 20 μΩ，三相同位置相差不大于 5 μΩ，就能够保证不会过热。同时处理过热时，如果单相过热，需要对三相同位置进行处理。

对于导电膏涂抹过厚引起的过热故障预防，在线夹接触面平整度满足要求的前提下，可以不使用导电膏。并且在接触面紧固后进行接触电阻测量，需要满足上述要求。

3.1.2　没有安装铜铝过渡片或者铜铝过渡片装反

变压器 10kV 侧通常需要采用矩形母线结构，实际中通常采用双层铜排，但也有采用三层铝排结构的，表 3-1 为《导体和电器选择设计技术规定》（DL／T 5222—2005）规定的铝排载流量。

表 3-1　矩形铝导体长期允许载流量

导体尺寸 $h×b$ mm × mm	单条		双条		三条		四条	
	平放	竖放	平放	竖放	平放	竖放	平放	竖放
40 × 4	480	503	—	—	—	—	—	—
40 × 5	542	562	—	—	—	—	—	—
50 × 4	586	613	—	—	—	—	—	—
50 × 5	661	692	—	—	—	—	—	—
63 × 6.3	910	952	1409	1547	1866	2111	—	—
63 × 8	1038	1085	1623	1777	2113	2379	—	—
63 × 10	1168	1221	1825	1994	2381	2665	—	—
80 × 6.3	1128	1178	1724	1892	2211	2505	2558	3411
80 × 8	1274	1330	1946	2131	2491	2809	2863	3817
80 × 10	1472	1490	2175	2373	2774	3114	3167	4222
100 × 6.3	1371	1430	2054	2253	2633	2985	3032	4043
100 × 8	1542	1609	2298	2516	2933	3311	3359	4479
100 × 10	1278	1803	2558	2796	3181	3578	3622	4829
125 × 6.3	1674	1744	2446	2680	2079	3490	3525	4700
125 × 8	1876	1955	2725	2982	3375	3813	3847	5129
125 × 10	2089	2177	3005	3282	3725	4194	4225	5633

注　1：载流量系按最高允许温度 +70℃，基准环境温度 +125℃、无风、无日照条件计算的。

　　2：导体尺寸中，h 为宽度，b 为厚度。

　　3：当导体为四条时，平放、竖放第 2、3 片间距离皆为 50mm。

以最常见的 SSZ11-50000/110 变压器为例，10kV 侧载流量为 2887A，再考虑一定的裕度，采用 100 × 10 铝排，三条平放即可。但是变压器 10kV 套管线夹为铜质，这就造成铜质的线夹需要与铝质的母线排连接，此时需要在铜铝之间使用铜铝过渡片，如图 3-7 所示。

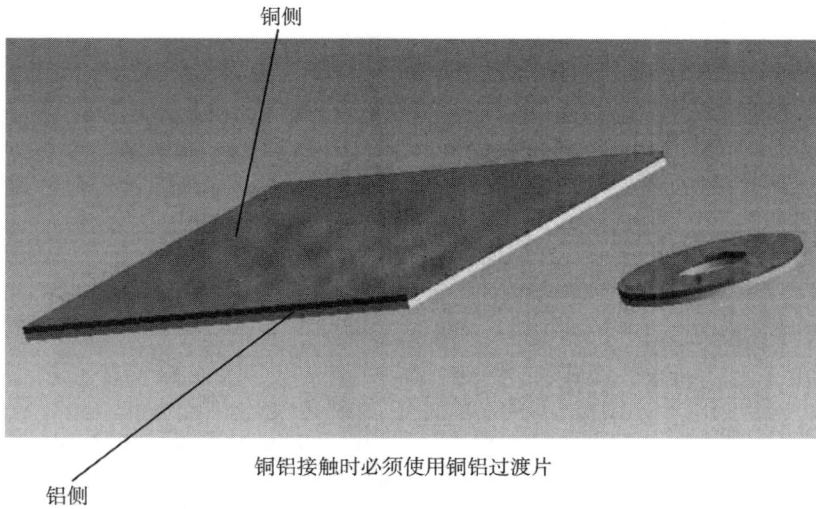

铜侧

铝侧

铜铝接触时必须使用铜铝过渡片

图 3-7　铜铝过渡片

如果在实际现场没有安装铜铝过渡片或者安装方向错误，则会造成铜铝直接接触，长期运行会导致接触电阻增大。

如图 3-8 所示为铜铝伸缩节方向放置错误，该现场没有使用铜铝过渡片，而是将伸缩节做成铜铝过渡形式，从图 3-8 可以看出，伸缩节的铝侧与铜排侧接触。

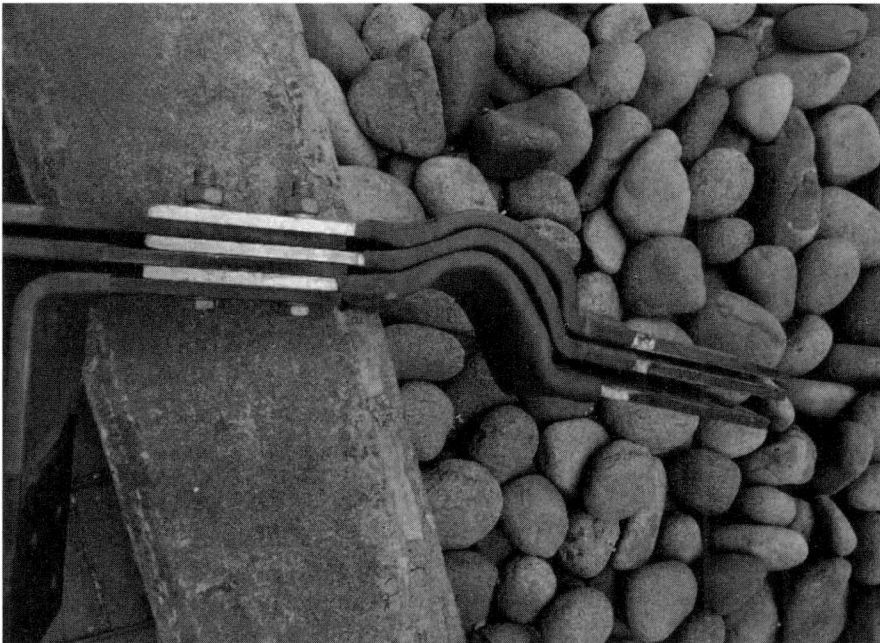

图 3-8　铜铝伸缩节

对于上述原因造成的过热故障，采用直流电阻仪测量时会满足要求，因为铜铝接触面氧化是在长期负载运行的条件下逐步进行的，所以避免此种过热缺陷需要检修人员认真核对检查，确保已经安装铜铝过渡片或者铜铝伸缩节，并且安装方向正确。

3.1.3 紧固螺栓松动

如图 3-9 所示，如果紧固螺栓松动，会造成接触面接触不良，从而引起过热，重新紧固螺栓即可。现场操作中，紧固螺栓全部完成以后，需要有人员对所有螺栓进行再次核对，确保没有螺栓松动。由于变压器本身具有强烈的振动，紧固螺栓必须有弹垫或者采取防松动措施。

图 3-9　螺栓紧固图

3.1.4 漏磁引起的过热

3.1.4.1　箱沿螺栓过热

如图 3-10 所示为实际变压器箱沿螺栓过热图片。

图 3-10　变压器底部箱沿螺栓过热

变压器负载运行时，由绕组电流产生的漏磁通有一部分经过油箱闭合，这部分变化的磁通将在油箱上产生感应电动势 E_σ，并在油箱上产生闭合的涡旋电流 I_e。以钟罩式油箱变压器为例，油箱内侧与绕组上、下端部正对处的漏磁最大，该漏磁在箱壁上、下部产生两个大的涡流区域，对于钟罩式油箱，下部涡流区域往往处于箱沿位置，涡流需要通过螺栓进行闭合，如图 3-11 所示。

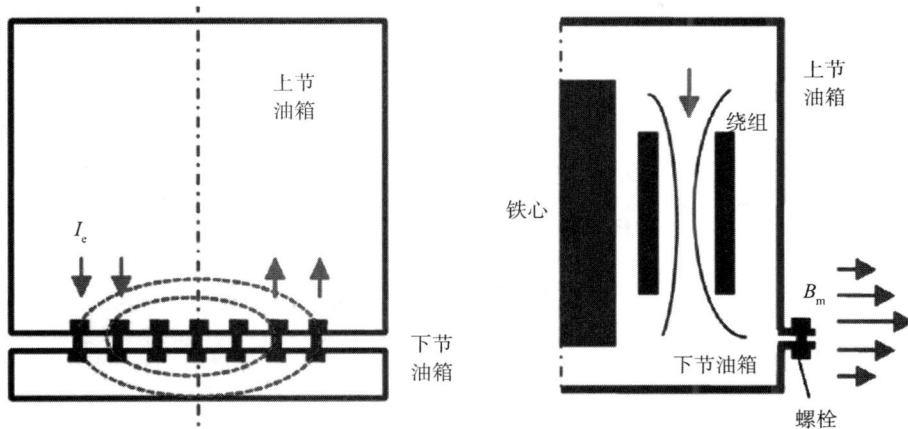

图 3-11　箱沿螺栓电流的产生原理

当上、下节箱沿间的导流片布置合理，所有箱沿螺栓接触电阻较大时，通过每一个螺栓的电流较小，螺栓不会产生局部过热。但是不正当的操作使接触电阻大幅降低，导致螺栓承担的电流急剧上升也会引发箱沿螺栓局部过热。

从现有上、下节油箱箱沿连接结构的特点，上、下油箱可划分为开路、螺栓连接、屏蔽连接和短路四种结构，如图 3-12 所示。当上、下节油箱相互绝缘如图 3-12（a）所示时，则上、下节油箱中的涡流回环处于相互独立状态，如图 3-13（a）所示；当上、下节油箱采用螺栓连接如图 3-12（b）时，假设所有螺栓的接触电阻一致，则上、下节油箱中的涡流回环靠上、下节箱沿螺栓的接触电阻 R_{eq} 相互联系，如图 3-13（b）所示；当上、下节油箱靠箱沿侧用铜屏蔽完全构成一整体时，如图 3-12（c）所示，则上、下节油箱中的涡流回环融为一大回环，如图 3-13（c）所示；当上、下节油箱内侧靠箱沿端部增加短路短板如图 3-12（d）所示时，则上、下节油箱中的涡流回环被短接成两部分，如图 3-13（d）所示。

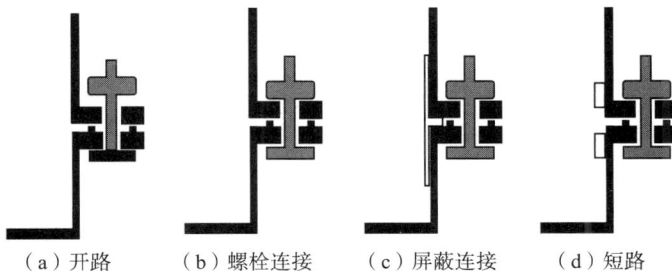

（a）开路　　　（b）螺栓连接　　　（c）屏蔽连接　　　（d）短路

图 3-12　上下箱沿连接结构

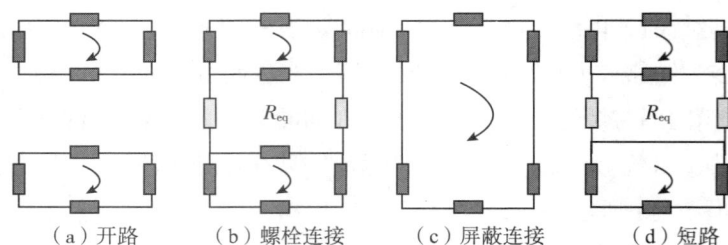

（a）开路　　　（b）螺栓连接　　　（c）屏蔽连接　　　（d）短路

图 3-13　油箱涡流等值电路图

如图 3-14 所示，我们现场采取的方法是使用 U 型铁片，将过热螺栓的磁路进行短接，注意短接的 U 型片必须是导磁材质，如果使用铜材质的，则只可以起到散热的作用。

图 3-14　磁路短接

3.1.4.2　升高座过热

如图 3-15 所示某 110kV 变压器 10kV 套管升高座过热，停电检查确定过热部位为导磁材料，10kV 载流量在 3000A 左右，在周围产生强大的磁场，因此会在导磁材料中产生涡流过热。长期局部过热，会加速接触位置密封胶垫的老化、龟裂失去弹性，造成密封件严密性能下降，最终导致渗漏油情况出现。变压器渗油会影响外观，渗漏油迹在地面上蔓延较多时，还可能引发火灾。绝缘密封被破坏，会使变压器失去全密封状态，使外界水分浸入变压器内部，导致绝缘油的含水量升高，击穿电压降低，导致变压器被迫停运。绝缘油长期过热，会导致油逐渐劣化，会产生烃类气体。绝缘油中气体含量过高，一是会在绝缘液中产生"小桥"放电现象，形成放电通道；二是产生气体含量过多，会造成瓦斯继电器动作。

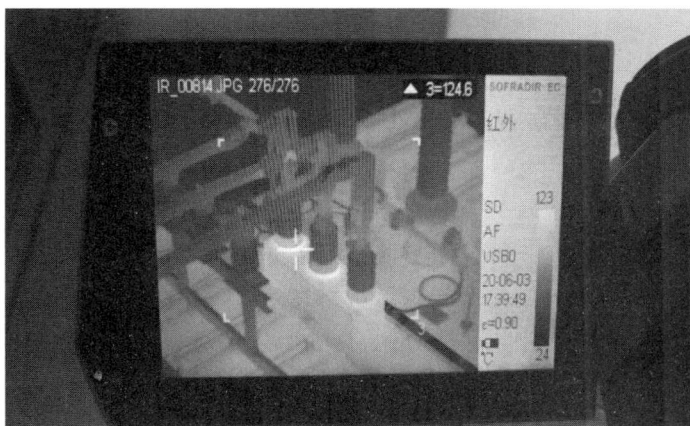

图 3-15 变压器升高座过热

现场解决方法为变压器吊罩检修，在升高座中填充非导磁材料或者整体更换升高座，如图 3-16 所示。

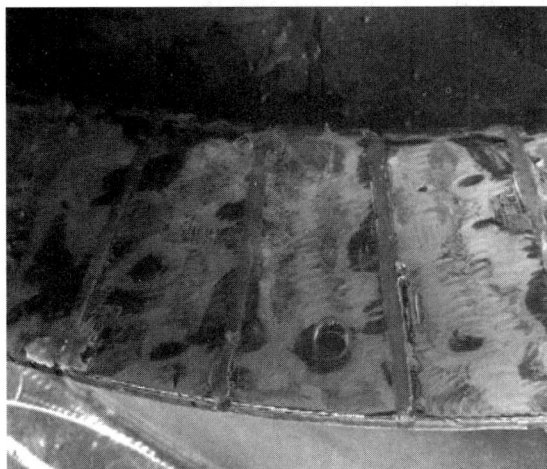

（a）填充非导磁材料　　　　　　　　　　（b）整体更换升高座

图 3-16 升高座过热现场解决方法

另外，如果铁芯出现多点接地或者铁芯片间出现短路，也会产生过热，但是此种过热通常会造成变压器油色谱超标，无法通过红外测温进行监测，本文将在铁芯故障一节进行介绍。

3.1.5 接触面积不足引起的过热

如图 3-17 所示，由于引线通过定位销与套管固定在一起，此时将军帽为了能够紧固，会造成接触面积不足，如图 3-17 中红色实线所示；图 3-18 中由于套管不是通过线夹引出，而是直接通过螺栓，并且引线时通过铝排连接，铝排与螺栓的接触面积不足，造成过热，这也是很多站变（接地变）过热的原因。对于图 3-17 中的过热，需要增加铜垫，如图 3-19 所示；对于图 3-18 中的过热，需增加铜圈，如图 3-20 所示。

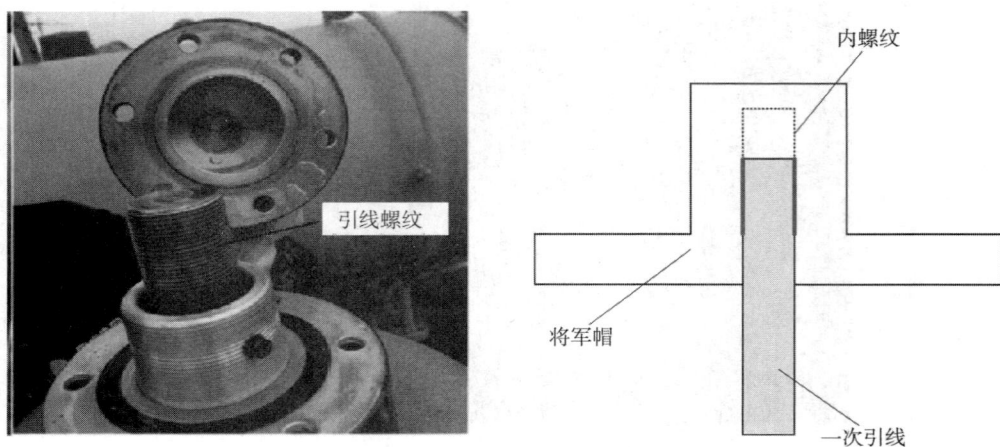

图 3-17　高压套管接触面积不足

图 3-18　中性点套管过热

图 3-19　铜垫图

图 3-20 铜圈图

对于图 3-17 中的高压套管过热，其根源在于套管头部结构不合理，图 3-22 中的套管头部结构是推荐的形式，在该形式下，引线通过定位销与定位圈固定，这样采用专用扳手如图 3-23 所示，能够确保将军帽紧固完全。对于图 3-17 所示的过热，推荐采用图 3-21 中的线夹连接，线夹内部具有螺纹，首先与套管引线连接，然后铝排再与线夹连接，确保每一部分均具有足够的接触面积。

图 3-21 线夹连接

图 3-22　套管接头

图 3-23　将军帽紧固

3.2　变压器渗漏缺陷

对于油浸式变压器，渗漏缺陷是变压器最常见的缺陷，如图 3-24~图 3-36 所示均为笔者所在供电公司实际遇到的渗漏。

图 3-24 变压器本体瓦斯渗漏

图 3-25 调压开关顶盖渗漏

图 3-26　低压套管底部渗漏

图 3-27　低压套管顶部渗漏

图 3-28　中压套管顶部渗漏

图 3-29　中压套管底部渗漏

图 3-30　低压套管放气堵渗漏

图 3-31　蝶阀渗漏

图 3-32　散热器渗漏

图 3-33　高压套管顶部渗漏

图 3-34　铁芯、夹件接地套管渗漏

图 3-35　球阀渗漏

图 3-36　焊漏

变压渗漏主要原因包括：

（1）胶垫完好，但是紧固螺栓松动，此时只是因为胶垫压缩量不满足要求（胶垫压缩量要求 1/3~1/2，胶圈压缩量为 1/2）导致的渗漏，可以通过紧固螺栓来处理渗漏缺陷，如图 3-37 所示。

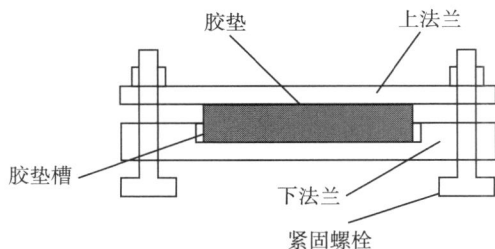

图 3-37　紧固螺栓

（2）螺栓已经完全紧固，胶垫由于厚度不满足要求或者已经变形，导致胶垫压缩量不足，此时只能更换胶垫，如图 3-38 所示。

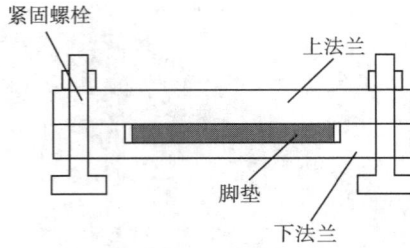

图 3-38　更换胶垫

（3）由于螺栓是通过螺栓槽紧固的，有时螺栓长度过长，导致紧固长度不足，从而导致胶垫压缩量不满足要求，此时需要通过更换螺栓或者增加垫片来处理，如图 3-39 和图 3-40 所示。

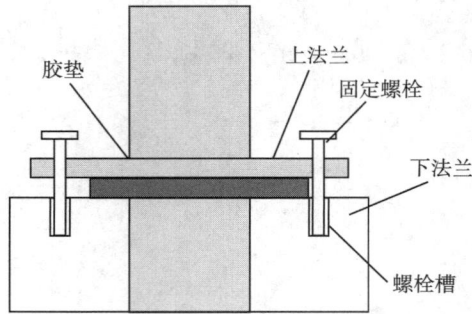

图 3-39　更换螺栓

图 3-40　增加垫片

（4）焊漏或者砂眼引起的渗漏，一般发生在法兰变径处，处理这种渗漏只能通过焊接来完成。注意充油设备带电焊接渗漏时，一定要采用点焊技术，防止引起油色谱不合格。

（5）由于呼吸器结构不合理或者操作不当造成呼吸器堵塞，引起渗漏，变压器内部由于温度升高而压力增大，变压器密封最薄弱的部分会发生渗漏。处理此类故障需要先检查呼吸器是否堵塞，若呼吸器没有堵塞，再分析胶垫是否满足要求。

处理变压器渗漏需要注意以下几点：

（1）处理中低压套管底部渗漏时，对于采用压脚紧固的套管，紧固压脚时需要观察套管瓷套是否与底部升高座有足够的压缩量，一旦套管瓷套和升高座接触，会造成瓷套损坏，如图 3-41 和图 3-42 所示。

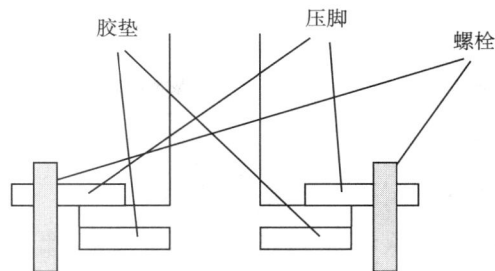

图 3-41　压脚示意图

图 3-42　压脚实物图

（2）处理中低压套管顶部渗漏时，由于压帽与套管瓷套之间具有胶垫，紧固时需要观察该胶垫位置是否正确，如果胶垫错位，铁质压帽与瓷套接触，则会造成瓷套破损。中低压套管顶部实物图如图 3-43 所示。

图 3-43　中低压套管顶部实物图

（3）对于球阀或者蝶阀阀门芯渗漏，大多数是由于内部轴密封损坏引起的，只能通过更换阀门彻底解决，如图 3-44 所示。

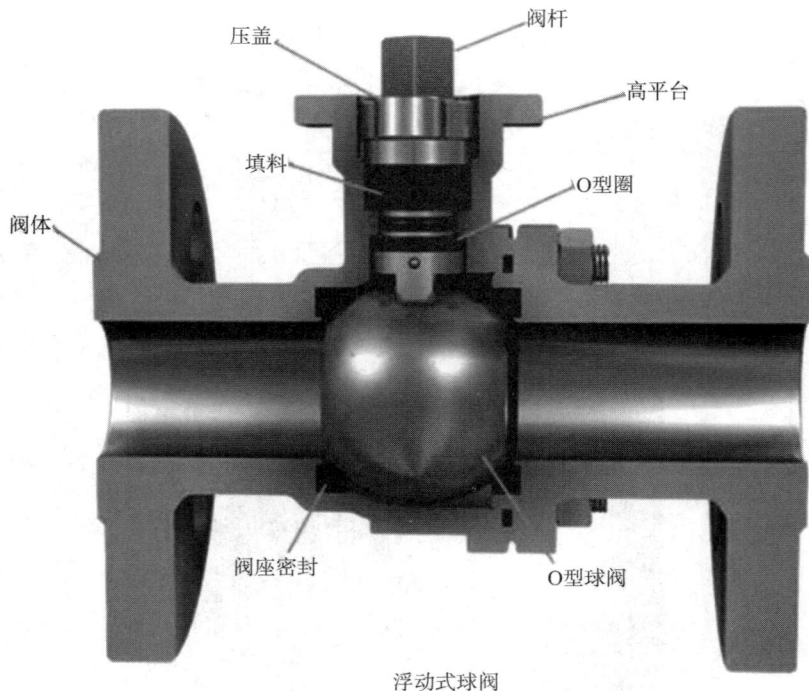

图 3-44　阀门芯

（4）对于变压器散热器渗漏，由于散热器材质薄，不推荐采用现场焊接的方式处理，一旦操作不当会引起更严重的渗漏，推荐返厂处理或者更换新的散热器。

（5）对于需要先降低油位再处理的渗漏，渗漏处理完毕以后，切记进行真空注油，并且需要对各部位进行放气。

（6）对于新装或者大修后的变压器，在变压器投运时可能不存在渗漏，但是运行 1~2 年后存在渗漏。一般变压器新装或者大修工程安排在春天或者秋天，温度一般在 15~25℃，变压器打压试漏即使满足要求，但是到了冬天以后，环境温度降低到 -10℃以下时，由于胶垫压缩量对环境温度比较灵敏，最终会引起渗漏。

（7）对由于螺栓松动引起的变压器顶部渗漏，可能由于工作距离不满足带电工作要求，此时可以研制螺栓带电紧固工具，尽量减少变压器停电次数。

3.3　套管常见故障

3.3.1　电容式套管的密封不良

电容式套管的密封问题表现在两个方面：一是套管自身密封不良，二是套管将军帽（导电头）密封不良。

（1）套管自身密封不良。理论上套管的每个密封部位都可能出现渗漏，但实际中套管自身密封不良出现的渗漏基本没有。油纸电容式套管的内绝缘由于工作场强较高，且油量较少密封不良，将对套管的绝缘构成很大危险。若套管顶部储油柜用以调节油位作用的弹性膨胀板等套管油面以上部件密封不好，将造成套管内部进水受潮，使电容芯子受潮劣化而危及套管的安全运行。上瓷套与中间法兰、下瓷套的各密封口及小套管密封不好，在油压的作用下更多地表现为向套管外部渗漏油，造成套管内缺油故障。其中，下瓷套各密封口密封不好时由于套管的油位高于变压器油位，将向变压器内渗漏油，且平时运行维护时渗漏不易被发现。利用介损试验在一定程度上能发现电容式套管的密封不良，套管进水受潮时，$\tan\delta$ 增大，由于水的介电系数比变压器油的介电系数大，所以套管电容量 C 也增大；套管缺油时，储油柜上的空气膨胀，由于空气的介电系数比变压器油小，则套管的电容量 C 有所下降。

（2）套管将军帽（导电头）密封不良。油纸电容式套管的引线是穿缆式结构的，如果套管顶部将军帽密封结构不好或是将军帽的沟槽与胶垫配合不好，雨水会沿着套管铜导管中的引线渗进变压器引线的根部，并扩散到附近线段使其受潮，导致变压器线段的匝间短路损坏。因此，套管将军帽的密封优劣将直接危及变压器本体的安全运行，在变压器安装或检修时，特别要注意此处密封处理。

3.3.2　套管介损异常

笔者所在单位发现多起上海 MWB 公司生产的 COT 型套管，由于套管头部结构缺陷，存在介损异常的情形，其他厂家的产品尚未发现有介损异常现象。

案例分析 1：上海 MWB 公司生产 COT 型套管介损异常

2017 年 6 月 21 日，某 220kV 电站 3 号主变进行例行试验，在进行变压器套管介质损耗及电容量测试试验时，试验数据出现异常。如表 3-2 所示，电容量值偏小，而介质损耗值偏大。

表 3-2　介损测试结果

正接线 10kV	介质损耗	电容量
第一次	2.029%	300pF
第二次	2.089%	299.4pF
第三次	3.462%	292.3pF

检修人员打开套管头部结构，对其进行分析。图 3-45 为套管的实物图。

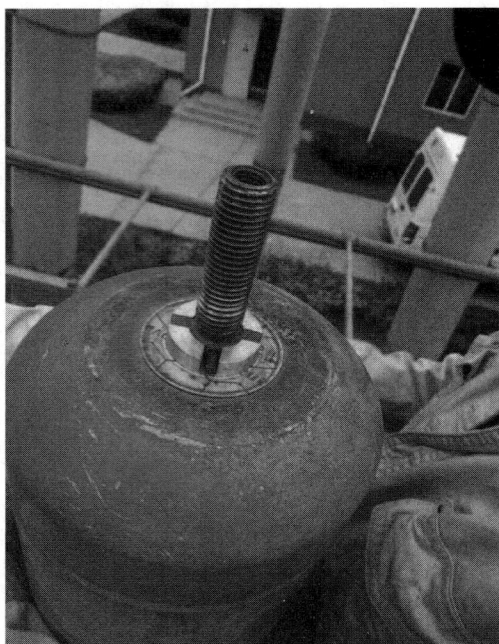

图 3-45　设备外观

　　防水帽型 COT 套管头部结构如图 3-46 所示。引线采用穿缆式连接结构，变压器绕组出线穿过套管中心铝管与引线接头焊接在一起；接线端子与引线接头采用螺纹螺接；为防止引线接头移位或下坠，在引线接头中下部设置有定位销，而相应的在防水帽顶部设置有定位槽来限制定位销的移动；防水帽与中心铝管螺接，提供压力给密封圈使之保持密封，防止中心铝管内的变压器油渗漏出来，防水帽与引线接头无直接接触；迫紧螺母与引线接头螺接，提供引线接头向上的拉力，保持密封圈的密封压力；接线端子与迫紧螺母之间设置有密封垫圈 1，材质为绝缘纸；迫紧螺母与防水帽之间设置有密封垫圈 2，材质为绝缘纸；压紧螺母与中心铝管采用螺接，压缩蝶形弹簧，提供套管外结构的压紧力；防水帽边沿与油枕边沿不接触，留有缝隙，可以排水。

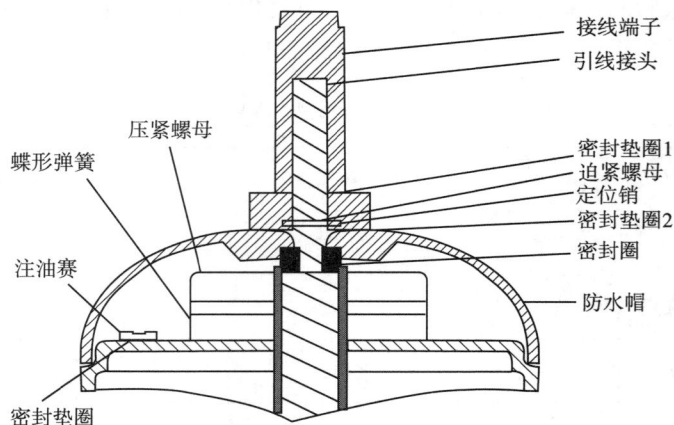

图 3-46　故障套管头部结构

通过对防水帽型 COT 套管头部结构的介绍可以看出，接线端子、引线接头、迫紧螺母通过螺接建立电连接，油枕、蝶形弹簧、压紧螺母、中心铝管、防水帽通过螺接、压紧等方式建立电连接，由于密封垫圈 2 为绝缘纸垫圈，隔绝迫紧螺母与防水帽的电连接，所以为金属圆柱的定位销，不仅承担定位引线接头作用，还与防水帽的定位槽接触，形成两系电连接的关键连接点。

若无定位销或定位销悬浮，则以上两系电连接将隔离开来，导致油枕、蝶形弹簧、压紧螺母、中心铝管、防水帽等悬浮。若定位销生锈或接触不良，易在套管试验中形成较大的串联电阻。

如图 3-47 所示为该套管连接示意图，正常测试套管介损时，试验接线首端直接加在引线上，接套管末屏引线连接套管末屏，这样就可以测量电容式套管的电容值和介损量。

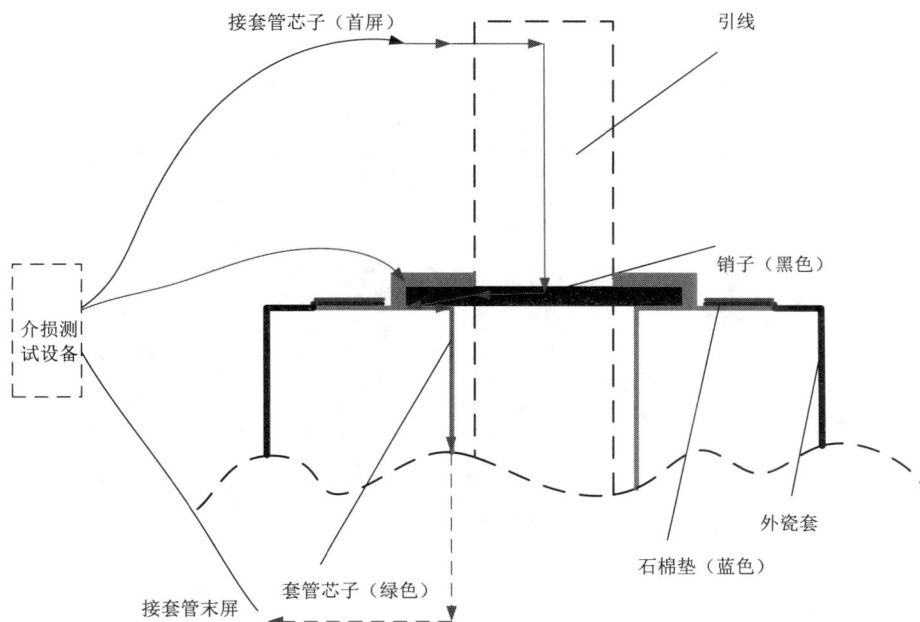

图 3-47　套管连接示意图

从图中电流走向（红色箭头所示）可以看出，由于套管的特殊结构，引线只通过销子与套管芯子连接。由于引线导杆与套管芯子之间出现氧化膜，造成变压器引线与套管芯子接触不良，使电容量下降，引起介质损耗值变大。

将试验线直接加在图中绿色的套管芯子上（粉色实线所示），这样就不用通过销子与套管芯子连接，保证了测量回路没有氧化膜，如表 3-3 所示，测试结果满足要求。

表 3-3　处理后介损

正接线 10kV	介质损耗	电容量
第一次	0.238%	306.6pF

3.3.3 套管测温异常

如果变压器没有采用真空注油，套管顶部会存有空气，引起套管测温异常，同时可能引起绝缘油色谱异常。

案例分析 2：某 220kV 变压器高压套管测温异常

2016 年 4 月 14 日，变电运维人员按计划对某 220kV 站进行图谱采集工作。4 月 19 日，图谱处理过程中发现 2 号主变 A、C 相高压套管和 3 号主变 B 相高压套管红外图谱异常，于是 4 月 19 日晚再次对 2、3 号主变高压套管进行图谱采集并检查主变运行情况，如图 3-48～图 3-51 所示。经检查，2、3 号主变运行正常，未发现漏油现象。运维人员之后向变电运维室和运维检修部汇报。经运维检修部专家组分析，怀疑因主变安装工艺不到位，导致套管与引线空腔积存大量气体，使得油面下降，造成套管内部引线裸露，长期运行极易造成内部放电。

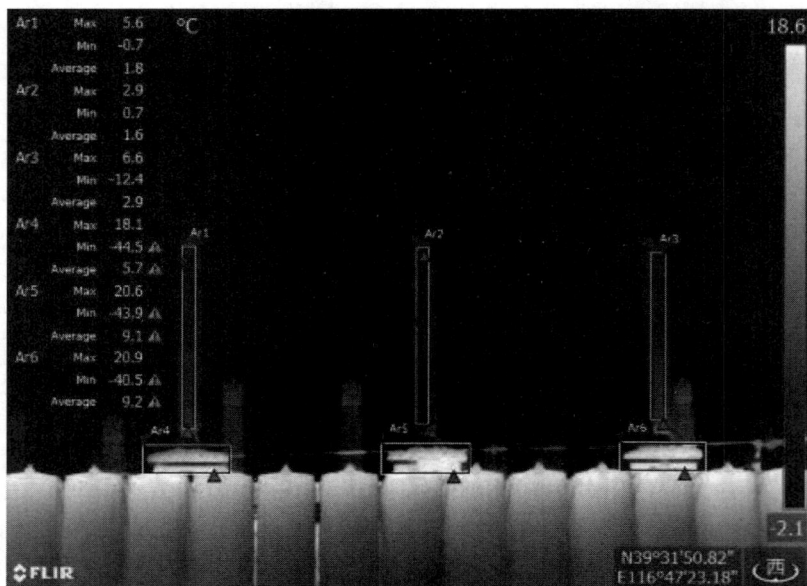

图 3-48　2 号主变高压套管 4 月 14 日图谱

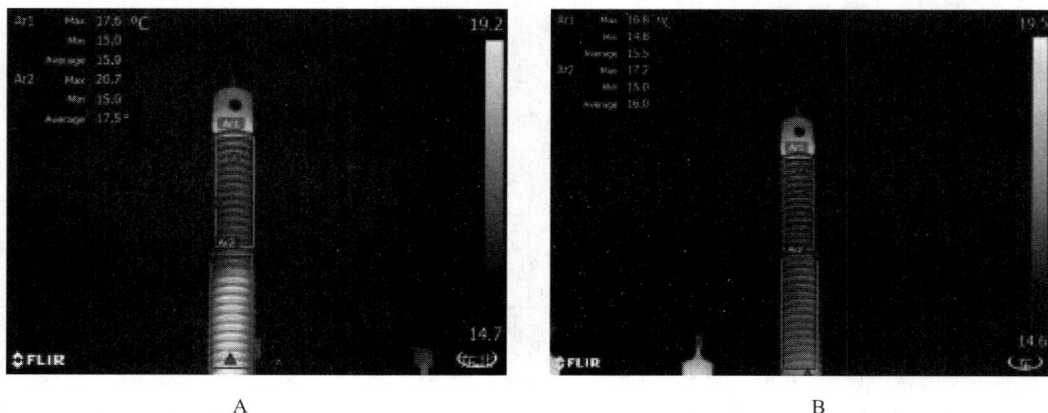

A

B

C

图 3-49　2 号主变 A、B、C 三相高压套管 4 月 19 日图谱

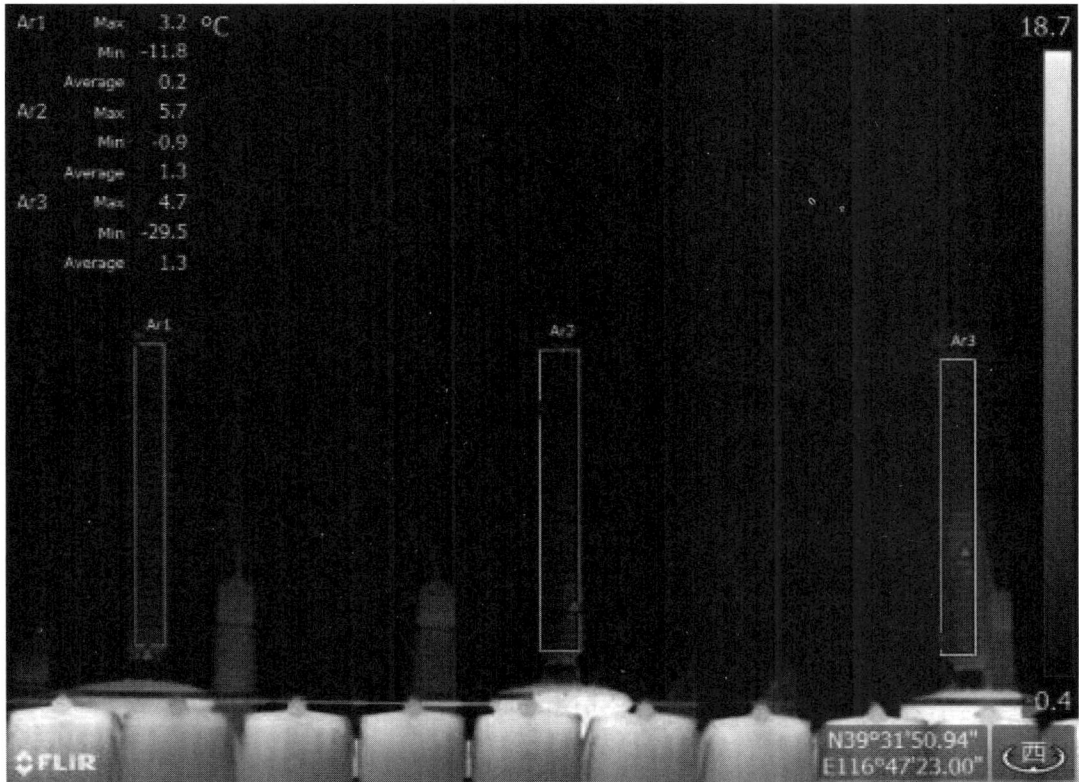

图 3-50　3 号主变高压套管 4 月 14 日图谱

A

B

C

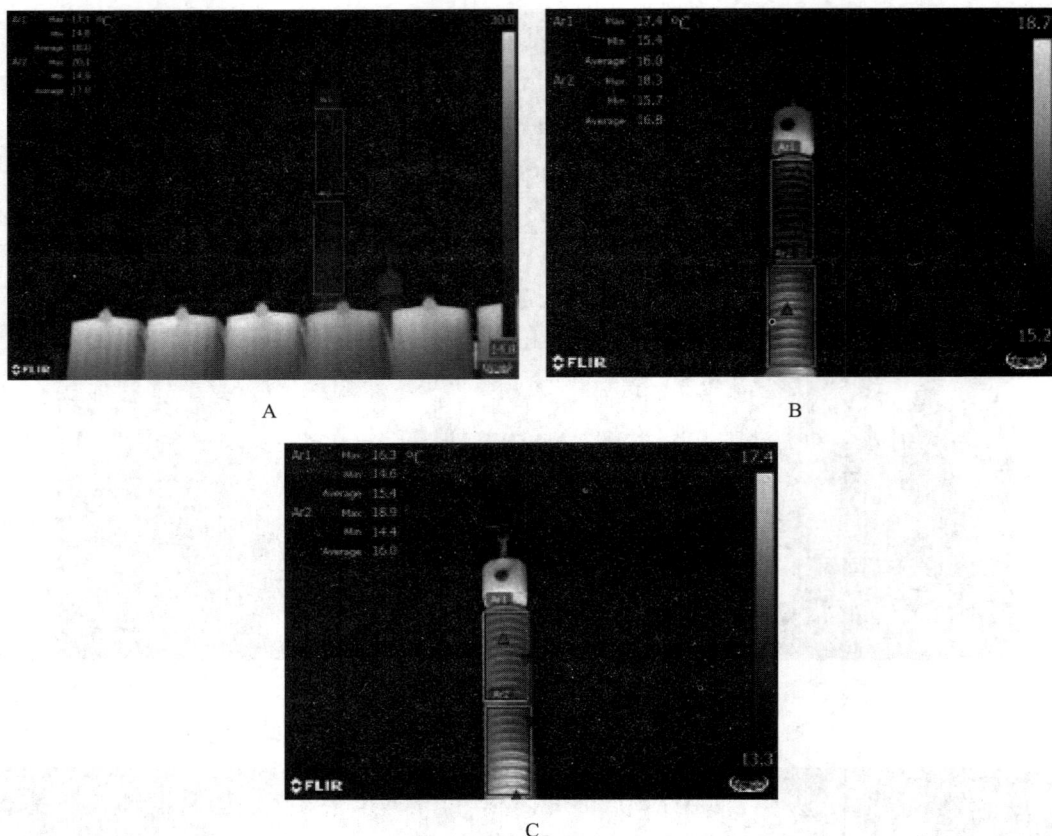

图 3-51　3 号主变 A、B、C 三相高压套管 4 月 19 日图谱

　　如图 3-52 所示为套管结构示意图，根据对图 3-48～图 3-51 的具体分析，确定图 3-52 中蓝色变压器芯子与红色铜管壁（首屏）之间存在气体，从而造成套管温度过热。正常情况下，套管内应该是真空状态，不允许存在气体，如图 3-53 所示，对气体产生原因做进一步分析：

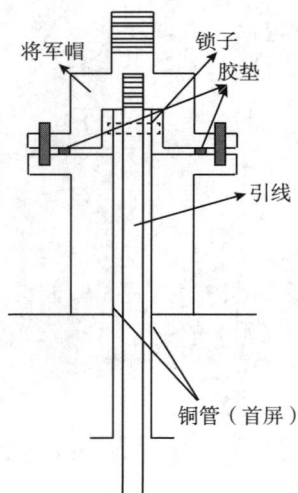

图 3-52　套管结构示意图

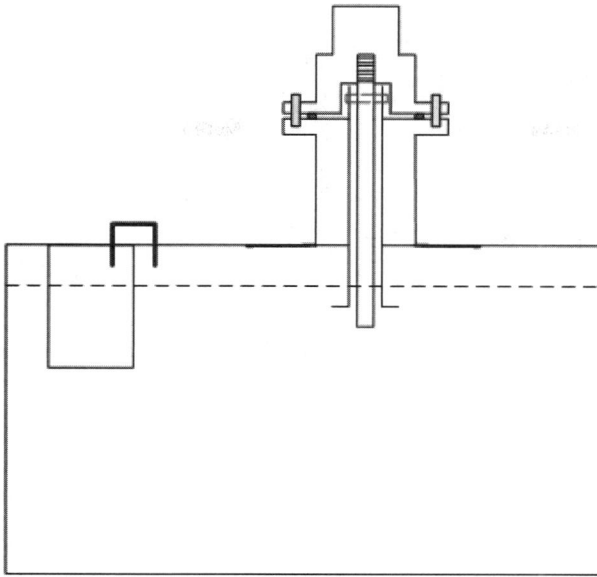

图 3-53 变压器油箱与套管示意图

（1）变压器附件安装完毕之后没有在规定真空度下注油。也就是变压器安装或者大修之后，所有附件包括套管安装完毕之后，抽真空程度不符合要求或者没有采用真空注油，这样油慢慢进入变压器油箱之后，由于气体密度小于变压器油密度，随着变压器油油面逐渐上升，油箱中的气体就被挤压到套管中，并最终积累在如图 3-52 所示的空腔位置。

（2）变压器套管在变压器真空注油之后安装。也就是变压器安装或者大修之后，在没有安装套管之前对变压器进行真空注油，注油油面距离油箱顶部 200mm 左右时，停止注油，破真空，然后安装套管，这样在将套管底部插入油箱中油面以下时，套管中的气体就留在了如图 3-52 所示的空腔位置。

变电检修室组织变压器检修人员对该缺陷进行处理，如图 3-54 所示。首先松动将军帽上的螺丝，然后用手晃动将军帽，因为将军帽与变压器芯子连接，这样套管中的气体就从图 3-52 中的粉色胶垫部分跑出，晃动过程中听见油呲呲的出气声音，直到将军帽处有油流出，证明气体已经释放完全，最后拧紧螺丝，用毛巾蘸白土将油迹擦拭干净。

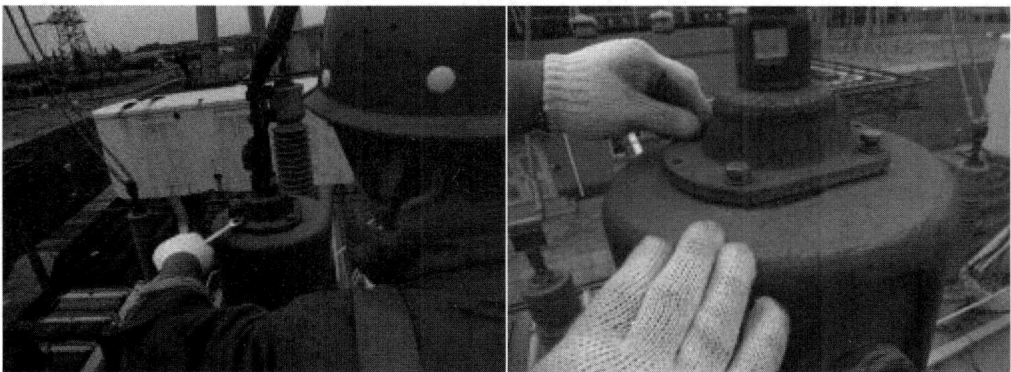

图 3-54

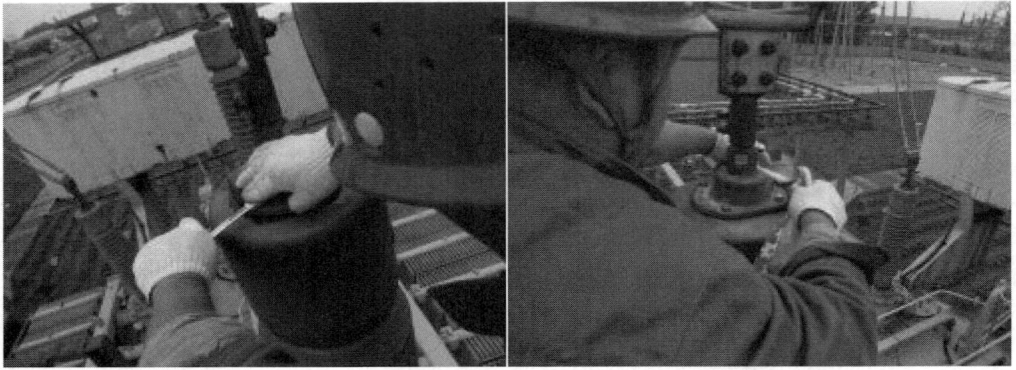

图 3-54 处理过程

变压器安装或者大修之后，必须首先安装附件（主要是套管），然后进行真空注油，真空度必须符合要求，这样即使真空注油距离油箱顶部 200mm 左右时停止（有载分接开关室必须和变压器油箱一体抽真空，但是变压器油不能注入分接开关室中），由于套管底部深入油箱 300mm 以上，加上注射器效应，在真空注油过程中，只要油面没过套管底部，油就会被吸入套管内部，确保套管内部处于全油状态。这样即使对于 220kV 变压器套管垂直距离过高，变压器油由于重力作用下沉，套管内部的空腔也是真空状态，不会造成套管过热。处理后的测温情况如图 3-55 所示。

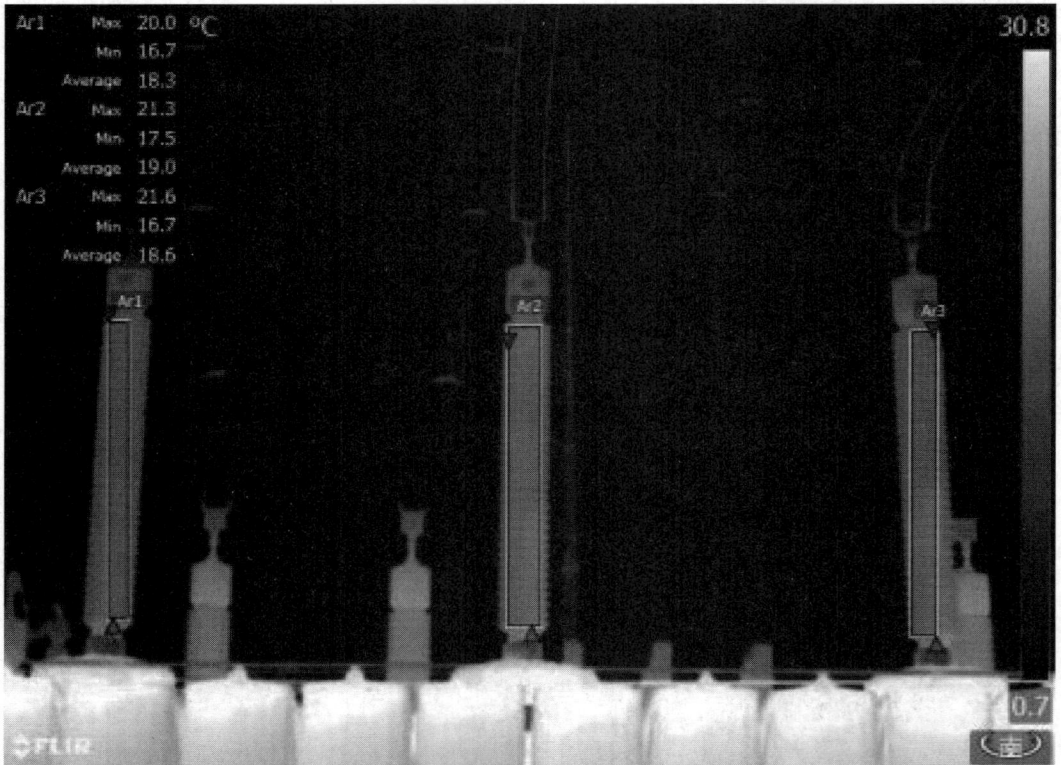

图 3-55 处理后图谱分析

3.3.4 套管油色谱异常

笔者所在单位发现 ABB 公司生产的套管出现部分批次油色谱异常，含有微量乙炔，下文案例分析会给出详细解释。同时，部分套管氢气含量超标，但是没有找到明确的故障点，推测可能由于套管取油样方法不当造成，对于套管应该采用类似变压器本体取油样方法进行取样，防止外部空气进入套管内部。

案例分析 3：ABB 公司套管含微量乙炔

笔者所在单位在对主变套管取油样检验的过程中，陆续发现 3 根 ABB 套管乙炔含量超标，具体试验数据和铭牌如表 3-4 和图 3-56 所示。

表 3-4 试验数据

变电站 / 编号	型号	试验时间	H_2	CO	CO_2	CH_4	C_2H_4	C_2H_6	C_2H_2
王家岗 2#/ B2013-0355	TOB550-800- 4-0.4	2020-8-28	277.4	774.1	1056.2	99.9	116.5	66.3	142.9
潮白河 3#/ B2013-0490	TOB550-800- 4-0.5	2020-9-22	84.3	803.4	1212.6	41.9	4.6	9	4
薛营站 2#/ B2013-0400	TOB550-800- 4-0.5	2021-5-9	109.2	973.7	1050.89	47.24	45.15	25.41	23.6

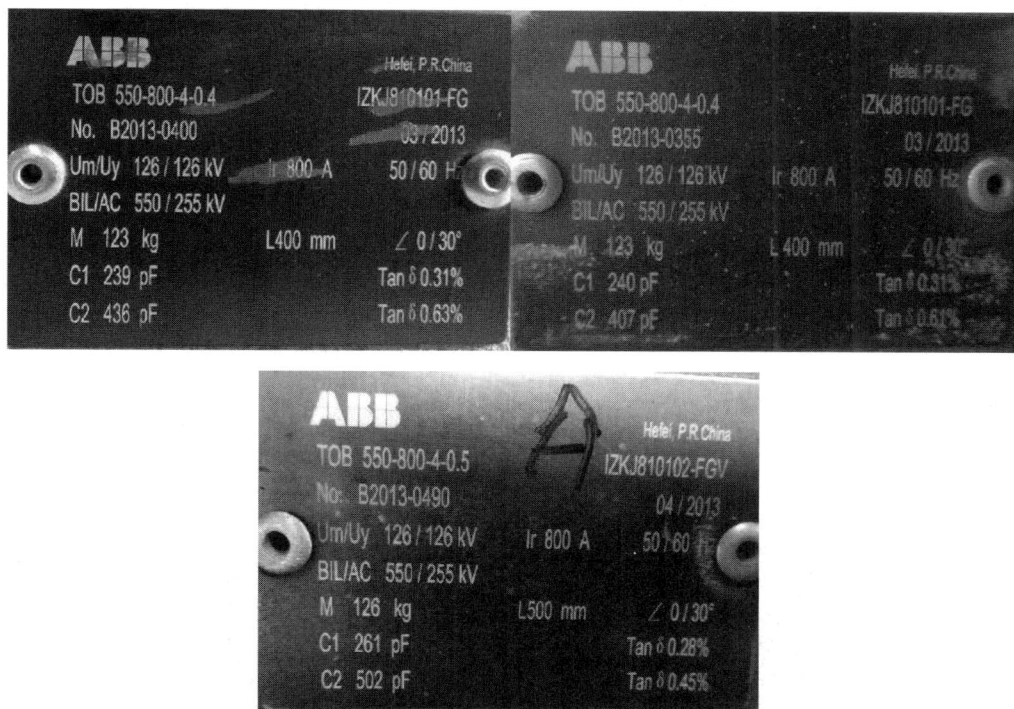

图 3-56 套管铭牌

检修人员对套管进行外观检查，未见明显异常。电气试验人员前、后进行油色谱取样化验，与现场数据汇总如表 3-5 所示。

表 3-5 现场数据汇总

套管编号		CH₄	C₂H₄	C₂H₆	C₂H₂	H₂	CO	CO₂	C₁+C₂	微水
B2013-0355	现场	99.9	116.5	66.3	142.9	277.4	774.1	1056.2	425.6	
	返厂	77.1	94.89	64	66.13	142.98	561.99	743.06	302.12	15.31
	试验后	79.95	94.58	66.63	66.33	138.01	560.67	781.75	307.49	20.13
B2013-0400	现场	47.24	45.15	25.41	23.6	109.19	973.68	1050.89	141.4	
	返厂	29.56	36.64	21.68	18.14	39.16	614.23	928.96	106.02	18.97
	试验后	31.55	35.19	21.35	18.97	59.45	784.88	932.12	107.06	22.37
B2013-0490	现场	41.9	4.6	9	4	84.3	803.4	1212.6	59.5	
	返厂	23.64	3.41	6.93	1.55	21.05	473.2	700.3	35.53	15.39
	试验后	29.52	4	7.85	1.88	29.57	604.89	815.38	43.25	18.69

由于运输和取油样气体逸出等原因，导致返厂后的油色谱与现场有偏差，但总体趋势一致。2021 年 6 月 15 日进行电气试验，三支套管局放量均在 5pC 以下，电容量与出厂值完全相同，介损值无明显变化，油介损合格，油耐压为 46～51kV，比出厂时（≥ 70kV/2.5mm）低，微水含量试验后均超过 18ppm（出厂值要求 ≤ 7ppm），初步判定电容芯主绝缘正常，但油质变差。

接着对相关套管进行解体分析，具体步骤如图 3-57 和图 3-58 所示。

图 3-57 套管放油

图 3-58 套管拆卸

去除上瓷套后，发现距电容芯子绝缘纸顶部 7～8mm 处有 1 圈黑迹（见图 3-59），其中有两处黑点比较明显，用酒精擦拭不掉，且有麻痕（见图 3-60），与会人员一致认为此处为放电点，且是油中产生乙炔的主要原因。

图 3-59 电容芯子顶端黑迹

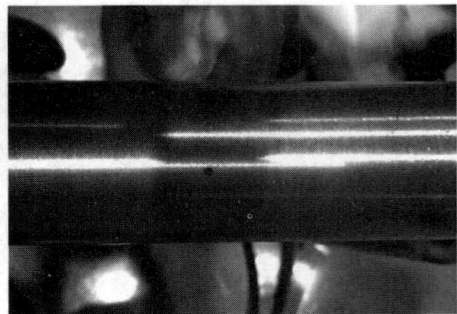

图 3-60 经过酒精擦拭的黑迹

末屏焊点处有疏松的碳化黑迹（见图 3-61），此处焊接质量差，引线尾端有尖端，后经与会人员讨论，认为此处会产生低能放电。

电容芯子解剖，电容屏（铝箔）平整，打孔正常，见图 3-62 ~ 图 3-64。

图 3-61 末屏焊点

图 3-62 电容芯子解剖

图 3-63 电容芯子端屏

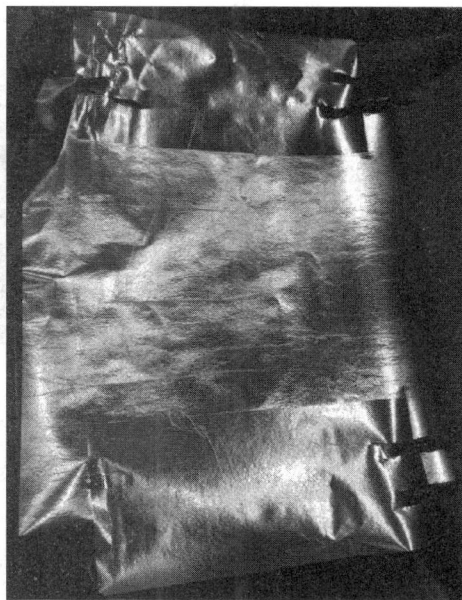

图 3-64 电容芯子整屏

第 5 层铝箔（为最里层整屏），空气侧大小铝箔搭接处有黑线（图 3-65），油侧除铝箔搭接处有黑线，褶皱处也有黑点（图 3-66）。认为此处为带胶的铝箔在高温高压下卷绕电容芯子时，挤出多余的胶不能被铝箔吸收而滞留在铝箔交界处，在铝箔边缘形成黑迹，且此处非铝箔端部，电场强度低，不会产生放电，黑迹为胶过热形成。

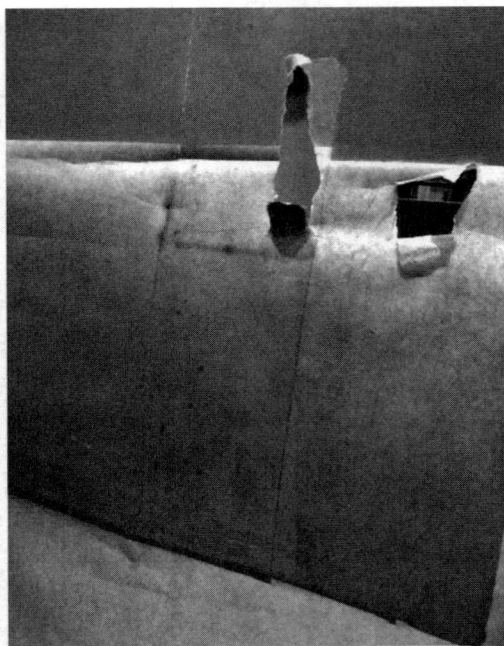

图 3-65　整屏空气侧　　　　　　　　　　　　图 3-66　整屏油侧

检查套管油枕（图 3-67）和安装法兰（图 3-68）内腔，打磨痕迹严重，可能在零件处理过程中产生粉末。

图 3-67　油枕内腔　　　　　　　　　　　　图 3-68　法兰内腔

按照《GBT 24624—2009 绝缘套管油为主绝缘（通常为纸）浸渍介质套管中溶解气体分析（DGA）的判断导则》，按现场测试结果 $C_2H_4/C_2H_6>1$ 和 $C_2H_2/C_2H_4>1$，推断乙炔来源：

（1）油中热故障，油中导体过热；

（2）不同电位间接触不良在油中产生的连续火花高能放电和由悬浮电位或暂态放电引起的间歇性火花低能放电。

按返厂试验前后的结果只有 $C_2H_4/C_2H_6>1$，推断乙炔来源：

（1）油中热故障，油中导体过热；

（2）根据套管解体情况，电容芯子顶部黑点应为放电点，来源可能是油枕充氮口的密封塞或零件不清洁所致，末屏焊接不平整，也可能在油中放电。以上情况与 DGA 判断导则吻合。

根据电气试验结论和解体情况，以及 DGA 判断导则，可判定套管电容芯体主绝缘合格，但在游离态的绝缘油中发生间歇性放电或热故障，产生乙炔，符合只有乙炔而未捕捉到局放的现象。

3.3.5　套管末屏接地不良

变压器正常运行时，套管末屏必须接地，防止产生悬浮放电，由于套管末屏结构不合理，会出现末屏接地不良。

3.3.5.1　常接地形式末屏接地不良

如图 1-17 和图 1-18 所示末屏结构，由于外盖弹簧加紧装置松动，造成接地不良。

案例分析 4：某 110kV 变压器高压套管末屏接地不良

某 110kV 变压器高压套管末屏发生放电，现场检查发现此套管末屏是常接地形式，通过末屏盖的金属弹簧片夹紧末屏，由于金属弹簧片掉落，造成套管末屏产生悬浮电位，引起放电。检修人员用金属引线将末屏和末屏盖进行连接，确保末屏接地良好，如图 3-69 ~ 图 3-71 所示。

图 3-69　实际现场图

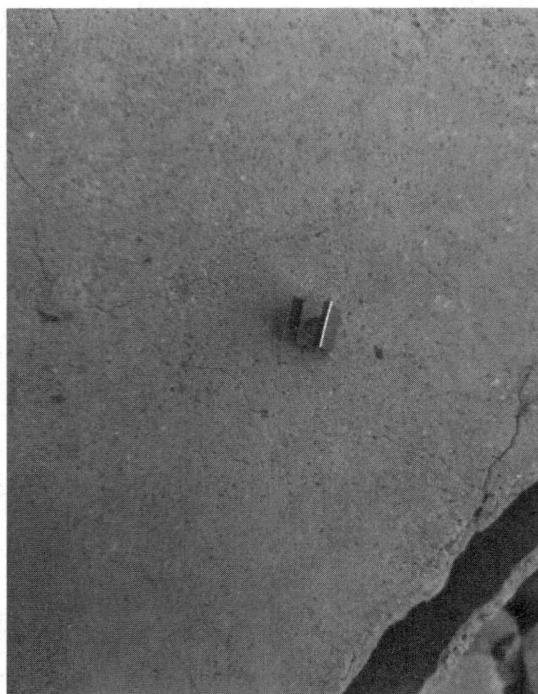

图 3-70 弹簧片

图 3-71 现场处理图

3.3.5.2　末屏内部接地形式接地不良

如图 1-16 所示末屏通过弹簧顶住铜管，进而通过法兰完成运行接地，一旦弹簧松动，就会造成接触不良，可以通过手动按压铜管的方法检测弹簧是否松动。现场运行时，发现由于污秽严重，潮气或者粉尘进入末屏内部，造成在套管介损测量时无法保证末屏不接地，一般采用电吹风烘吹的方式进行护理。

注意变压器停电进行预防性试验时，需要打开末屏测量套管的介损和电容数值，做完相关试验以后一定要检查末屏是否接地良好。同时在变压器验收时，套管末屏接地是重点检查项目。

3.3.6　套管线夹断裂

《国家电网有限公司十八项电网重大反事故措施（2019修订版）》第 9.5.3 条规定：110（66）kV 及以上电压等级变压器套管接线端子（抱箍线夹）应采用 T2 纯铜材质热挤压成型。禁止采用黄铜材质或铸造成型的抱箍线夹。

笔者所在单位现存大量黄铜铸造型线夹，在变压器停电检修维护过程中，多次发现线夹断裂，如图 3-72 所示。

图 3-72　线夹断裂图

通过对线夹的宏观检查、材质分析和金相分析，确定发生断裂的线夹材质均为铜合金（黄铜），是一体成型的铸件，且开裂位置类似，均起源于铸件变径处，即线夹变截面部位。通常铸件在厚大截面位置容易形成缺陷，特别是在不合理的工艺条件下（例如浇注温度控制不当、冷却条件不佳或卷入较多气体），一些铸件的厚大截面处会产生显著的铸造缺陷（缩孔、缩松）。对于出线套管线夹而言，接线板与线夹结合处就是厚大截面，是一个典型的热节部位。此外，在浇注、凝固过程中，熔体在接合处改变流动方向，也使得热节部位易产生缩孔、缩松等缺陷。而 Zn 含量超过 15% 的黄铜较易发生应力腐蚀现象，称为季裂，这种应力腐蚀断裂只有金属材料在一定的腐蚀介质中并同时有一定的拉应力作用时才会发生。黄铜线夹在加工时产生的残余内应力，结合外载荷工作应力，当外部存在一定腐蚀环境，如雨季来临或南方潮湿的空气时，会增大黄铜出现季裂的概率。

通过对相关断裂线夹分析，可以给出如下建议：

（1）因铜合金和铝合金种类繁多，不同系列和加工工艺下合金材料的化学成分和性能指标差异极大，设计单位需对不同部位线夹的整体强度进行校核，明确各部件材料牌号，尽量避免使用黄铜、铝合金这类模糊概念，给制造单位过大的自由选择空间。

（2）制造单位除了进行必要的原材料力学性能、成分分析等试验，还需向使用单位提供线夹的再结晶退火和去应力退火的工艺报告，使产品质量具有可追溯性。

（3）安装单位在安装环节必须注意零部件的质量问题，有条件的可在安装前进行必要的外观及探伤检查，避免因零部件缺陷导致设备存在安全隐患。

（4）使用单位应加强对线夹的检查，特别是在环境污染较大地区的雨季时节，黄铜线夹发生季裂的概率较大。

3.4　铁芯的常见故障

铁芯及其相关部件包括：铁芯片、紧固结构件、接地部件等。这些部件在变压器中都具有举足轻重的作用，因此无论哪个部件出现故障都将影响变压器的可靠运行。一般来说，它的故障过程通常比较缓慢，且这种类型的故障大都属于过热性质，如铁芯多点接地、铁芯片间短路、漏磁发热等。当然也有放电性质的，如接地接触不良、间歇性多点接地、磁屏蔽接地不好等，另外，若铁芯片没有夹紧将会产生较大的噪声。

3.4.1　铁芯多点接地故障

铁芯只能一点接地，若出现两点及以上接地时，就会在这些接地点之间形成环流，造成铁芯局部过热，严重时会烧毁铁芯。所以运行中的变压器要求能及时发现铁芯多点接地故障，并进行针对性的处理，保证变压器正常安全运行。

3.4.1.1　铁芯多点接地的判断

（1）测铁芯外引接地线中的环流。运行中的变压器，用钳形电流表测量铁芯外引接地线中的环流，正常时该电流很小，一般在 0.3A 以下或为零。当铁芯存在多点接地时，铁芯主磁通周围存在短路匝，感应出的环流大小取决于主磁通被包围的多少（短接铁芯片的多少），最大可达几十安培。使用钳形电流表时应当注意，由于变压器油箱壁周围存在漏磁通，会使测量结果产生很大的误差，往往造成误判断。消除测量误差的方法之一是进行两次测量，第一次将钳形电流表靠近铁芯外引接地线，读取漏磁通干扰电流；第二次将钳形电流表钳入外引接地线并读取电流值，该电流为接地线中的环流和漏磁通干扰电流之和，两次读数之差为实际铁芯外引接地线中的环流。利用测量接地线中有无环流，能很准确地判断出铁芯有无多点接地故障。

（2）利用气相色谱分析法进行判断。在对变压器油进行气相色谱分析中，特征气体甲烷、乙烷所占比重较大。而一氧化碳、二氧化碳气体含量变化不大或正常，有可能存在铁芯多点接地故障。当同时出现有少量的乙炔气体时，则有可能存在间歇性多点接地。

（3）测量铁芯对地的绝缘电阻。当变压器处于停运或器身暴露状态时，可断开铁芯接地线，用兆欧表测量铁芯对地的绝缘电阻，若该绝缘电阻为零或接近于零，则可判断铁芯存在多点接地。

（4）用直流法或交流法找出接地的硅钢片。这种方法可较好地找出被接地的硅钢片，以缩小查找接地故障点的范围，其中直流法更为方便。

3.4.1.2 铁芯多点接地的处理

铁芯若存在多点接地故障，就需要对其进行处理。对不能停运的变压器，可采用临时处理方法，即在铁芯外引接地线上串入限流电阻而彻底解决该故障，必须对变压器进行吊芯检查处理。另外，还可以采用冲击法来消除铁芯多点接地。

（1）串入限流电阻。由于变压器不能停运，或经吊芯检查和处理后故障仍未消除，此时可在铁芯外引接地线回路中串入一个适当的限流电阻，将接地线中的环流限制在0.1A以下，使变压器暂时应急运行，待有条件时再进行彻底的检查和处理。

（2）吊芯检查处理。在油箱底部存有金属异物是构成铁芯多点接地的主要原因之一。而这些金属异物大都是在制造或大修过程中遗存的。一般来说，金属异物将铁芯与地短接有两种形式：①金属异物搭接在铁芯硅钢片与钢夹件间桥连成通路；②铁丝或铁片等落于下铁扼的下端面与箱底间，不带电时由于它的重量沉积于油箱底部，无多点接地现象，带电时铁芯的磁力将其吸起，桥连于下铁扼的下端面与箱底间形成另一铁芯接地通路。另外，对于那些老式带穿心螺栓的变压器，穿心螺栓的绝缘损坏也会造成多点接地故障。

处理多点接地故障时，先将器身暴露，用兆欧表再次测量绝缘电阻，判断铁芯多点接地是否持续存在。检查能看到的铁芯部分有无金属异物，将铁芯与地之间短接，对有穿心螺栓的变压器应测量穿心螺栓与铁芯、夹件之间的绝缘，若绝缘电阻很小或为零，则说明多点接地部位在穿心螺栓上，应进行针对性处理。用白布带在下铁扼与油箱底部间隙中往返抽拉，或用高压油枪冲洗此部位，对残存在下铁扼底部的金属异物有较好的清除效果。若对底部清理后还存在多点接地，则应将重点放在检查铁扼的端面与夹件之间存在的多点接地，这种接地故障点多在铁扼两外侧靠近夹件的这部分硅钢片上。由于铁扼的大部分端面被绕组盖住，一般不容易发现金属异物，可一边测量铁芯的绝缘电阻，一边用铁丝在夹件与铁扼的缝隙中来回拉动，看绝缘电阻有无变化，若有变化，说明此处是接地故障点。必要时也可用直流法来缩小接地故障点的范围。如通过查找，明确了接地的硅钢片，但无法将接地故障消除，可将铁芯的正常接地片移至故障点，控制环流到最小值。

（3）冲击法。对不吊芯的或吊芯中无法找到接地故障点的变压器，可用电容冲击法和电焊机冲击法进行冲击，用冲击法时铁芯的正常接地应断开。

3.4.2　铁芯片间短路

铁芯片间短路时，铁芯中的部分硅钢片被短接，部分主磁通通过被短接的硅钢片间，使该部分硅钢片形成短路产生短路电流，促使短接的硅钢片发热。发生这种故障时，铁芯外引接地线中无环流，铁芯对地的绝缘良好，只有气相色谱分析时的现象与铁芯多点接地类似，所以在没有吊芯时无法明确这种故障情况。发生铁芯片间短路的主要原因是铁芯的部分硅钢片被金属物件短接。

3.4.3　漏磁发热

变压器运行时，除了主磁通外，还产生漏磁通。特别是大型变压器，运行时的电流较大，因此，它的漏磁通也很强。由于漏磁通的存在，会使铁芯的紧固结构金属件和油箱的某些部分发热。漏磁发热有两种形式：①漏磁通沿金属件导通时，在漏磁通集中的部位发热；②漏磁通穿过由铁芯的紧固结构金属件和油箱形成的闭合回路，在该回路中感应出环流，漏磁通严重的变压器，这种环流高达数百安培，将使该回路中电阻大的部位发热。处理漏磁发热可用堵和导两种方法。堵就是在漏磁集中的地方采用非导磁材料，如用不锈钢螺栓代替钢螺栓。导就是用优良的导磁材料（如硅钢片）设置在漏磁涡流较大的地方，也称磁屏蔽，让漏磁通沿着磁屏蔽闭合，减少涡流发热。

3.5　变压器油枕故障

3.5.1　油枕渗漏

3.5.1.1　波纹管内充油油枕渗漏

对于胶囊和波纹管外油油枕，油位高报警通过油位计油位高报警接地完成，即使油位继续升高，也不会对胶囊和波纹管造成损伤（波纹管承受压缩压力没有问题）；但是波纹管内油油枕，如果油位高报警以后，油位继续升高，会对波纹管造成不可逆的损伤，所以波纹管内油油枕顶部装有薄弱环节，一旦油位高报警，会通过顶部内置的金属锥刺破薄弱环节，降低变压器内部油位，保护波纹管。

案例分析 5：某 110kV 变压器波纹管内油油枕渗漏

2018 年 8 月 3 日，工作人员发现某 110kV 变电站 1 号主变漏油，漏油部位为油枕，油流连续。检修人员到达作业现场后，根据负荷以及温度信息，通过与厂家做充分交流沟通，初步确定故障部位为油枕内部的泄压装置。油位到达上限后，泄压装置动作，油从泄压处排出，造成漏油。检修人员打开油枕手孔，拆下泄压装置后，发现装置被刺穿，确定了之前的分析，如图 3-73 所示。对薄片进行更换后，缺陷消除。

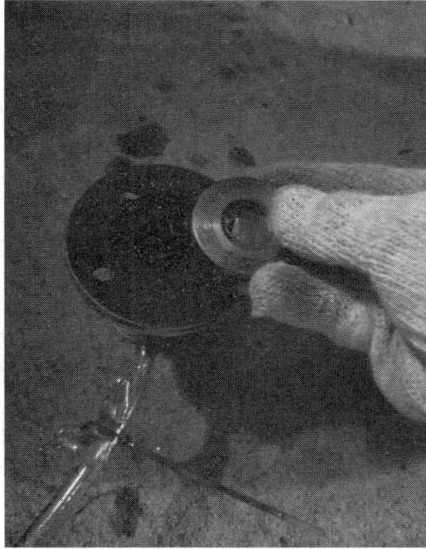

图 3-73　刺破的薄膜

3.5.1.2　波纹管外充油油枕渗漏

笔者所在公司波纹管外油油枕存在一定比例的渗漏现象，如图 3-74 所示，这也是波纹管外油油枕的一个弊端，笔者认为波纹管外油油枕属于一种过渡型号，当前新投运以及改造的油枕都是内油油枕。

图 3-74　波纹管内油油枕内部渗漏

案例分析 6：某 110kV 变压器波纹管外油油枕渗漏

某 110kV 变电站 2 号主变油枕型号为 BP-WL-980*3600K，生产厂家为沈阳嘉华电力电器有限公司，出厂日期为 2013 年 4 月。2021 年 5 月 26 日，运维人员巡视时发现 2 号主变本体油温 42℃，根据变压器油温曲线本体油位应为 5.5，本体实际油位为 8.2，如图 3-75 所示。

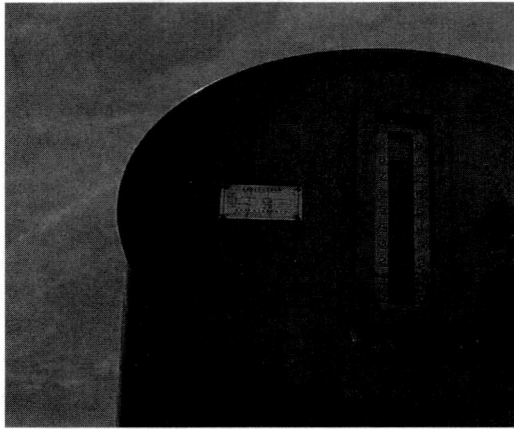

图 3-75　油位位置图

检修人员到达现场后，通过油枕注／放油管放出 1 桶变压器油（约为 160kg），油位下降到 6。初步怀疑油位计指针存在故障，需要进一步进行观察。2021 年 7 月 6 日，运维人员巡视过程中，发现杜官屯 2 号主变本体油温为 54℃，按照油位曲线本体油位应为 6.0，实际本体油位为 8.0。

如图 3-76 所示为变压器油枕结构图。检修人员怀疑波纹管存在漏气，如图 3-76 的变压器油中存在空气，聚集在油枕上部，使得当前油位反映的是变压器油位＋空气体积（虚假高油位）。检修人员将油泵接到油枕排气管上，启动油泵以后，没有变压器油被抽出，反而不断抽出空气，持续 15 分钟左右，油位降低到 4 左右。此时油泵继续工作，油位不再继续变化。

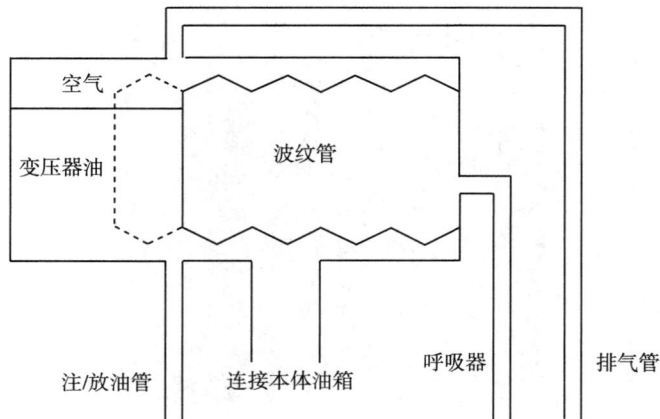

图 3-76　油枕结构示意图

油枕波纹管存在渗漏，当变压器本体温度降低时，本体油箱内油收缩，图 3-76 中的变压器油腔内产生负压，此时波纹管内的空气进入油腔内，当油腔内压力和波纹管中压力一样时，波纹管中空气停止进入。随着温度的不断降低，空气会大量进入油腔中，直到温度到达最低数值。温度上升时，图 3-76 中的变压器油腔内产生正压，但是波纹管由于被压缩也会产生正压，空气不会从油腔进入波纹管中，或者有少部分空气进入波纹管中。随着温度再次降低，波纹管中的空气会再次少部分进入油腔中。这样经过每天来回的油温上升和下降，进入油腔中的空气会达到一个动态平衡点，从两次处理的经验来推断，进入油腔中的空气体积大概为油位计 2 个刻度的油体积。

3.5.1.3　胶囊破损造成的渗漏

胶囊属于橡胶制品，在高温高压环境下，随着运行年限的增加，逐步发生老化，所以对于运行年限超过 20 年的胶囊式油枕，需要注意监测，尽快安排更换。通常情况下，胶囊油枕渗漏时，变压器油会进入呼吸器中。

3.5.2　油位指示不准确

如果变压器本体油位异常，可以考虑如下情况：第一，如果真实情况油位高或者低，则需要进行放油或者补油，这其中也包括油枕容量小，不满足油温—油位曲线要求；第二，如果油位实际正常，则需要查明油位异常原因，包括油位计本身损坏（例如内部进水导致卡滞，浮球弯曲），呼吸器堵塞，波纹管或者胶囊内部渗漏导致油枕内部进入气体，波纹管卡滞等。笔者根据多年工作经验，建议给变压器油箱和呼吸器安装压力监测装置，能够有效监测油枕油位是否真实。

3.5.2.1　波纹管外充油油枕内部卡涩导致油位异常

对于波纹管外油油枕，由于波纹管横向动作，有时由于波纹管制造工艺不良，造成波纹管与油枕外壁卡涩，从而导致油位指示不准。

案例分析 7：某 110kV 变压器油位异常

某 110kV 变电站 2 号主变油枕铭牌如图 3-77 所示，为波纹管外油形式，生产厂家为山东泰开变压器有限公司，出厂日期为 2013 年 3 月。

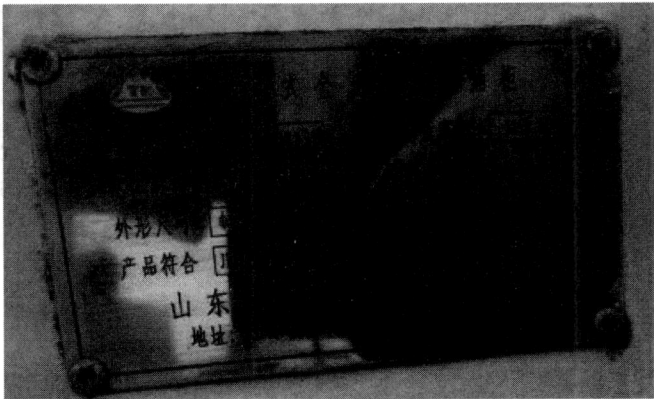

图 3-77　油枕铭牌

检修人员更换 10kV 套管时，在放油过程中，发现油枕油位计存在卡涩现象，油枕内变压器油已经降低到本体瓦斯处，但是油位计指针仍然在刻度 4 处。厂家人员对油枕进行解体检查，发现油枕整体由两段钢管焊接而成，在内部焊接处存在明显凹陷，如图 3-78 所示。

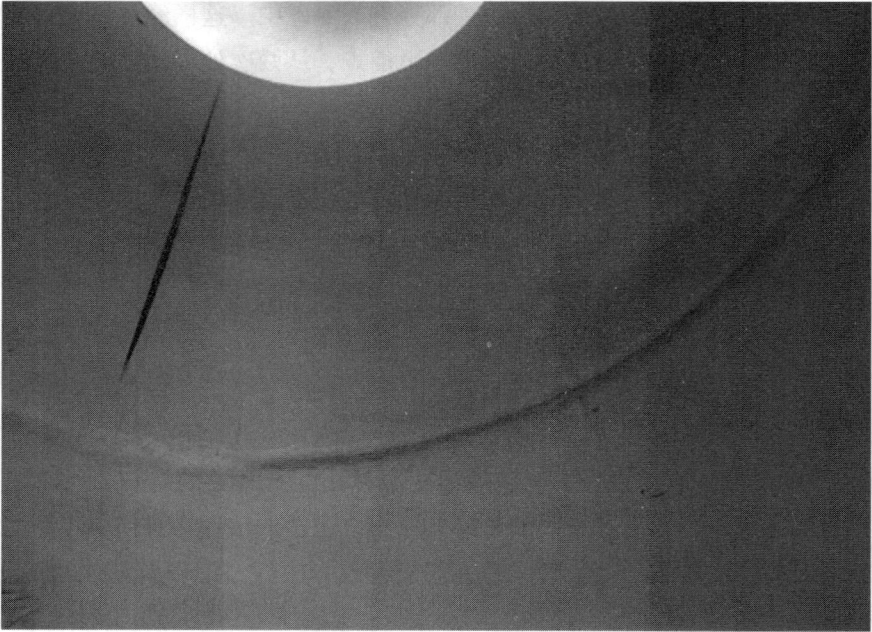

图 3-78　焊接凹陷痕迹

此处痕迹经过测量，与外部的焊缝位置吻合，外部焊接如图 3-79 所示。

图 3-79　外部焊接

如图 3-80 所示，波纹管外部焊接有若干塑料滚轮，确保波纹管与油枕外壳滑动接触。这样油箱内的绝缘油进入油枕后，推动波纹管压缩，油位上升；绝缘油退入油箱中时，油枕内产生负压区，空气通过呼吸器进入波纹管内部，推动波纹管伸展，油位上升。

图 3-80 波纹管结构图

通过对滚轮进行检查，发现波纹管靠近尾部的滚轮存在严重磨损，磨损深度达到 1.5mm，如图 3-81 所示。

图 3-81 滚轮磨损

当磨损的滚轮滑动到图 3-81 所示的凹陷焊缝处时，波纹管受到的阻力增大，此时油位下降在油枕内部造成的负压不足以推动波纹管伸展，则会造成假油面现象。如果滚轮进一步磨损严重，在油位上升过程中，滚轮滑动到焊缝凹陷处时，波纹管会停止压缩。变压器油箱内压力持续增大，如果增大到一定程度，足以推动波纹管滚轮滑出凹陷处，则波纹管会接着急剧压缩，造成变压器油箱内绝缘油快速流入油枕中，可能导致瓦斯继电器误动作。

3.5.2.2 油位计传动装置卡涩

对于胶囊油枕，其油位计为浮子式结构，实际中发生过浮子卡涩、浮子裹入胶囊等故障，从而造成油位指示不准。

案例分析8：某110kV变压器油位计内部卡涩

某变电站后台发"2号主变油位偏高"。现场观察2号主变有载油位计指示正常而后台发"2号主变有载油位高"，存在两种可能：①油位计内部机械故障导致油位指针与实际油位不符；②油位计接点受潮或者电缆绝缘下降导致误发信。

待2号主变停役时，对2号主变有载开关进行放油，准备拆卸油位计进行检查。发现当有载开关油放净后，油位计指示未发生变化，拆下油位计（见图3-82）发现两个问题：①摆动油位计摆杆时，指针卡住不动；②油位计接点外包玻璃罩破裂，接点受潮严重。

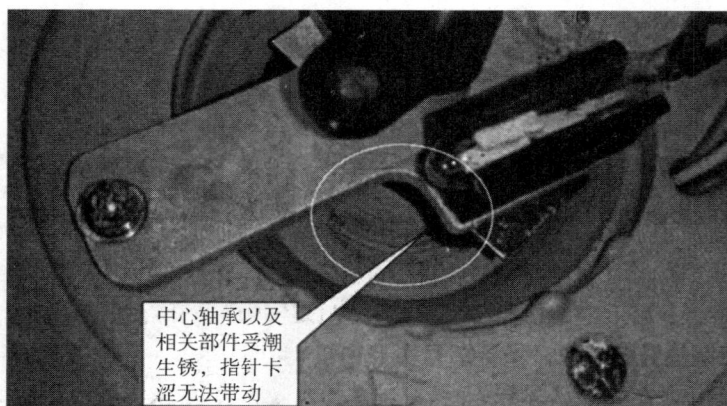

图3-82 油位计

导致指针卡涩的应该是油位计内部进入水汽，中心轴承以及相关部件受潮生锈导致转动轨迹受阻。从图3-83可以看出生锈部件在转动轨迹上摩擦产生的锈迹。

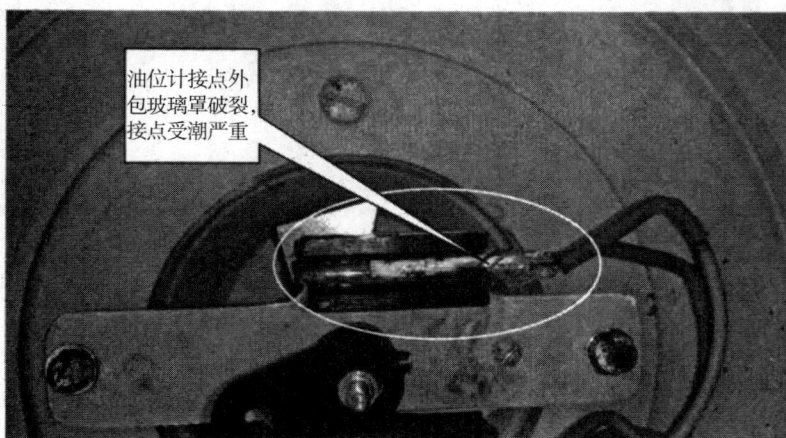

图3-83 中心轴承及相关部件受潮生锈

通过绝缘电阻表对油位计接点进行绝缘电阻检测，结果不合格，需更换油位计。此外，通过对油位计加装防雨罩能较好地防止油位计接点进水受潮从而引起误发信。

3.5.2.3 油位计浮球变形造成油位错误

如果油位计浮球变形，会对相关传动装置产生影响，引起油位指示不准。

案例分析 9：某 110kV 变压器油位计浮球变形

某变电站 2 号主变本体油位低报警。现场检查本体油位指示为最低值，见图 3-84，2 号主变无漏油异常现象。结合 2 号主变停役，对本体油位计进行检查处理。拆除油位计发现浮球连杆弯曲变形（见图 3-85），推测由于浮球被油枕底部钢丝卡住，导致油位变化时油位计不能正常指示并将油位计浮球连杆顶弯。拆除油枕侧面闷盖，将油位计浮球连杆拆除，调整后重新安装（见图 3-86），补油后油位计指示正常。

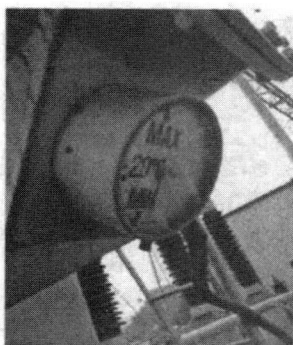

图 3-84　本体油位低报警　　　　　　图 3-85　油位计浮球连杆弯曲变形

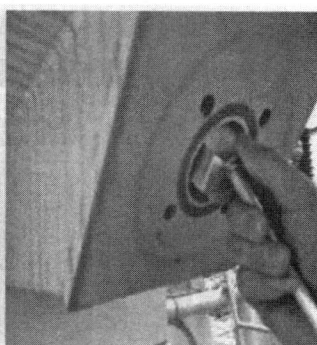

图 3-86　重新安装油位计浮球连杆

3.5.2.4 胶囊破损裹住油位计连杆引起油位异常

如果胶囊破损或者胶囊放置不合理，可能会裹住油位计浮球，从而造成油位计指示不准确。

案例分析 10：某变压器油枕胶囊破损

某变电站 2 号电抗器（油浸式）油位计指示卡涩。现场检查发现是油枕内部的胶囊破裂，压断了油位计的浮球连杆，从而导致油位指示不正确。打开油枕发现胶囊破裂，见图3-87。

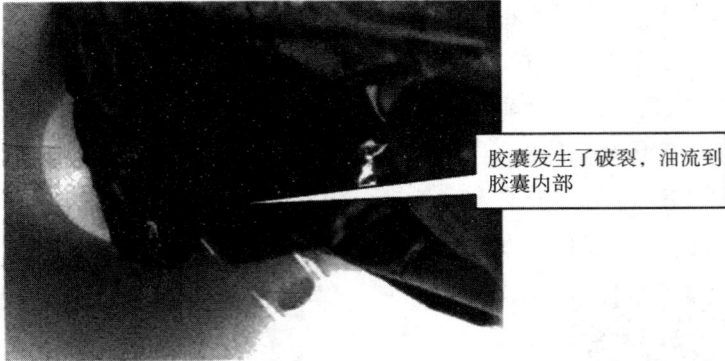

胶囊发生了破裂，油流到胶囊内部

图 3-87 胶囊破裂

由图 3-88 可见，油位计连杆被破裂的胶囊压变形，导致油位计指示不准确。破损的胶囊见图 3-89。对胶囊和油位计连杆进行更换。在更换过程中发现油枕内胶囊的两个固定挂钩的边缘处非常锋利，当胶囊膨胀时将导致胶囊极易被此处割破，见图3-90。

图 3-88 油位计连杆被破裂胶囊压变形

图 3-89 破损的胶囊

此处为挂钩，其边缘处异常锋利，是导致胶囊破裂的原因

图 3-90 胶囊破裂原因

用平锉对挂钩进行打磨处理，使其外表光滑无毛刺。对胶囊和油位计连杆进行更换，将油补充至当前合适位置，再对胶囊进行充气处理，缺陷消除。

3.5.2.5 呼吸器堵塞造成油位异常

对于胶囊式油枕和波纹管外油油枕，如果呼吸器堵塞，则会造成油位异常，所以发现渗漏以及油位异常时，首先应该检查呼吸器是否通畅。

3.6 变压器温度计缺陷处理

图 3-91 为温度传输整个流程，从变压器器身处到监控班处。由于站内监控机只能识别 4~20mA 电流信号，同时有的温度计只能输出电阻，所以需要在测控屏或者汇控柜处增加温控器，用于信号转换。图 3-91 中列出了两种类型温控器，具有数字显示功能和无数字显示功能。

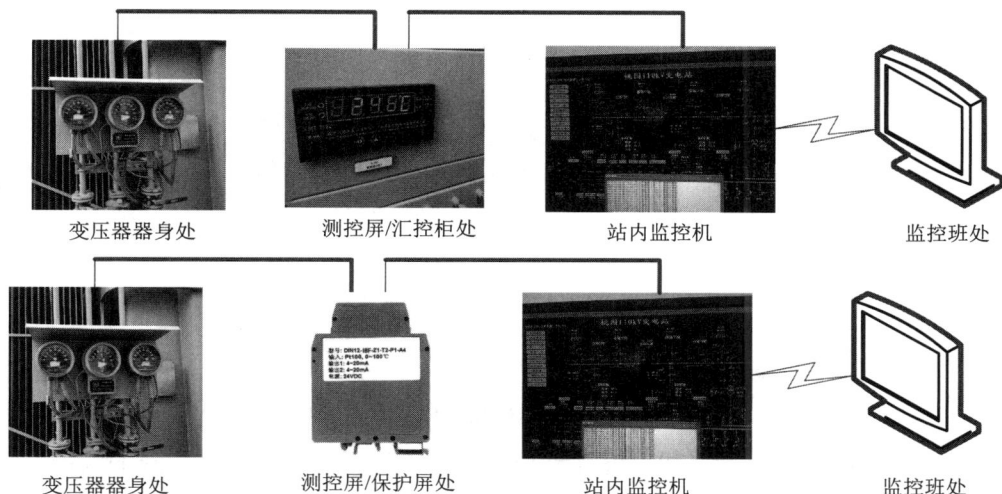

| 变压器器身处 | 测控屏/汇控柜处 | 站内监控机 | 监控班处 |

| 变压器器身处 | 测控屏/保护屏处 | 站内监控机 | 监控班处 |

图 3-91 温度传输过程

PT100 铂电阻具有良好温敏特性，其与温度之间的函数关系如下：

$$R = 100 + 0.39 \times T \tag{3-1}$$

或者为：

$$T = \frac{R - 100}{0.39} \tag{3-2}$$

其中，R 为实际的电阻数值，T 为实际温度。

如果输出量为电流，则有：

$$T = \frac{T_{max} - T_{min}}{16} \times I + \left(T_{max} - \frac{T_{max} - T_{min}}{16} \times 20 \right) \tag{3-3}$$

$$I = \frac{16}{T_{max} - T_{min}} \times T + \left(20 - \frac{16}{T_{max} - T_{min}} \times T_{max} \right) \tag{3-4}$$

其中，I 为输出电流数值，T 为实际温度。

3.6.1 温度计和温控器量程匹配问题探讨

在工程实际中，温度计和温控器损坏问题非常普遍，但是不同变压器的温度计测量范围有所不同，以下重点讨论不同测量范围的温度计和温控器匹配问题。

3.6.1.1 电阻输出温度计

对于电阻输出的温度计，如果温度计损坏，可以更换任意量程的温度计，但是测量范围有所不同。如图 3-92 所示，原来温度计的测量范围为 $0 \sim T_0$，如果更换为测量范围 $0 \sim T_1$ 的温度计，则新温度计测量范围仍然为 $0 \sim T_0$。如果更换为测量范围 $0 \sim T_2$ 的温度计，则新温度计的测量范围为 $0 \sim T_2$。

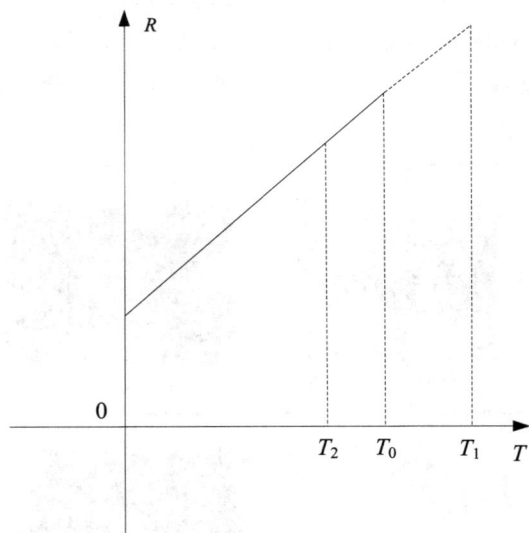

图 3-92　电阻和温度对应关系

对于电阻输出的温度计，如果温控器损坏，则必须更换为和原来一致的温控器。如图 3-93 所示，温控器输出的电流和监控机后台显示的温度具有线性函数关系，如果测量范围更换，则对应的函数关系随之变化，会造成监控机显示不准确，除非监控机后台内置函数也随之更改。

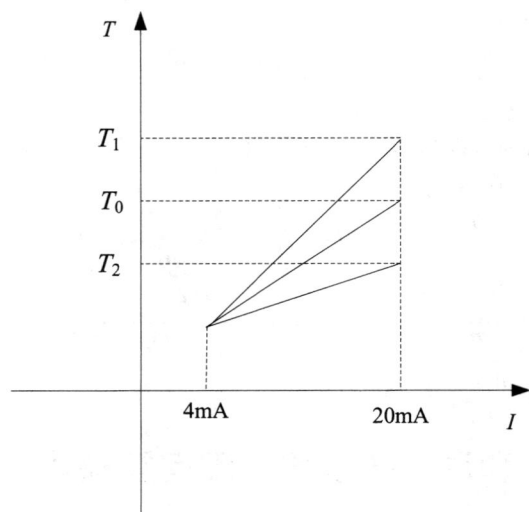

图 3-93　电流和温度对应关系

3.6.1.2 电流输出温度计

如果是电流输出的温度计，可以看成温控器和温度计集成为一体，此时根据图 3-93，温度计必须更换为和原来量程一致，如果存在温控器，也必须更换为和原来量程一致，否则会造成监控机后台显示不准确。

可以这样理解，不管温度计是电阻输出还是电流输出，必须要保证温控器输出的电流和温度计关系与监控机后台内置的函数保持一致。如果对应关系改变，则需要修改监控机后台内置函数。

3.6.2 温度计故障处理

变压器温度计最常见的故障就是温度计、温控器、监控机三者之间温度显示相差大于5℃或者任何一个显示错误，此时可能是温度计或者温控器损坏、接线端子松动、二次控制线损坏。其他诸如温度计进水，指针卡涩、玻璃罩破裂等故障为不常见故障。以下给出温度计常见故障的处理流程。

第一步：首先拆除变压器器身处温度计的电阻线或者电流线，根据式（3-1）～式（3-4），检查温度计的输出电阻或者电流是否与指针指示一致，如果一致，则表明温度计没有问题；如果不一致，再检查电阻或者电流输出端子是否松动，如果检查后输出仍然错误，则需要更换温度计。

第二步：拆除测控屏／汇控柜处温控器的二次线，测量电阻输入或者电流输入是否与温度计处一致，如果一致，表明温度计到温控器的输出线路没有问题，否则需要检查输出线路是否存在断路或者松动。根据式（3-1）～式（3-4），检查温控器输入电阻或者电流是否与温控器指示温度一致，如果一致表明温控器良好；否则需要更换温控器。

第三步：如果温控器良好，则测量温控器输出电流是否与温控器指示温度一致，如果一致则表明监控机后台存在故障，否则表明温控器存在故障，需要更换。

变压器温度计故障处理过程中需要注意如下问题：

（1）由于温度计和温控器处可能存在高温报警监控信号输出线，所以拆除温度计和温控器二次线时，必须先用直流电压档测量所拆除接线是否存在直流电压，防止引起直流接地，造成保护拒动或者误动。

（2）绕组温度计需要采集电流互感器二次电流，所以更换绕组温度计时，需要先把电流端子短接，防止电流互感器二次端子开路，产生过电压，危及人身或者设备安全。

（3）如果温度计底座是通过螺栓固定在变压器上罩上，则更换温度计时，需要先固定图 3-94 所示的螺母 2，然后松动温度计螺母 1，否则可能造成螺母 2 松动，引起变压器器身渗漏。

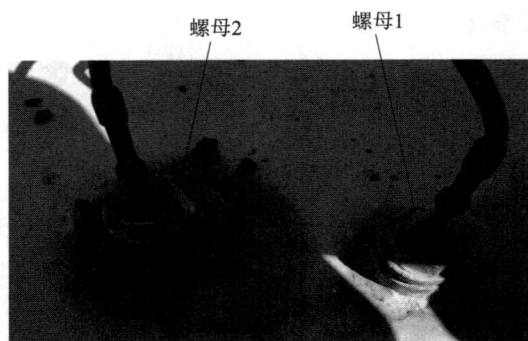

图3-94 温度计底座

（4）更换温度计或者温控器时，需要注意量程的对应。

3.7 变压器油色谱异常

3.7.1 变压器绝缘油出现乙炔

变压器内部出现乙炔，肯定是出现了电弧放电，存在碳化的放电点。实际汇总发现，电弧放电出现在绕组部位的可能性非常小，一般出现在选择开关触头处、极性选择开关触头处、套管引线部位以及铁芯夹件部位。

案例分析11：某220kV变压器油色谱含有乙炔超标

2020年7月4日，在对某220kV变电站3号主变进行定期油色谱分析时发现主变本体内出现少量乙炔，已超过5μL/L的注意值。之后对该台变压器加强监测，试验数据如表3-6所示。

表3-6 试验数据

气体\日期	5.25	5.26	5.27	5.28	5.29	5.31	6.2	6.3	6.4	6.8	6.12	6.18	6.24
H_2	27.5	17.7	30	27.2	29.8	28.8	30.1	27.4	27.9	28.5	31.6	32	31.3
CO	97.2	70.5	105.9	95.9	101.1	102.2	103.8	102.2	99.6	101.6	107.5	109	106.7
CO_2	403.3	616.7	395.5	394.4	447.5	397.6	414.6	421.6	401	426.7	433.4	437.7	440.6
CH_4	2.8	2.5	2.8	2.8	2.7	2.8	3	2.6	2.9	2.7	3.4	3	3
C_2H_4	0.9	1.6	0.9	0.7	0.7	0.8	0.8	1.7	1.1	1.4	1.2	1.1	1.3
C_2H_6	0	0	0	0	0	0	0	0	0	0	0	0	0
C_2H_2	9.4	5.5	8.9	9	9.4	9.8	10.4	9.9	9.9	9.6	10.70	9.9	9.8
总烃	13.1	9.6	12.6	12.5	12.8	13.4	14.2	14.2	13.9	13.7	15.3	14	14.1

根据三比值法，判定存在电弧放电。

试验人员对于该台变压器进行了超声局放、有载调压开关在线监测等带电检测手段，未发现异常；后决定对其进行放油钻孔检查。检查人员由人孔进入后，仍未发现故障点；最终决定对该台变压器进行解体检查。

大修过程中，分别对变压器器身以及套管等部件进行了分解、检查。变压器器身在分解后没有发现异常。而在 7 月 15 日对套管进行解体检查时，发现高压 C 相套管"将军帽"内部有放电发黑的痕迹并伴随明显的焦糊气味。经过进一步检查发现，在"锁紧螺母"和"将军帽"的一处对应位置发现有明显的放电点，确认此套管在运行时曾发生过放电。

从图 3-95~图 3-99 比较看，C 相套管的头部明显与其他两相存在很大差异，C 相套管中"电缆压接头"处有明显发黑的痕迹，且有白色的填充胶流出，并将其污染。在"锁紧螺母"表面与"将军帽"的内部对应位置处有大面积发黑现象，将该部位擦拭干净后，发现有明显的放电点存在。

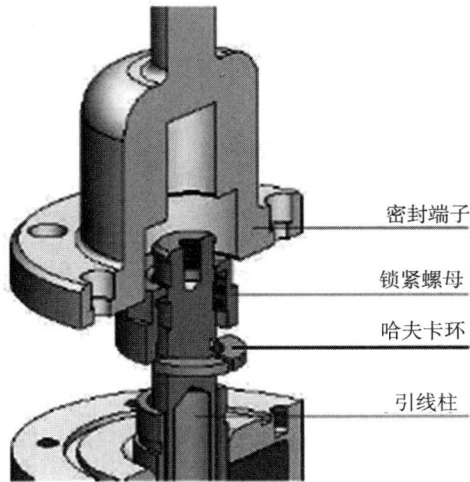

图 3-95　套管头部结构图 1

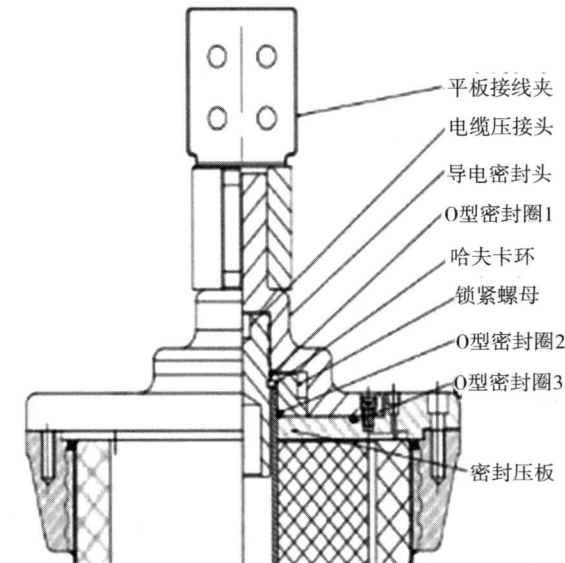

图 3-96　套管头部结构图 2

图 3-97 套管现场图

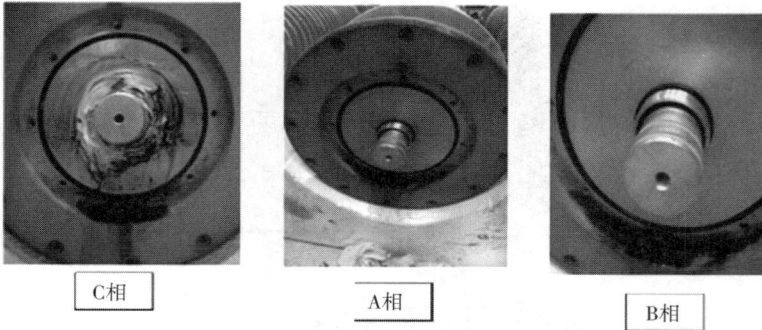

图 3-98 套管头部解体图

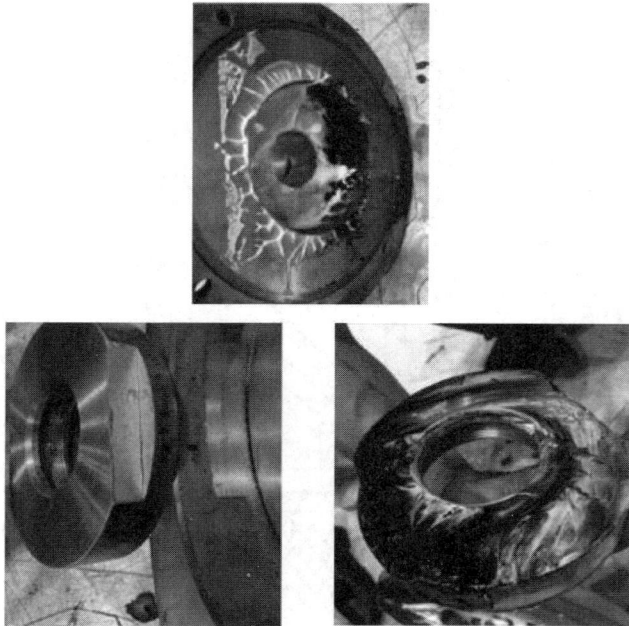

图 3-99 套管故障图

由图 3-100 可以看出，"锁紧螺母"表面与"将军帽"的内部对应位置处有大面积放电发黑迹象，"锁紧螺母"表面与"将军帽"的对应表面发现明显的放电点。

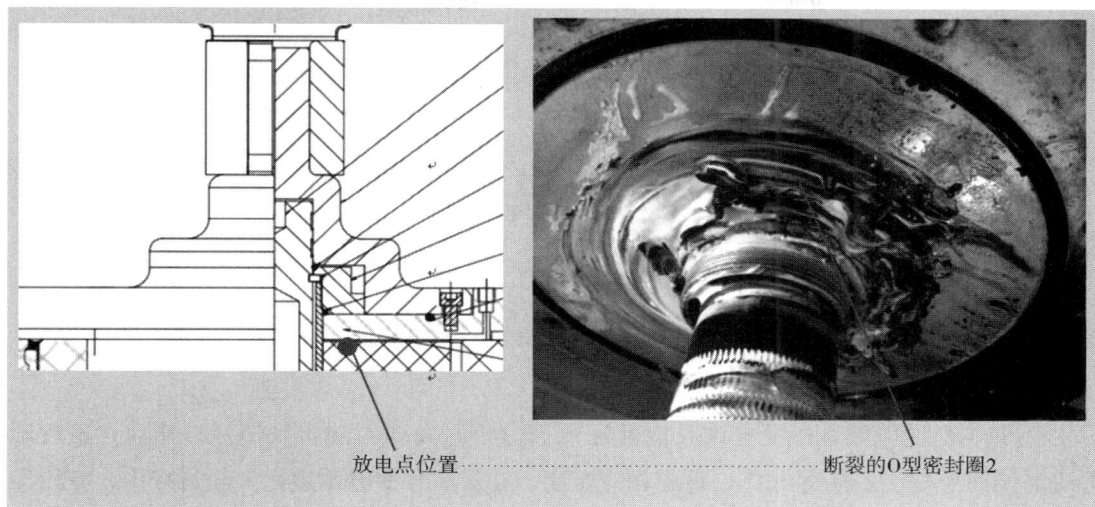

放电点位置 断裂的O型密封圈2

图 3-100 套管放电位置

放电原因分析如下：从套管头部结构图可以看出，"锁紧螺母"不仅需要对"哈夫卡环"进行固定，还要对"O 型密封圈 2"进行压紧，并且"锁紧螺母"还需确保与"密封压板"可靠接触。由于"锁紧螺母"是内螺纹结构，在旋紧过程中将"O 型密封圈 2"拉断，导致该密封圈阻止了"锁紧螺母"与"密封压板"的可靠接触，从而影响了"锁紧螺母"与"哈夫卡环"有效压紧。而变压器在运行期间的振动，使得该"锁紧螺母"时常处于悬浮状态，与"将军帽"间形成电位差，导致放电。由于该套管为穿缆结构，在变压器正常运行时，该部位充满变压器油。在该部位放电产生的 C_2H_2，通过套管载流电缆周边的变压器油，渗透到变压器器身，导致在变压器的油样中检测出 C_2H_2。

厂家对存在设计缺陷的套管进行如下整改：

（1）改变现有"锁紧螺母"的螺旋压紧结构，改为螺栓压紧结构，避免损坏"O 型密封圈 2"；

（2）使用"螺钉式哈夫卡环"替代原结构的"哈夫卡环"，确保与"锁紧螺母"可靠接触；

（3）在"电缆压接头"与"锁紧螺母"间增加"触子"，确保"电缆压接头"与"锁紧螺母"可靠接触。

更改后的套管头部的结构图如图 3-101 所示。

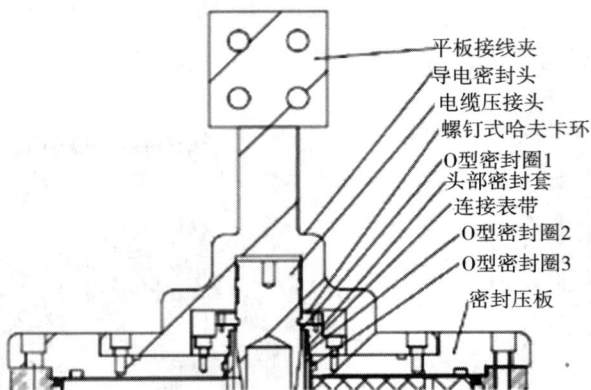

图 3-101　更改后的套管头部结构图

案例分析 12：某 110kV 变压器油色谱有乙炔

某 110kV 变电站 2 号变电站在定期油色谱分析时发现乙炔含量超标，并且含量逐渐升高，同时甲烷、乙烷等气体含量也相应升高。在对 2 号变电站进行大修过程中，变压器绕组、铁芯、调压开关等部位检查过程中没有发现放电痕迹。在检查升高座时，闻到有类似烧焦味道，判断故障可能出现在套管 CT 上。取出套管 CT 检查没有发现放电痕迹，但是发现套管 CT 没有投入运行的几个分头有铜丝毛刺漏出，并且几个抽头捆在一起，如图 3-102 所示。

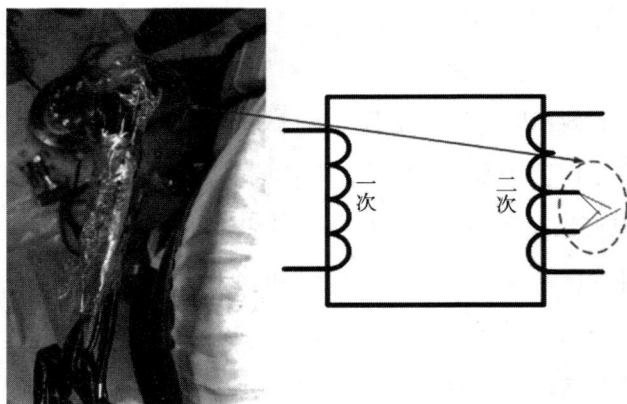

图 3-102　某 110kV 变电站 2 号变套管 CT 示意图

正常情况下，一组套管 CT 只用两个抽头，其他抽头需要绑扎好，此时存在 $N_1I_1-N_2I_2=0$，一、二次电流之间与绕组反比，如果其他抽头间短路或者与运行抽头短路，则 $N_1I_1-N_2I_2-N_3I_3=0$，此时一、二次电流之间与绕组不成比例关系，引起 CT 不准确。但如果抽头之间的短路只存在于几根铜丝之间（图 3-102 虚线圆所示），根据 $Q=I^2Rt$，则会由于接触电阻较大引起绕组间产生较大热量，产生甲烷、乙烷类气体；同时由于二次绕组之间存在压差，如果短路抽头上有铜丝距离较近（图 3-102 虚线圆所示），则会产生电弧放电，产生乙炔气体。此次将套管 CT 全部拆除，大修投入运行之后，2 号变中的乙炔以及甲烷、乙烷类气体消失。

3.7.2 变压器绝缘油氢气超标

变压器单氢超标在实际中非常常见，其主要原因有如下几点。但在实际生产中变压器单氢超标故障点非常难寻找，因为氢气超标属于过热，现场不明显，实际中一般采用对变压器油进行真空过滤处理。

3.7.2.1 水分的因素

水分因素导致单独产生氢气的问题，是因为水分在一定能量的作用下（如通电）发生分解，水分子分解成氢原子及氧原子，从而导致氢气的产生。水分因素导致单独产生氢气，这一问题的趋势是产生氢气的量最终会保持恒定，即水分全部分解后，将不会再向变压器油中释放氢气。关于水分因素导致单独产生氢气这一问题，笔者认为控制变压器油微水含量指标并不能够避免该问题的产生，因为据文献报道，变压器本体总水量中，有99%存在于固体绝缘纤维中，只有不到1%的水分存在于变压器油中，这主要是因为纤维素对水具有强大的亲和力。固体绝缘中的水分只有在温度大于80℃时，才会从绝缘层表面逸出溶入油中，当温度下降后，又会吸附上绝缘层，因变压器油一直运行在70℃下，故油中水含量几无变化，变压器油微水含量分析试验反映不出受潮现象。

3.7.2.2 变压器油的分解

110kV及以下电网中的变压器和互感器所用的变压器油一般都是25号变压器油，属于石蜡基油。石蜡基油中烷烃所占比例较大，烷烃类油化学性质比较稳定，抗氧化性能好，但是耐热性能较差，尤其在电场作用下容易发生脱氢反应。石蜡基变压器油在电磁场的作用下，部分烃分子发生裂解而产生气体，这部分气体以微小的气泡形式从油中释放出来。随着小气泡数量增多，它们会相互连接形成大气泡。由于气体与变压器油之间的电导率有很大的差异，在高电场的作用下，变压器油中会产生气隙放电现象，造成设备绝缘损坏。

3.7.2.3 活泼金属促进变压器油脱氢反应

由于变压器中使用了不锈钢材料。在变压器油逐渐氧化过程中，不锈钢材料中的镍分子会促进变压器油发生脱氢反应。一种固体要成为催化剂，能否吸附反应物是条件之一。在催化作用过程中，物理吸收能显著降低其后进行的化学吸附的活化能。在各种频率的外加电场作用下，不论是极性分子还是非极性分子，都会被极化而产生诱导偶极矩。这样，由于分子所呈现的极性在反应进程中有利于极性吸附，也有利于其他分子与其反应，因而加快反应速度。也就是说，变压器油在运行中受到电场的作用，中性分子环乙烷被极化后，降低了化学吸附的活化能，比较容易与镍起吸附反应，从而提高镍的催化活性，加快本来在常温下速度很慢的反应。

3.7.2.4 绝缘材料中吸附的氢气释放

在变压器干燥、浸渍、高电压试验等热和电的作用下，绝缘材料分解产生氢气、烃类气体，这些气体吸附于多孔性而且较厚的固体绝缘纤维材料中，短期内难以释放到油中。由于变压器绝缘材料使用得较多，绝缘层内部吸附的气体完全释放于油中所需时间较长，因而出厂试验时油和纸中气体尚未达到溶解平衡，氢气含量偏低。经过一段时间后，变压器到达现场验收时，纸中所吸附的气体逐渐释放出来，所以油中溶解的气体尤其是氢气含量明显升高。同时，一些金属材料如碳素钢和不锈钢等也可促进变压器油发生脱氢反应，从而释放到变压器油中，造成油中氢气含量增高。这就是变压器在投运前含有一些特征气体的原因。

3.8 冷却装置的常见故障

散热器的常见故障主要有：自冷式散热器的渗漏油，风冷散热器除了渗漏油外，还有风扇的控制回路和风扇本身产生的故障。冷却器的常见故障有：对于强油风冷循环的冷却器有控制回路、油泵、风扇等故障，还要注意冷却器的密封，因为油泵工作时，冷却器内部为负压区，若冷却器的密封不良，空气和水分被吸入变压器内部，使变压器内部的绝缘受潮，进入的空气轻则可使轻瓦斯经常动作发信，重则造成重瓦斯误动作，使变压器跳闸。冷却器在工作时，污物会聚积在表面，影响冷却器的散热效果，使变压器的油温上升。强油水冷却器若发生渗漏，会使冷却水进入变压器，造成变压器烧毁等。

3.8.1 空开跳闸

电源主回路以及每个电机都存在空开，如果空开跳闸会造成主回路或者电机回路失电。

案例分析 13：某 110kV 变压器 2 号主变 2 号风机空开跳闸

某 110kV 变电站 2 号主变 2 号风机停转，合上分路空开之后不到一分钟就跳。单路风机停运一般只是支路故障，故障点是从支路空开到风机本体。单路风机的接线为支路空开→接触器→热继电器→支路风机。风冷控制箱见图 3-103 和图 3-104。

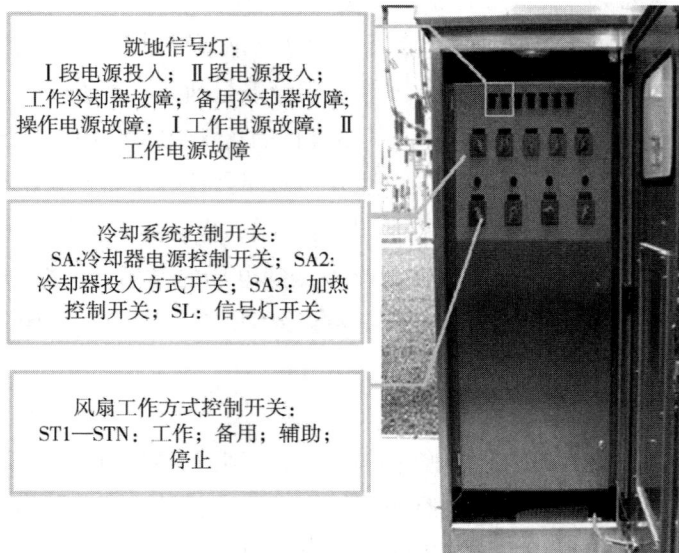

就地信号灯：
Ⅰ段电源投入；Ⅱ段电源投入；
工作冷却器故障；备用冷却器故障；
操作电源故障；Ⅰ工作电源故障；Ⅱ
工作电源故障

冷却系统控制开关：
SA:冷却器电源控制开关；SA2:
冷却器投入方式开关；SA3：加热
控制开关；SL：信号灯开关

风扇工作方式控制开关：
ST1—STN：工作；备用；辅助；
停止

图 3-103 风冷控制箱图

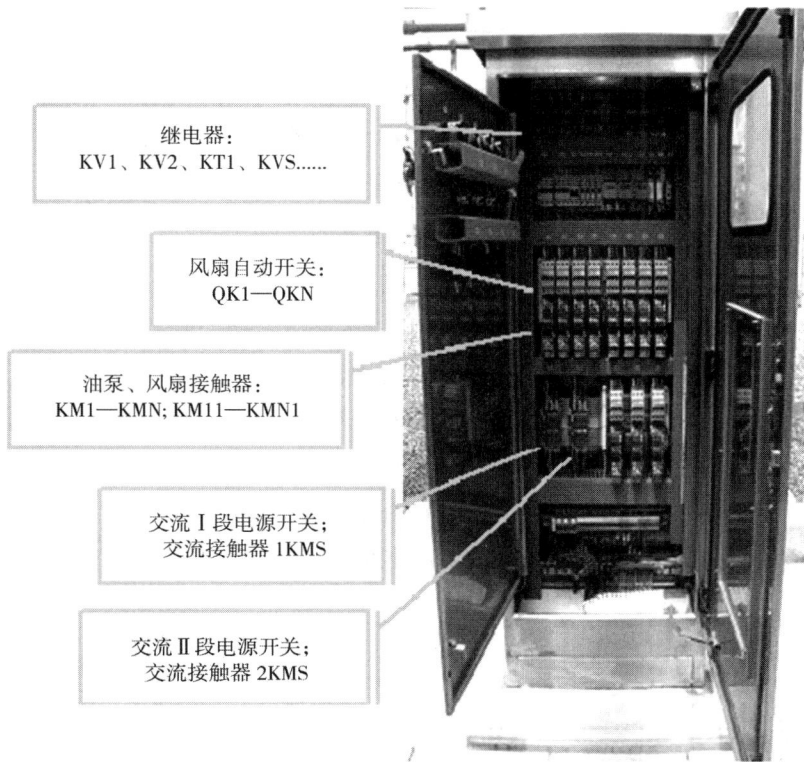

图 3-104　风冷控制箱内部分布图

支路空开是起到供电作用的；接触器常开接点是风机电源，起到启动和停止风机的作用；热继电器是给接触器线圈提供电源，风机故障时热继电器断开，使接触器线圈失电，防止越级烧毁上一级元件。单路风机故障也是由于这几个元件引起的，支路空开烧毁、接触器线圈烧毁、热继电器保护电流过小、线路问题引起的风机缺相或短路、风机接线盒内进水导致接线柱锈蚀、风机扇叶不平衡导致热继电器过流等。此缺陷使风机能够启动，证明元件无问题，缺陷原因能够定位到两方面：一是风机供电线路接触不良。可能是接线盒内接线端子老化，风机启动后振动大导致接触不良，也可能是风冷端子箱内接线端子螺丝松动未紧固。二是风机扇叶不平衡，或是接线盒内锈蚀严重，运行时导致热继电器过流，此种情况比较常见。

确定了缺陷部位就可以细致进行检查。经检查发现是由于 2 号变 2 号风机运行时限比较长，接线盒内密封不严造成部分锈蚀，导致热继电器过载。对风机进行详细检查发现风机电机无问题，无扇叶不平衡等缺陷，将接线盒内锈蚀部分清理干净，试投运无问题。由于该变电站负荷较大，附近温度较高，风机运行时限较长，可以适当将热继电器整定电流调高一些，以避免夏季温度较高时热继电器频繁动作。

风机接线盒密封要严，禁止使用塑料外壳。加强缺陷跟踪，对老、旧、运行时间较长的风机进行跟踪管理，尤其是夏季大负荷来临前，要做好防雨防潮措施。另外，对于热继电器的电流整定值有机会时要注重与厂家人员进行沟通。

3.8.2　二次回路设计不合理造成误发故障信号

变压器风冷装置具有较复杂的二次回路装置，涉及大量的接触器、热继电器、空气开关、相序继电器等控制元件，很容易出现故障。现场处理二次回路故障时需要按照电路图仔细查找，遵循先一次、后二次的顺序进行检查即可。

案例分析 14：某 110kV 变压器发风冷故障信号

某 110kV 变电站 1 号主变风控回路发冷却器故障信号。运行人员报冷却器启动时故障信号发生。现场检查正常，模拟按温度启动、按负荷启动冷却器试验时发现，当按温度启动返回时发冷却器故障信号。发信回路见图 3-105。

发信过程为：正电→中间继电器 KA1 的辅助常闭接点→中间继电器 KA2 的辅助常闭接点→负电，发故障信号。中间继电器 KA1、KA2 动作顺序见图 3-106。

按油温启动：当油温大于 65℃时，65℃油温接点闭合，启动 KA1，并由 50℃油温接点自保持，KA1 控制回路上的常闭接点断开使 KA2 失电，KA2 失电其常闭接点闭合，因此在启动时不会发故障信号。

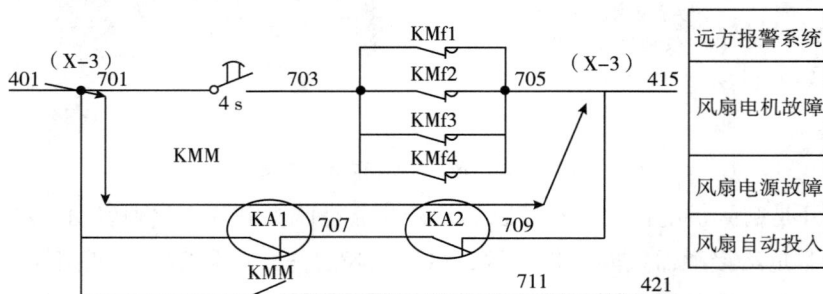

图 3-105　发信回路

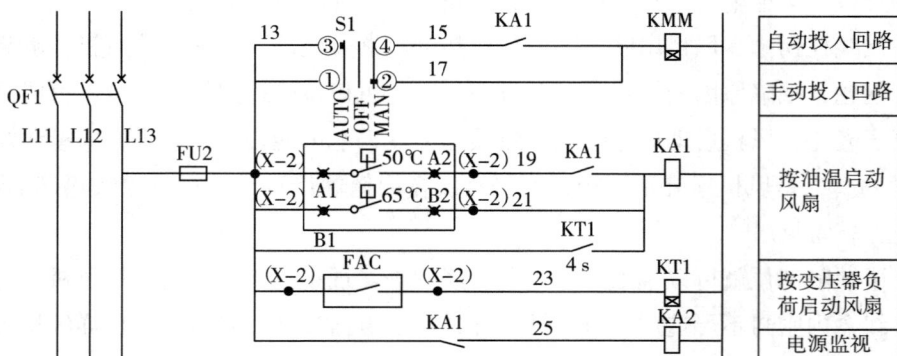

图 3-106　中间继电器 KA1、KA2 动作顺序

点自保持，KA1 控制回路上的常闭接点断开使 KA2 失电，KA2 失电其常闭接点闭合，因此在启动时不会发故障信号。当油温低于 50℃时，50℃油温接点断开，KA1 失电，信号回路上的常闭接点闭合，同时 KA1 控制回路上的常闭接点闭合使 KA2 励磁，KA2 励磁后才把信号回路上的常闭接点打开，需要几十毫秒的时间，KA1 失电 KA2 得电的瞬间，

信号回路正电→中间继电器 KA1 的辅助常闭接点→中间继电器 KA2 的辅助常闭接点→负电导通，发故障信号。

处理方法：由 KA1 的辅助接点来控制 KA2，势必存在 KA1 的辅助接点先于 KA2 的辅助接点动作的现象。针对较灵敏的保护装置来说，该回路设计不合理，因此，将 KA1 控制 KA2 的辅助接点短接，KA1 信号回路上的辅助常闭接点短接。然而实际功能不变，KA2 继续起到电源监视的作用。

案例分析 15：二次回路设计缺陷造成风冷误报风冷全停

某变电站站 2、3 号主变发出风冷全停故障信号，检修人员到达现场检查发现风机电源正常。经过与厂家设计人员沟通发现，本次误发风冷全停故障信号系风冷控制系统存在缺陷所致。原来由于本地区处于温带，一年四季分明，风机主要在夏季高温大负荷期间工作，其他季节则根据负荷水平启动。所以本地区风冷全停故障信号取自风冷两路主电源接触器并联，只有两路主电源的接触器同时停电，才发出风冷全停信号，如图 3-107 所示。而本风机系统是根据南方高温地区环境设计，由于地处常年高温环境，风机需要常年不间断工作，风冷全停信号取自每台风机接触器串联，只要有一台风机停止运转，就会发出风冷全停信号，如图 3-107 所示。所以本风机在温度和负荷水平较低时没有启动，就会误发出风冷全停故障信号。

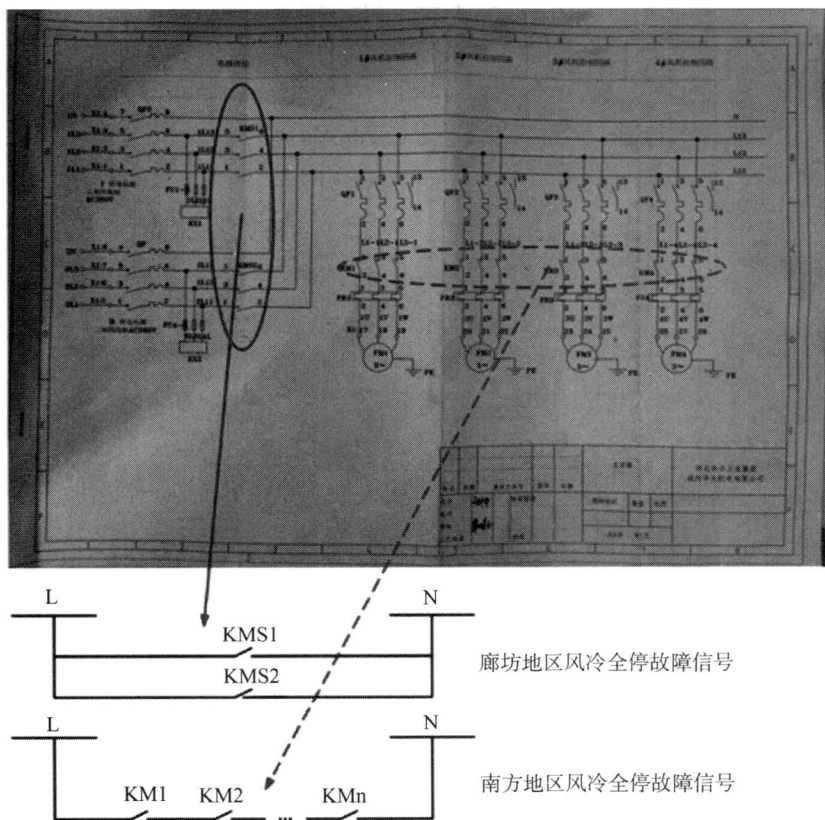

图 3-107　风冷全停故障信号

3.8.3 相序继电器故障

相序继电器用于检查电源相序是否满足要求、是否存在缺相，如果相序继电器损坏，则风冷电源会断开。

案例分析 16：某 110kV 变压器风冷断电

某 110kV 变电站 1 号主变冷却装置电源无法从Ⅰ段自动切换至Ⅱ段。现场情况：Ⅰ段电源能够正常运行，但是无法自动切换到Ⅱ段，Ⅱ段电源上的相序保护器（电源监视器）FX2 指示灯不亮，然而其上端三相端子存在正常交流电，推断该相序保护器已失效，见图 3-108。在检查回路图时发现，该电气连接图见图 3-109。

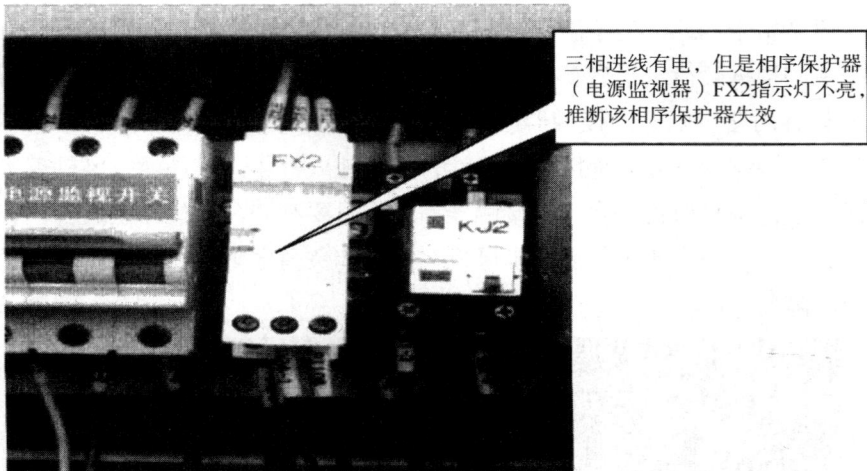

图 3-108 相序保护器失效

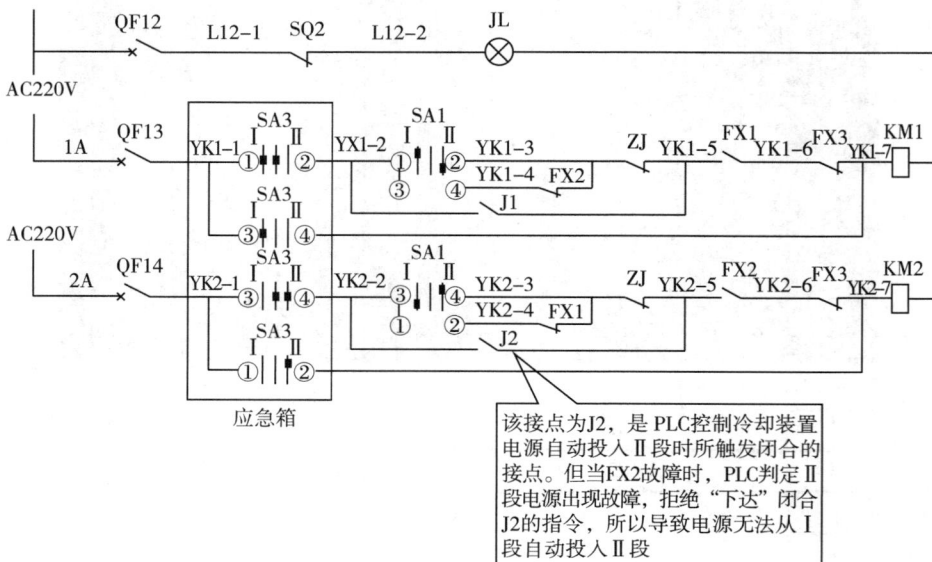

图 3-109 电气连接图

该冷却器控制系统的核心部件是 PLC，全程监控变压器及其冷却装置的运行状况并适时发出相应指令，启动冷却装置。正常情况下，当冷却装置工作电源由Ⅰ段供电时，接点J1闭合，接点J2断开，Ⅱ段电源回路失电。当冷却装置电源到达自动轮换周期需要从Ⅰ段投入Ⅱ段时，PLC首先判定Ⅱ段电源是否正常，即通过对Ⅱ段电源相序保护器（Ⅱ段电源监视器）FX2的反馈信号进行接收，如果未接收到故障信号，则PLC将触发断开接点J1，闭合接点J2，工作电源自动切换至Ⅱ段。但由于现场实际情况为FX2故障而无法正常监视Ⅱ段电源则PLC判断Ⅱ段电源故障，于是中止了切换电源的指令，导致了"1号主变冷却装置电源无法从Ⅰ段自动切换至Ⅱ段"的情况。更换FX2后缺陷即消除。

此外，还发现KM1接触器上端B相电缆有烧焦痕迹，决定更换KM1继电器（更换该继电器需要短时断开冷却装置总电源，会导致冷却器全停，因此在更换KM1前应先将主变冷却器全停保护压板取下，防止主变跳闸）时发现接触器接线端烧焦情况非常严重，见图3-110。

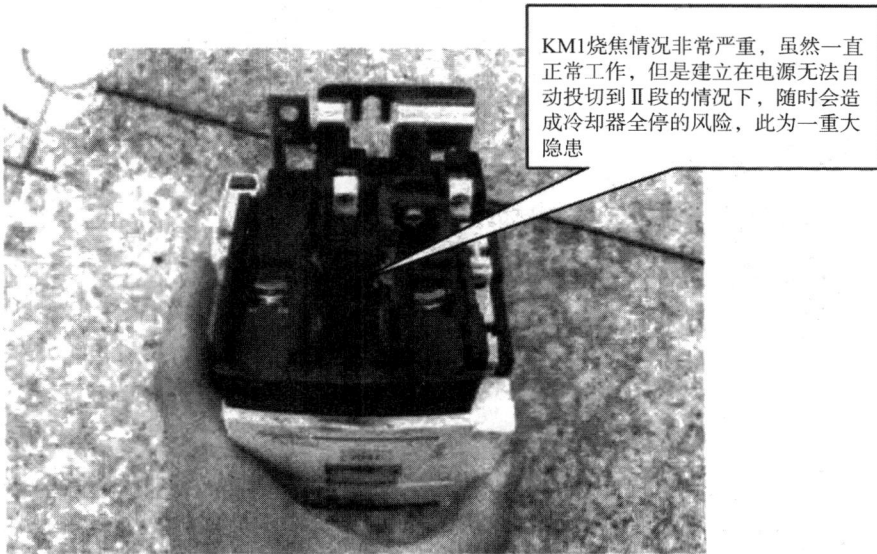

> KM1烧焦情况非常严重，虽然一直正常工作，但是建立在电源无法自动投切到Ⅱ段的情况下，随时会造成冷却器全停的风险，此为一重大隐患。

图3-110　KM1烧焦情况

根据判断，由于上端头进线没有彻底和KM1紧固，导致电阻增大引起过热。

3.8.4　风冷系统接触器故障

风冷系统的两路主电源以及各风机都需要通过接触器来控制，一旦接触器故障就会引起风冷系统故障。

案例分析17：某变压器风机接触器故障

某变电站2号主变冷却器故障，控制系统显示"3号、4号油泵故障"。该变电站2号主变冷却器故障，控制系统显示"3号、4号油泵故障"，现场检查3号、4号油泵故障灯亮。现场重启3号、4号油泵电源空开，复合开关"故障"灯灭，开始正常工作。通过对回路进行检查，发现3号、4号油泵复合开关内部辅助接点不可靠。此前该变电站3号主变频发"4号油泵故障"信号为同样情况，更换复合开关后告警信号复归，但过了1个月后又发"4号油泵故障"信号，检查发现是复合开关内部辅助接点不可靠。冷却器控制系统见图3-111。

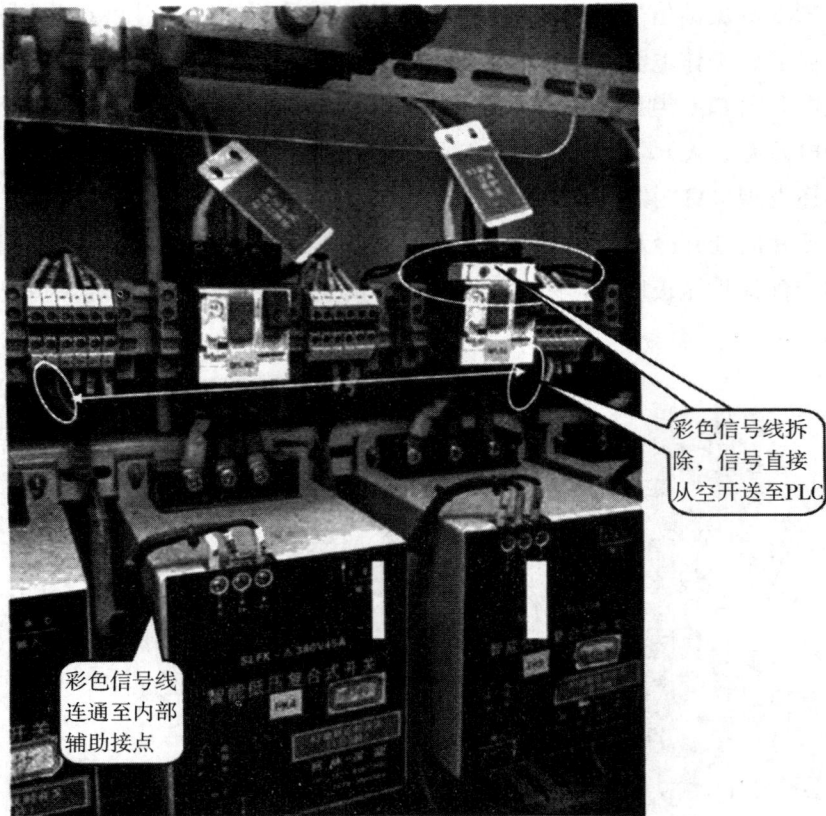

图3-111 冷却器控制系统

该冷却回路为近两年新改造系统，之前老式风控回路的弊端虽然消除，但也暴露出了新的问题：复合开关及相关元器件质量不稳定引起损坏缺陷较多。结合上述问题，为避免同样情况再次发生，采取了相应的整改措施。借现场处理缺陷的机会，更换损坏或者不稳定的复合开关，并拆除复合开关辅助接点，在复合开关上端空开加装辅助接点信号直接从空开送至PLC，避免因辅助接点故障影响PLC正常运作，导致油泵无法启动，经检验核对，此改动不影响冷却系统正常运行。

案例分析18：某变压器风冷系统主电源回路接触器故障

2019年3月19日，运维人员发现某220kV变电站3号主变风冷控制箱Ⅰ段电源合闸时接触器频繁吸合，风机启动；Ⅱ段电压合闸后5秒左右跳闸，风机不启动。风冷箱元件见图3-112。

检修人员到达作业现场后，检查发现Ⅱ段电源主接触器2KM发生A、B两相缺相，主回路接触器KM接触器线圈故障，吸合不到位。主接触器KM见图3-113。

图 3-112 风冷箱元件图

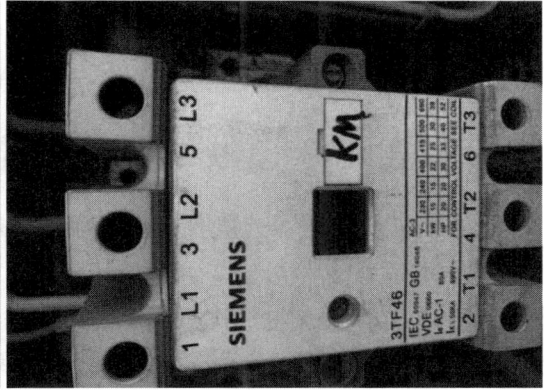

图 3-113 主接触器 KM

检查 I 段电源主接触器 1KM 发现 1KM 同样存在接触器吸合不牢的情况。3 个接触器型号相同，均为西门子 3TF46、DC220V，2008 年生产。班组内没有型号相同的备件，需采购。待备件到位后对接触器进行更换。

通过原理图 3-114 可以发现，两路电源分别通过 QF1-1KM、QF2-2KM，经过主回路接触器 KM 对所有风机回路供电。合上 QF1 时，1KM 吸合正常，KM 由于线圈故障，吸合不到位，便发生了频繁吸合的现象；合上 QF2 时，由于 2KM 缺相，造成了空开跳闸，风机不启动。

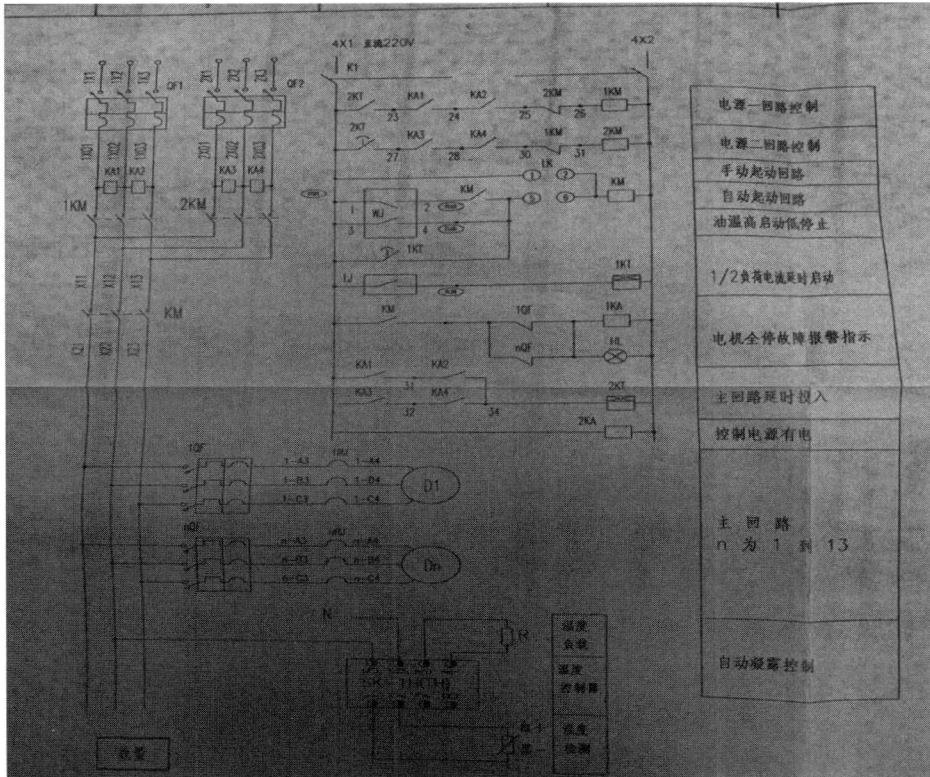

图 3-114 主回路原理图

该变电站风冷系统 2008 年与变压器一起投运，至今已运行 12 年，风冷箱内电气元件老化严重，列入技改计划，对东沽港 2、3 号主变风冷箱进行更换。

3.9　变压器器身二次线故障

变压器瓦斯继电器、温度计、压力释放阀、油位计等监测装置，包括跳闸和信号，都来自于直流系统母线电压。通常情况下，+110V 直流电压，各跳闸以及信号都是单独一根线路，而 −110V 直流电压则是调压瓦斯跳闸和本体瓦斯跳闸共用一根跳闸负电压线，其他所有信号则共用一根负电压线。实际运行中，尤其在雨季，如果线路发生接地，则监控机会发出直流接地报警信号。工作实际中，大部分直流接地都是由压力释放阀和油位计信号线引起的，如图 3-115 和图 3-116 所示，与其本身二次接线盒窄小相关，本来二次线与外壳距离就比较简短，一旦进入少量水分即会引起直流接地。《国家电网有限公司十八项电网重大反事故措施（2019 修订版）》第 9.3.2.1 条规定，户外布置变压器的气体继电器、油流速动继电器、温度计、油位表应加装防雨罩，并加强与其相连的二次电缆结合部的防雨措施，二次电缆应采取防止雨水顺电缆倒灌的措施（如反水弯）。但实际情况是，即使相关设备安装了符合要求的防雨罩，相关设备造成的直流接地故障仍频繁发生。

图 3-115　压力释放阀现场图

图 3-116 油位计现场图

处理直流接地方法如下：

首先将万用表调整到直流电压档，测量跳闸负公共端和信号负公共端的对地电压，假定正电压线路为 U_1，负电压线路为 U_2，则 $U_1-U_2=220$（V），正常运行时正电压线路为 +110V，负电压线路为 -110V，如果负电压公共端大于 -110V，例如为 -50V，则判断为负接地，负接地会将负电压线路升高到接近 0V；如果负公共端小于 -110V，例如为 -170V，则判断为正接地，如果发生正接地，则正电压线路电压会降低，与距离电源远近有关，假定为 +50V，由于 $U_1-U_2=220$（V），所以此时负电压线路为 -170V。

假定判断为信号发生正接地，由于信号线路较多，此时需要一根一根地打开信号正电压线，然后测量电压是否正常，当打开某一根线路后，各线路电压显示正常，则判断为该线路发生接地故障，实际中，压力释放阀信号线以及油位计信号线最容易发生接地故障。

对判断为接地的线路，需要将该线路打开，为了防止再次发生接地故障，需要将该信号的正电压和负电压线全部打开，然后缠绕绝缘胶带。对于油位计可以带电更换信号线，对于压力释放阀则需要停电后更换信号线。

4 有载分接开关常见故障诊断分析

有载分接开关是变压器附件中结构最复杂、重要性最高、技术含量最高的部件，所以本章单独介绍其常见故障。有载分接开关从整体上可以分为动力部位和开关部分，动力部分包括有载分接开关机构箱以及传动轴，开关部分包括选择开关、切换开关以及切换开关绝缘筒，本章将分别介绍两部分的常见故障诊断分析方法。由于真空有载分接开关的应用逐渐广泛，本章将利用单独一节介绍真空有载分接开关的常见故障。

4.1 开关本体部分常见故障

4.1.1 有载分接开关束缚电阻故障

如图 4-1 所示，在分接开关回路中，分接开关与变压器的分接绕组配合，串入变压器高压侧主绕组与中性点之间，当变压器换档时，其动触头从某一档尚未完全离开时，过渡电路接通，保证了变压器在有载情况下进行调压。

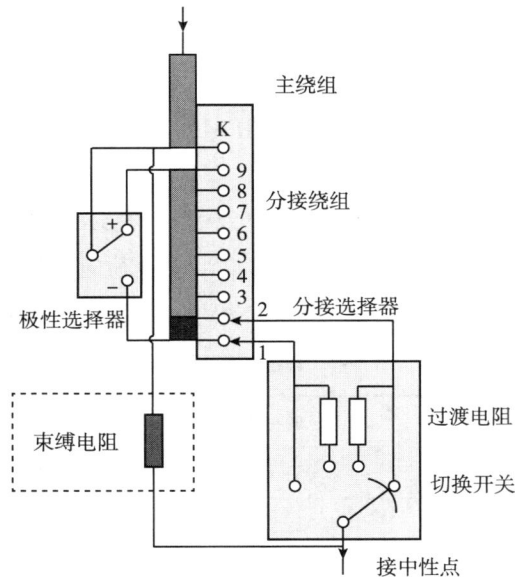

图 4-1 束缚电阻示意图

此外，分接开关回路还并联了一条束缚电阻回路，束缚电阻串入主绕组与中性点之间，当变压器运行时，绕组处于励磁状态，主绕组与分接绕组之间存在电容，分接绕组与地电位之间存在电容，回路中将有一个容性电流流过，当有载分接开关调压切换极性时，主绕组、分接绕组在短时间内未直接连通形成回路，此时极性选择器上将产生一个很高的电压，为了防止这个电压烧毁极性选择器触头，主绕组和中性点之间串入了一个永久电阻回路形成泄压通道，这个电阻就是束缚电阻。

如果束缚电阻接触不良或者损毁，在有载分接开关极性选择开关动作时可能发生调压绕组放电故障，引起变压器油色谱异常，如图 4-2 所示为束缚电阻故障照片。

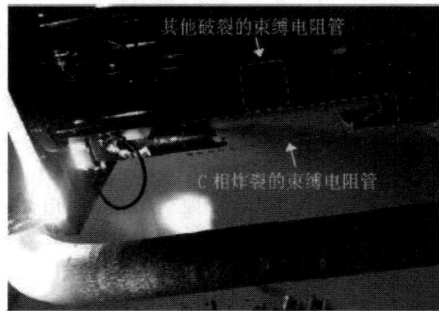

图 4-2 束缚电阻故障照片

4.1.2 切换开关动触头故障

切换开关动触头随着动作次数的增加可能出现触头烧毁、连接线断股等故障，但是比较少见，在规定的检修周期内，触头连接线应该是不会出现该类故障的。

案例分析 1：某 110kV 变电站 2 号主变跳闸

2015 年 11 月 2 日 11 时 43 分 28 秒（集控班显示时间），某 110kV 变电站 1 号主变有载重瓦斯动作，跳开 101、301、201 三侧受总开关。1 号主变停运，345、245 母联开关自投未投入，自投未出口。该有载分接开关由 MR 公司 1997 年生产，1998 年 6 月 23 日投运。

11 月 2 日阴转多云，有雾霾，11 时 45 分 25 秒，某 110kV 站内 1 号主变有载重瓦斯动作，跳开 101、301、201 开关，变压器停运，当时负荷电流为 293A。345、245 自投均未投入。11 月 2 日事故前 1 号主变进行过 6 次 AVC 调档，时间如表 4-1 所示。

表 4-1 有载分接开关档位

次数	调档时间	档位显示
第一次	05：01：59	11 挡→10 挡
第二次	08：19：43	10 挡→11 挡
第三次	08：38：22	11 挡→12 挡
第四次	08：52：17	12 挡→13 挡
第五次	10：57：46	13 挡→14 挡
第六次	11：45：25	14 挡→13 挡

在第 6 次调档到位后有载调压重瓦斯动作，并且当天发生 8 次过负荷闭锁调压，保护装置定值整定为 2.7A，即一次电流为 324A 时，过负荷闭锁有载调压。跳闸前最后一次闭锁调压解除时间为 11 时 27 分 05 秒，11 时 45 分有载重瓦动作时，未发生过负荷闭锁（如图 4-3 所示为过负荷闭锁调压报文）。AVC 无功调节与 1 号主变高后备保护均正确动作。

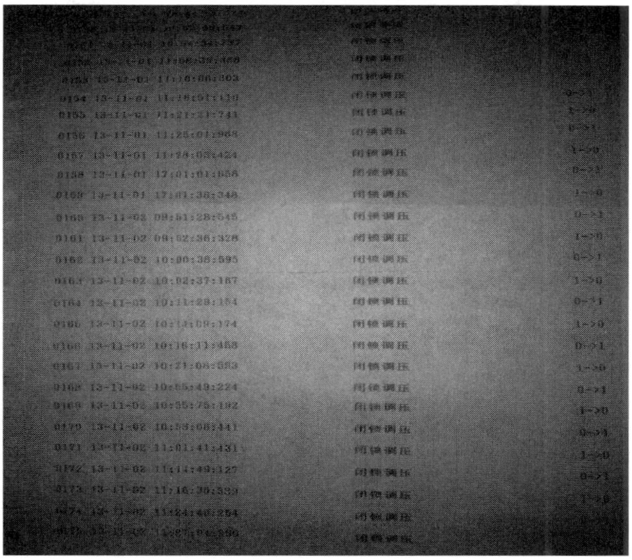

图 4-3　过负荷闭锁调压报文

由图 4-4 可知，1 号主变有载重瓦斯非电量保护装置动作时间为 16 时 15 分 12 秒，经时间换算，动作时间为 11 时 45 分 25 秒，此时为 1 号主变有载调压由 14 档变为 13 档后同一秒。

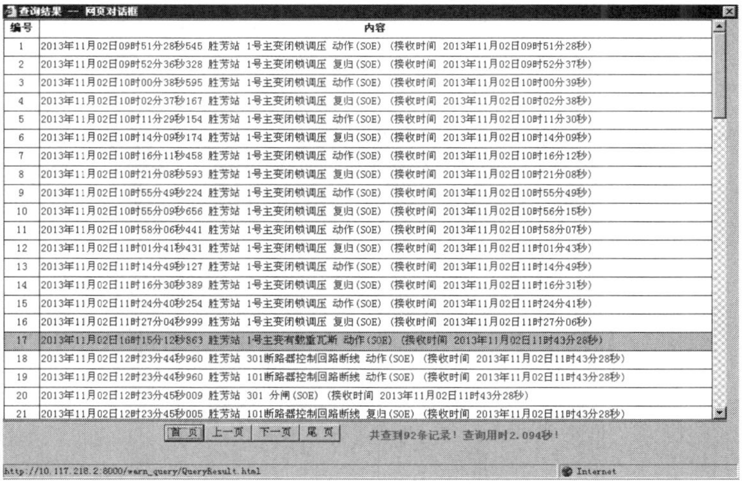

查询结果 -- 网页对话框

编号	内容
1	2013年11月02日09时51分28秒545 胜芳站 1号主变闭锁调压 动作(SOE) (接收时间 2013年11月02日09时51分28秒)
2	2013年11月02日09时52分36秒328 胜芳站 1号主变闭锁调压 复归(SOE) (接收时间 2013年11月02日09时52分37秒)
3	2013年11月02日10时00分38秒595 胜芳站 1号主变闭锁调压 动作(SOE) (接收时间 2013年11月02日10时00分39秒)
4	2013年11月02日10时02分37秒167 胜芳站 1号主变闭锁调压 复归(SOE) (接收时间 2013年11月02日10时02分38秒)
5	2013年11月02日10时11分29秒154 胜芳站 1号主变闭锁调压 动作(SOE) (接收时间 2013年11月02日10时11分30秒)
6	2013年11月02日10时14分09秒174 胜芳站 1号主变闭锁调压 复归(SOE) (接收时间 2013年11月02日10时14分09秒)
7	2013年11月02日10时16分11秒458 胜芳站 1号主变闭锁调压 动作(SOE) (接收时间 2013年11月02日10时16分12秒)
8	2013年11月02日10时21分08秒593 胜芳站 1号主变闭锁调压 复归(SOE) (接收时间 2013年11月02日10时21分08秒)
9	2013年11月02日10时55分49秒224 胜芳站 1号主变闭锁调压 动作(SOE) (接收时间 2013年11月02日10时55分49秒)
10	2013年11月02日10时55分09秒656 胜芳站 1号主变闭锁调压 复归(SOE) (接收时间 2013年11月02日10时56分15秒)
11	2013年11月02日10时58分06秒441 胜芳站 1号主变闭锁调压 动作(SOE) (接收时间 2013年11月02日10时58分07秒)
12	2013年11月02日11时01分41秒431 胜芳站 1号主变闭锁调压 复归(SOE) (接收时间 2013年11月02日11时01分43秒)
13	2013年11月02日11时14分49秒127 胜芳站 1号主变闭锁调压 动作(SOE) (接收时间 2013年11月02日11时14分49秒)
14	2013年11月02日11时16分30秒389 胜芳站 1号主变闭锁调压 复归(SOE) (接收时间 2013年11月02日11时16分31秒)
15	2013年11月02日11时24分40秒254 胜芳站 1号主变闭锁调压 动作(SOE) (接收时间 2013年11月02日11时24分41秒)
16	2013年11月02日11时27分04秒999 胜芳站 1号主变闭锁调压 复归(SOE) (接收时间 2013年11月02日11时27分06秒)
17	2013年11月02日16时15分12秒863 胜芳站 1号主变有载重瓦斯 动作(SOE) (接收时间 2013年11月02日11时43分28秒)
18	2013年11月02日12时23分44秒960 胜芳站 301断路器控制回路断线 动作(SOE) (接收时间 2013年11月02日11时43分28秒)
19	2013年11月02日12时23分44秒960 胜芳站 101断路器控制回路断线 动作(SOE) (接收时间 2013年11月02日11时43分28秒)
20	2013年11月02日12时23分45秒009 胜芳站 301 分闸(SOE) (接收时间 2013年11月02日11时43分28秒)
21	2013年11月02日12时23分45秒005 胜芳站 101断路器控制回路断线 复归(SOE) (接收时间 2013年11月02日11时43分28秒)

首 页　上一页　下一页　尾 页　共查到92条记录！查询用时2.094秒！

http://10.117.218.2:8000/warn_query/QueryResult.html　Internet

图 4-4　非电量保护动作报文截图

经现场检查发现，1 号主变调压呼吸器有大量绝缘油喷出，呼吸通道顺畅，如图 4-5 所示。

图 4-5　事故现场图

调压油位正常约 40℃。调压开关机构和切换开关档位显示一致（13 档，调压次数113215），顶部各部位法兰完好，无渗喷油。调压开关压力防爆膜未动作。油流继电器完好动作正确，二次回路动作灵敏、可靠。非电量保护装置至变压器端子箱二次回路及各直流二次线进行绝缘测试，最低为 41.3MΩ，最高为 43.2MΩ，满足绝缘要求。初步判断为内部切换芯子瞬时短路放电故障。

停电后，变电检修人员对 1 号调压开关进行放油吊芯检查，在放油前进行排气处理，发现油室内含有一定量的气体，但无法通过气体量程判断其气体体积，排气持续 4~5s。绝缘油耐压试验 5 次平均值约 32kV，满足厂家油耐压要求（不小于 30kV）。随后进行高压直流电阻和波形试验，波形见图 4-6，发现调压开关在 11 和 13 分接位置时 C 相高压直流电阻值均为 0，波形 C 相无显示，A 相出现过断点、接触不实现象，详细试验数据如表 4-2 所示。

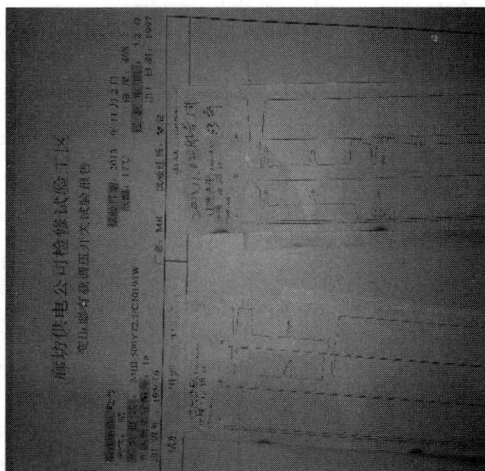

图 4-6　波形报告

表 4-2 直阻数据

档位	AH	BH	CH	不平衡系数
9	0.1774	0.1777	0.1778	0.23
10	0.1825	0.1833	0.1840	0.82
11	0.1868	0.1877	为零	—
12	0.1918	0.1924	0.1929	0.57
13	0.1957	0.1969	为零	—

通过上述综合试验数据判断切换开关芯子 C 相有断点或接触不实情况。

放完油后，将切换开关芯子吊出，发现绝缘桶内游离碳较多，切换开关表面完好，过渡电阻无烧蚀、断裂现象，过渡电阻值 3.4Ω，符合厂方要求（出厂值 ±10%）。各紧固件可靠。中性点放电间隙无明显放电迹象。进一步对其解体打开 C 相（L3）弧形板，发现单数位置主触头的动、静触头均有严重放电，烧毁面积较大。动触头已完全烧断，详见图 4-7 和图 4-8。

图 4-7 C 相单数分接位置动触头烧断变形

图 4-8 C 相单数分接位置弧形面板上静触头烧蚀变形

由于切换开关在切换过程中采用携带过渡电阻的过渡触头提前将其短接，避免主触头的拉弧放电迹象，限制了循环电流。同时，该开关过渡电阻良好，并且重瓦斯动作是在调压完成后发生的，主触头已经完成了单、双分接间负荷电流的正常转换。那么主触头的烧毁应该是在切换过程中主触头间承载了较大的循环电流相互拉弧放电引起的。

MR 技术人员对切换开关进行解体检查，首先对切换开关储能机构的弹簧和主触头接触情况进行全面测试检查，结果各项数据指标均符合厂方要求。因此，排除了由于机械传动部件疲劳或是主触头接触不实导致的触头间相互拉弧放电烧蚀。其次对切换芯子内部解体时发现 A 相弧形板主触头有烧蚀现象，C 相主触头烧蚀严重，C 相单数主通断触头下引线断裂，上部引线断裂，但外绝缘表皮完好。在对全部引线进行检查时发现 A 相主通断触头引线出现部分断裂现象。全部引弧触头（麻将块）烧蚀磨损不明显，详见图 4-9 和图 4-10。

图 4-9　A 相主通断触头引线出现部分断裂现象

图 4-10　C 相主通断触头下引线断裂

该切换开关引线均采用多股编制软铜线压在线夹上加绝缘护套制作而成。由于线夹制作工艺不良或是组装施工不当出现棱角，在切换过程中引线会上下摆动，由于线夹棱角使得引线长期摩擦受力断裂，同时引线设计较短，弧度不够，受力较大也是原因之一，从而导致主通断触头失去限流灭弧功能，将过渡触头到主通断触头间的循环电流（$I_n=1.5I_e$）和正常负荷电流直接作用于主触头间，使得主触头出现拉弧放电烧蚀，产生较多气体组分，增大切换开关桶内压力，压力突变引起绝缘油涌动，导致有载调压重瓦斯保护动作。由于引线制作加工工艺不良，调压过程中无法完成各触头间电流的正常传导，大电流直接作用于主触头导致烧毁是该事故的主要缺陷。

4.1.3　有载分接开关气体继电器流速整定错误

油灭弧有载分接开关容量不同，其动作过程中产生的油流大小不同，因此有载分接开关气体继电器流速整定需要与开关有效配合。

案例分析 2：某 220kV 变电站 3 号主变跳闸

某 220kV 变电站 3 号主变于 2015 年 6 月 6 日对变压器进行了例行试验，并对有载调压开关进行吊检，更换合格油。6 月 7 日送电后至 9 月 4 日期间未进行调压动作。滤油机处于停运状态。2015 年 9 月 4 日 14 时至 16 时 23 分 26 秒 421 毫秒时间段有 5 次调压动作。在完成第五次分接头（7 降至 6）转换后，16 时 23 分 27 秒 621 毫秒变电站发生 3 号主变调压重瓦斯动作跳闸，造成 3 号主变停运。检修班组到达现场检查保护装置（WBH-802A 型装置，许继生产），显示调压重瓦斯动作，动作时间 20ms。无其他保护动作，调压重瓦斯动作跳开变压器三侧受总开关。通过查看后台监控发现本次故障是在主变调压结束 1.2s 后 3 号主变调压重瓦斯动作、事故总动作。

有载分接开关参数：型号：MD Ⅲ 1000A/126D-10193W 钟，编号：15091001，额定工作电流：629.8A，级电压：1588V，过渡电阻（因为是四电阻过渡，所以分 R_1、R_2）：$R_1=1\,\Omega$、$R_2=2.46\,\Omega$，调压方式：正反调，安装方式：钟罩式。

现场保护装置、变压器各项电气、仪表指示除 3 号主变调压重瓦斯动作告警信息以外，各类数据均正常。通过综合分析判断导致变压器有载调压开关重瓦斯动作跳闸的可能性有以下 3 点：

（1）一是瓦斯继电器内部进水受潮导致跳闸、信号接点短路，造成保护装置误动。

（2）二是瓦斯继电器校验存在缺陷或是整定流速值偏低造成保护装置误动。

（3）三是有载调压开关内部存在缺陷，在分接头切换过程中发生故障，在高电压和电流作用下，引起较大涌流导致重瓦斯动作。

首先检查瓦斯继电器和所有保护装置，发现无调压轻瓦斯动作信号或是较多集气（详见图 4-11）现象，并且瓦斯继电器内部接线柱无受潮短接打火放电痕迹。对该瓦斯继电器（QJ4-25,沈阳四兴，2009 年 9 月生产）进行校验后发现均符合要求，整定流速为 0.99m/s。

图 4-11 对瓦斯继电器进行取油、气样分析

　　随即怀疑是否接入非电量的二次电缆受潮或是破损直流接地造成短路，使主变调压重瓦斯动作，检查发现现场没有直流接地的信号，监控后台无直流接地信号，直流接地选线装置无直流接地现象。又对 3 号主变非电量信号进行了实际传动，后台监控和非电量保护装置均能正确收到调压重瓦斯动作信号、调压轻瓦斯信号。对信号所接电缆进行了绝缘测试，符合绝缘要求，均大于 $20\text{M}\Omega$。对调压瓦斯继电器接点两端进行绝缘试验，结果也符合要求，排除瓦斯继电器进水导致接点导通的可能。并且通过观察有载调压开关配合使用的呼吸器油杯内油位过低，初步判断由于有载调压开关内部油流涌动造成内部气体膨胀推动呼吸器油杯内油溢出（当时雷雨天气，无法看出油杯壁上有无油迹），更加确定瓦斯继电器重瓦斯动作的可能性，并非二次回路误动。

　　主变的内部故障是由非电量保护来进行反映，差动保护对主变内部故障反映与非电量保护相比要慢，所以差动保护没有动作是正确的。通过对非电量保护装置和非电量二次回路的检查发现，二次回路电缆绝缘良好和保护装置内部动作正确、可靠。确定造成此次主变跳闸动作原因的是调压开关内部故障或调压瓦斯继电器误动作。

　　在排除二次回路造成误动后，对调压开关内部切换芯子进行吊检，发现内部油质较差，游离碳较多。主要集中聚集在瓦斯继电器内、切换芯子顶部、绝缘筒底部三个部位（图 4-12 ~ 图 4-14），绝缘筒壁较干净，无积碳和其他残留物质。

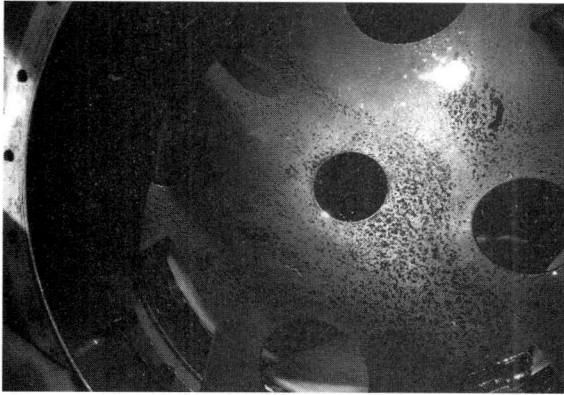

图 4-12　切换芯子表面聚集大量游离碳

图 4-13　瓦斯继电器内部聚集大量游离碳

图 4-14　绝缘筒底部放完油后聚集大量游离碳，壁表面干净

随后对切换开关进一步解体发现，芯子 C 相过渡触头烧蚀较严重（详见图 4-15），四组过渡电阻完好，阻值符合厂家规定值。

图 4-15 触头烧毁图

通过上述两点现象结合试验数据分析得出，有载分接开关在切换时主通断触头和过渡触头按一定的预设动作程序开断电流，开断电流时有电弧产生，该电弧的能量导致变压器油分解，从而产生碳粒。因此，油灭弧开关在每一次带负载切换时产生碳粒属正常现象。那为什么本开关比 M 型开关产生的碳粒要多呢？可以通过比较与 M 型开关的几点区别和特殊情况下的切换任务进行分析：

（1）MD（ZMG）型号开关开断容量、开断电流均比 M 型开关大。本型号开关三相最大开断容量为 2500kVA，最大额定通过电流为 1000A；M 型开关三相最大开断容量为 1500kVA，最大额定通过电流为 600A。

MD（ZMG）型号开关的开断电流非常大，根据 GB 10230.1—2007 术语定义，开断电流是指分接变换时，在切换开关或选择开关每个主通断触头组或过渡触头组或调换触头上所预计开断的电流。即开断电流 I_k= 负载电流 I_N± 环流 I（环流 I= 级电压 / 过渡电阻 R）。

若以最大开断电流进行计算，根据变压器及开关参数计算，开断电流约有 1100A，其切换容量约 1750kV·A，比 M 型开关的最大开断容量还大。变压器油分解的多少，取决于电弧能量的大小，而电弧能量又由开断容量大小确定，开断容量越大，其产生的电弧能量越大，电弧能量越大，其分解的变压器油越多，产生的碳粒也越多。因此，大容量、大电流的开关在切换时所产生的碳粒必然比 M 型开关（小容量、小电流）的多。

（2）触头结构的区别：①本型号开关参与开断电流的过渡触头比 M 型开关多。本开关每一相的过渡触头有 6 组，M 型开关每一相的过渡触头有 4 组。每切换一次，本开关所产生的电弧都比 M 型开关多，而每一次电弧都会分解变压器油，产生碳粒。②每一个过渡触头开断面面积均比 M 型开关的大，本型号开关过渡触头面积为 1250mm²、M 型开关过渡触头面积为 900mm²，因此在开断电流时每一次电弧烧损的面积比 M 型的大，产生的碳粒也比 M 型开关的多。从触头数量及结构分析，本型号开关必然比 M 型切换时产生的碳粒多。

（3）开关在每一次切换时，由于机械结构的运动推动变压器油，会生成油流涌动。本型号开关过渡触头数量比 M 型开关多，过渡触头面积比 M 型开关大，在相同切换时间下生成的油流涌动比 M 型开关大。特殊情况下的切换，即在某一次切换中，开断电流时，C 相电流的相位角正好在 90° 左右时，会造成 C 相开断电流熄弧困难，从而导致 C 相过渡触头烧损较 A、B 相严重的情况产生，同时开断能量急剧增加，产生油流涌动过快，油流涌动推动气体继电器重瓦斯挡板，引起跳闸。

（4）气体继电器的选择，油流控制继电器管道内油的流速与触头所切换电流大小直接相关。不同电流规格的分接开关，油流控制继电器管道内油的流速也就不同。因此，应选用不同的整定油流速度的油流控制继电器与之相匹配。现以 MⅢ600A 型双电阻过渡旗循环法的三相分接开关和 MDⅢ1000A 型四电阻过渡旗循环法的三相分接开关，其分接开关切换电流在正常满载或过载状态下切换时，油流控制继电器管道内油流速计算值见表 4-3 和表 4-4。

表 4-3　MⅢ600 分接开关在负载状态下切换参数计算

序号	计算项目	三相电弧触头同步开断		三相电弧触头不同步开断		
		主通断触头 K_1	过渡触头 K_2	主通断触头 K_1	过渡触头 K_{21}（先）	过渡触头 K_{22}（后）
1	开断电流（A）	600	822	600	670	893
2	电弧能量（W/kJ）	0.478	0.655	0.478	0.534	0.711
		每个切换单元 $\sum W$=1.133，三个切换单元 $\sum W$=3.4		切换不同步单元 $\sum W$=1.723，三个单元（扇形块）$\sum W$=5.17		
3	油体积流速 F（L/s）	0.102		0.155		
4	切换产生气体（mL）	10.2		15.5		
5	继电器油流（m/s）	0.208（$I=I_n$）		0.315（$I=I_n$）		
6	过载切换下继电器油流速度（m/s）	0.312（$I=1.5I_n$）		0.473（$I=1.5I_n$）		
		0.416（$I=2I_n$）		0.63（$I=2I_n$）		

注：上表是在 $R=nU_s/I$，n=0.577，$\cos\Phi$=1 下计算。

表 4-4　MDⅢ1000 分接开关在负载状态下切换参数计算

序号	计算项目	三相电弧触头同步开断			三相并联（单相）电弧触头不同步开断		
		主通断触头 K_1	过渡触头 K_2	过渡触头 K_3	主通断触头 K_1	过渡触头 K_2	过渡触头 K_3
1	开断电流（A）	1000	1000	733	3000	3133	2725.5

序号	计算项目	三相电弧触头同步开断			三相并联（单相）电弧触头不同步开断		
		主通断触头 K_1	过渡触头 K_2	过渡触头 K_3	主通断触头 K_1	过渡触头 K_2	过渡触头 K_3
2	电弧能量（W/kJ）	0.796	0.796	0.584	2.388	2.479	2.170
		每个切换单元 $\sum W=2.176$，三个切换单元 $\sum W=6.53$			$\sum W=7.037$		
3	油体积流速 F（L/s）	0.195			0.21		
4	切换产生气体（mL）	19.5			21		
5	继电器油流（m/s）	0.398（$I=I_n$）			0.43（$I=I_n$）		
6	过载切换下继电器油流速度（m/s）	0.597（$I=1.5I_n$）			0.645（$I=1.5I_n$）		
		0.796（$I=2I_n$）			0.86（$I=2I_n$）		

注 上表是在 $U_s=2500V$、$I_n=1000A$、$R_1=0.5U_s/I_n=1.25\Omega$、$R_2=1.5R_1=1.875\Omega$、$\cos\Phi=1$ 下计算。

从表 4-3 可以看出，对于 M Ⅲ 600A 型分接开关的切换开关切换电流在 2 倍负载电流时切换（开断容量试验），油室的油流控制继电器管道内产生最大油流达到 0.63m/s，考虑一定的安全裕度后，选用整定油流速度 1.0m/s±10% 的气体继电器是比较合适的。

从表 4-4 可以看出，对于 MDⅢ1000A 型分接开关的切换开关切换电流在 2 倍负载电流时切换（开断容量试验），油室的油流控制继电器管道内产生最大油流达到 0.86m/s，考虑一定的安全裕度后，选用整定油流速度 1m/s±10% 的气体继电器比较勉强，选用整定油流速度 1.2m/s±10% 的气体继电器是比较合适的。

综上所述，本型号开关在切换过程中产生的油流涌动比 M 型开关要大，由设备厂提供的本型号开关选择的气体继电器与 M 型开关一样，其油速整定为 1m/s（现长征开关 MDⅢ1000A 型号开关已更改为 ZMGⅢ1000A，并要求瓦斯继电器流速整定值为 1.2m/s，但未及时向用户告知）。这一数值适用于 M 型开关；而对于 MD（ZMG）型号开关，在切换过程中会因为油流涌动过大而造成气体继电器重瓦斯跳闸。瓦斯继电器流速整定值过小是这次变压器事故跳闸的主要原因。

（1）针对大容量、大电流有载调压开关配备的瓦斯继电器流速整定值过小我们认真结合台账进行排查，并及时进行整改。目前我公司有四台大容量、大电流变压器在运行，且调压瓦斯流速整定为 1.0m/s。

（2）联系相关有载调压开关厂家在适当的时候派员工到公司进行变压器有载开关技术交流，对变压器有载开关的运行检修维护工作进行持续的技术支持。

（3）对该变电站内 2 号主变有载调压开关进行了检修试验，对其瓦斯继电器进行了校验。

（4）结合各厂家相关技术标准，联系我公司实际情况制定了有载调压开关和瓦斯继电器运维维护检修策略。

4.1.4　切换开关绝缘筒壁静触头放电

如果切换开关芯子与绝缘筒壁静触头接触不良，则会造成筒壁静触头放电，这就要求有载分接开关吊检时严格按照厂家要求进行。

案例分析 3：某 220kV 变电站 1 号主变有载分接开关绝缘筒壁放电

2018 年 11 月 9 日，在某 220kV 变电站 1 号变停电进行有载分接开关吊检过程中，检修人员发现 C 相偶数侧动静触头积碳严重，有明显过热迹象，如图 4-16 所示。从图 4-16 可以明显观察到事故触头相比于正常触头颜色明显变黑。

图 4-16　现场图片

如图 4-17 所示为 ABB 有载分接开关工作原理图，载流支路为中性点、主触头、插入式动触头、静触头等元件，过热积碳肯定是由于接触电阻过大导致长期发热造成。经过检查发现，事故动触头压紧弹簧松动（图 4-18），其与静触头接触松动导致接触电阻过大，载流发热，最终导致积碳产生。同时，由于该支路长期过热，导致该支路主触头组中载流触头两个接触面也存在明显积碳，测量发现接触电阻 $1500\,\mu\Omega$，超出正常值的 $1000\,\mu\Omega$。

简壁静触头

插入式主触头

灭弧触头

载流触头

主触头组

过渡触头组

快速机构

ABB

切换开关

至分接选择器

过渡电阻

至中性点或相邻相

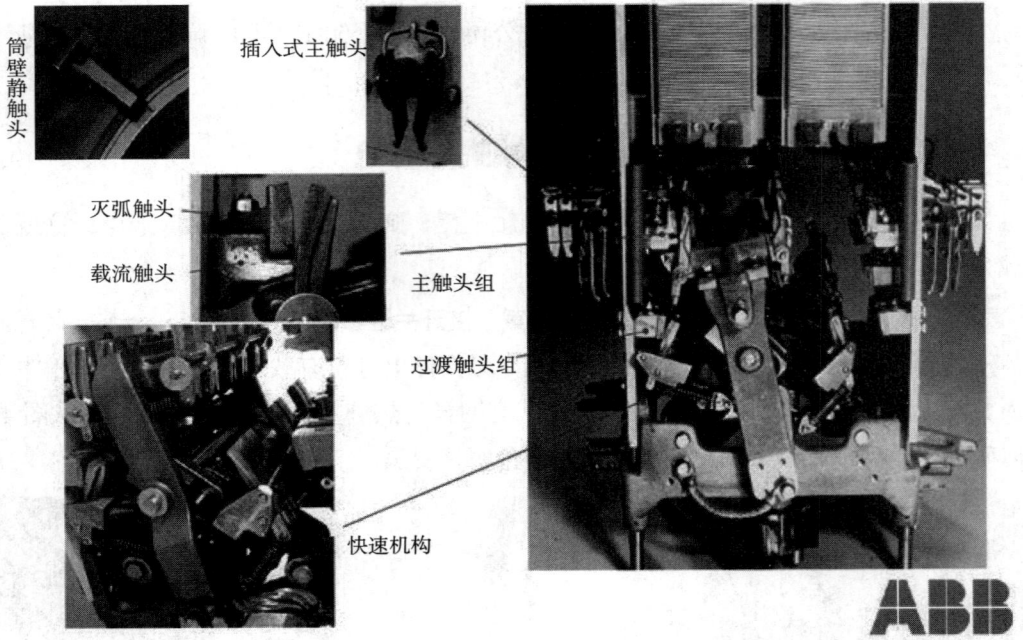

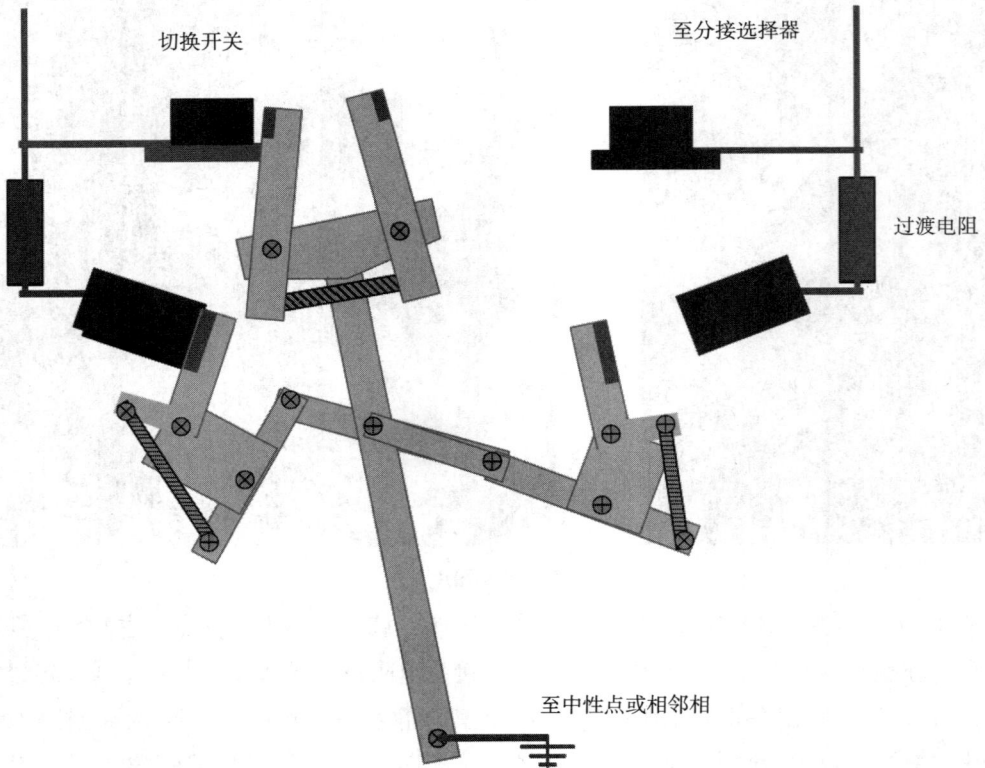

图 4-17 工作原理图

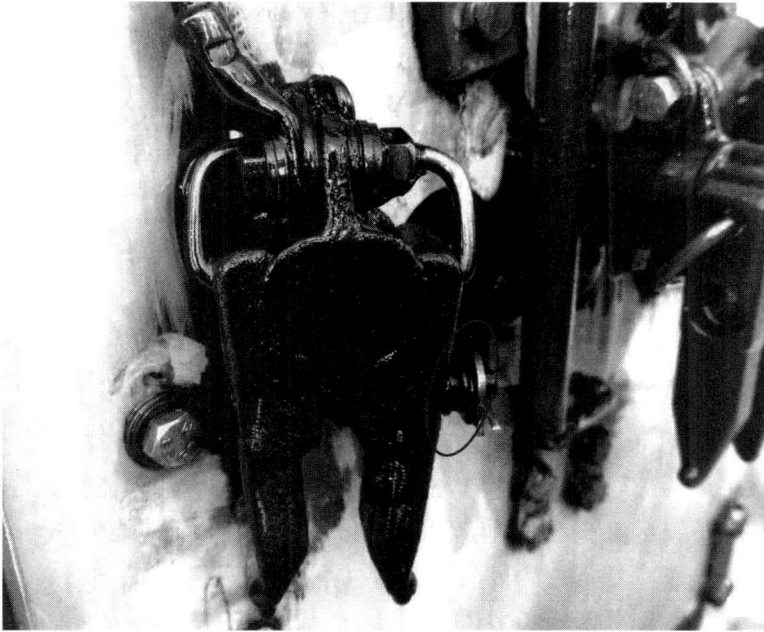

图 4-18　压紧弹簧

　　检修人员联系 ABB 厂家工作人员确定需要更换动触头。检修人员更换为新动触头后，使用百洁布擦拭筒壁静触头和载流触头各接触部位，如图 4-19 所示。有载分接开关切换芯子放回绝缘筒之后，对有载分接开关进行直阻、过渡电阻、动作波形等试验，各项试验结果均满足要求。

擦拭后的静触头　　　　　　　　　　　　　　　更换后的动触头

图 4-19　处理后图片

4.1.5 有载分接开关切换开关接触部位氧化造成变压器直阻异常

该类故障经常发生在 ABB 公司的钟摆型有载分接开关上，因为变压器直阻测量的是相套管和中性点套管之间的整体电阻，如果有载分接开关的选择开关或者切换开关触头接触不良，则会造成变压器直阻不合格。

案例分析 4：某 110kV 变电站 1 号主变直阻不合格

2020 年 3 月，试验人员在对某 110kV 变电站主变压器进行停电例行试验时，变压器高压侧直流电阻测试结果如表 4-5 所示（直流电阻测试电流选择为 10A，以下皆同）。该主变型号为 SFSZ9-31500/110，《国家电网公司变电检测通用管理规定第 22 分册直流电阻试验细则》4.1.1（a）规定，"1.6MVA 以上变压器，各相绕组电阻相间的差别，不大于三相平均值的 2%（警示值）；无中性点引出的绕组，线间差别不应大于三相平均值的 1%（注意值）"。经过计算，表 4-5 中的数值满足三相不平衡率要求。但是通过与表 4-6 的上一次直流电阻数值对比，以 A 相 1 分接位置为例，此次直流电阻数值比上一次增加 2.4%，不满足《国家电网公司变电检测通用管理规定第 22 分册直流电阻试验细则》4.1.1（d）中"同相初值差不超过 ±2%（警示值）"的要求，需要进行处理。

表 4-5　变压器直流电阻数值

R/MΩ	1	2	3	4	5	6	7	8	9
AO	346.3	338.2	331.7	324.1	315.5	317.1	310.2	303.0	295.7
BO	346.2	338.2	331.3	324.1	315.5	317.1	310.2	303.2	295.5
CO	348.1	340.6	333.7	325.9	317.1	319.3	312.3	305.1	297.6

表 4-6　变压器上一次直流电阻数值

R/MΩ	1	2	3	4	5	6	7	8	9
AO	338.1	330.1	323.9	316.1	311.5	309.6	301.2	295.3	287.1
BO	338.5	330.3	324.3	316.1	312.3	310.1	301.7	295.8	287.5
CO	340.0	332.1	325.5	317.8	313.1	311.3	303.1	296.8	289.0

如图 4-20 所示，正常直流电阻测量时，测量引线需加持到变压器引线上，现场为了操作简单，通常将测量引线直接加持到套管将军帽接线板上。所以怀疑是变压器引线与将军帽接触不良，于是检修人员分别对 A、B、C 三相和中性点套管将军帽进行拆卸、打磨，重新安装以后，再次测量直流电阻，测量结果基本没有变化，表明故障原因不是出现在套管上。排除套管原因以后，怀疑是有载分接开关问题，于是对有载分接开关进行吊芯检查，图 4-21 为有载分接开关切换芯子。

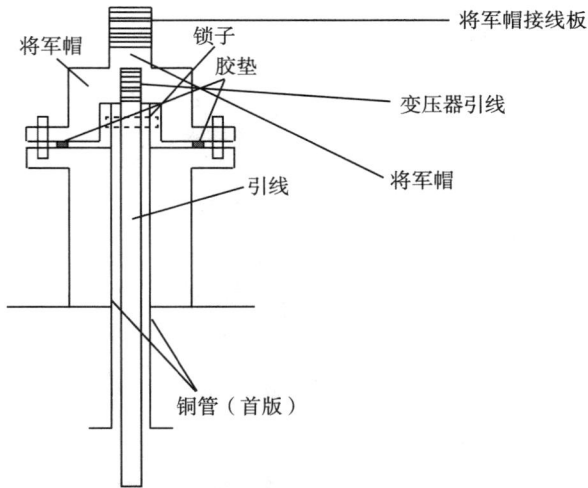

图 4-20 套管结构图

图 4-21 有载分接开关切换芯子

　　吊芯之后首先检查切换芯子插入式触头与切换芯子桶壁静触头是否存在放电痕迹，经过检查各触头接触良好。然后检查切换芯子各动静触头，也不存在明显放电痕迹，于是测量切换芯子触头间的接触电阻（图 4-22），测量结果如表 4-7 所示。根据 DL/T 574—2010《变压器分接开关运行维修导则》附录 A.1.1.1 规定，"触头各单触点的接触电阻不大于 500 μΩ"，则表 4-7 中接触电阻均不满足要求。正常工作时，电流通过载流触头，因此测量接触电阻也是对应的载流触头。用有载分接开关触头专用打磨纱布对载流触头以及对应的动触头接触部位进行打磨，确保都是光亮颜色以后（如图 4-23 中实线圆中所示），再次进行触头接触电阻测量，测量结果如表 4-8 所示。

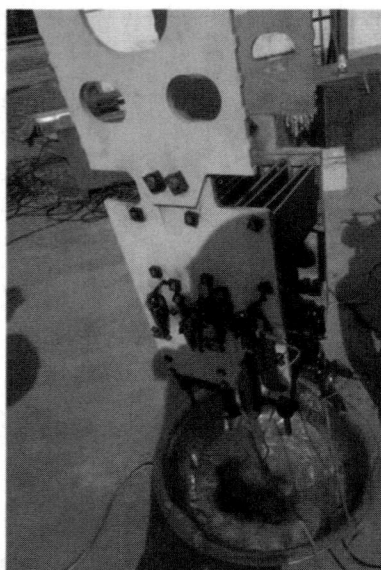

直流电阻测试仪

图 4-22　切换芯子接触电阻测量

表 4-7　接触电阻测量结果（原始）

电阻 /MΩ	A	B	C
奇数侧	5.92	5.88	5.82
偶数侧	5.82	6.01	6.05

图 4-23　直流电阻分析图

表 4-8　接触电阻测量结果（打磨触头后）

电阻 /MΩ	A	B	C
奇数侧	5.58	5.72	5.69
偶数侧	5.69	5.81	5.72

从表 4-8 可以看出，打磨触头以后，接触电阻虽然有所降低，但是接触电阻仍然超出要求的限值，表明故障原因不在触头部位。结合图 4-22 和图 4-23 分析可知，接触电阻测量回路为图 4-24 中虚线箭头所示，除了主触头组与动触头载体之间是横轴连接（图 4-24 中的虚线圆所示），其他部分都是硬性连接。硬性连接不存在接触面，所以不存在接触电阻增大的问题。现场检修人员怀疑问题出现在横轴连接处，于是对横轴连接部位喷涂除锈剂，并且反复多次操作切换芯子，重新按照图 4-22 测量接触电阻，接触电阻数值下降明显。接着再反复多次操作切换芯子和喷涂除锈剂，接触电阻测量结果如表 4-9 所示。由表 4-9 数据可以看出，接触电阻满足要求。重新进行变压器绕组直阻测量，测量结果如表 4-10 所示。

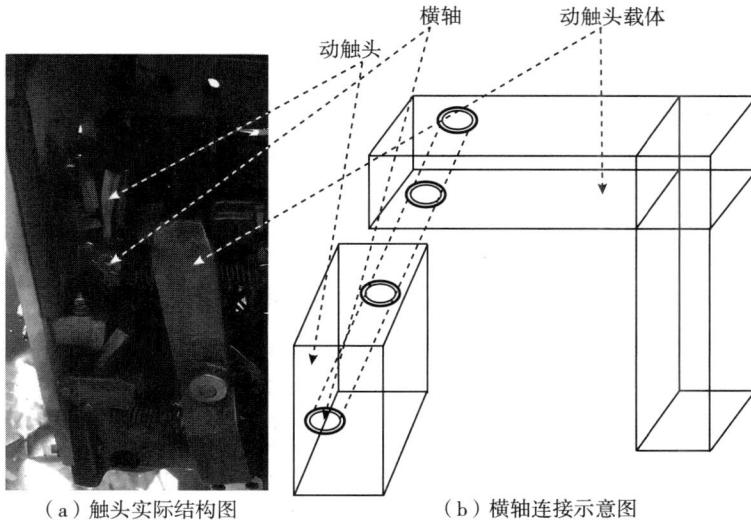

（a）触头实际结构图　　　　（b）横轴连接示意图

图 4-24　横轴连接示意图

表 4-9　接触电阻测量结果（最终）

电阻 /MΩ	A	B	C
奇数侧	0.48	0.42	0.45
偶数侧	0.39	0.41	0.42

表 4-10　变压器直流电阻数值（处理后）

R/MΩ	1	2	3	4	5	6	7	8	9
AO	338.5	330.5	324.1	315.9	311.5	309.2	301.5	295.1	287.4
BO	338.4	330.3	324.5	315.8	312.3	309.6	301.2	295.5	287.3
CO	339.8	332.5	325.1	317.5	313.1	311.1	303.4	296.7	288.7

4.1.6　切换开关芯子储能弹簧故障

储能弹簧随运行年限增加会产生疲劳现象，油室进水造成弹簧锈蚀受损，影响其机械强度以及使用寿命，导致弹力减弱、断裂或机械卡死等故障，故障现象表现为有载开关不切换或切换开关切换时间延长。M 型有载开关快速机构采用压簧结构，弹簧断裂后切换开关切换时间可能反而减少。

4.1.7 过渡电阻断开或松动

过渡电阻断开或松动，可能会造成整台变压器烧毁。如果过渡电阻在已烧断的情况下带负荷切换，不但会使负载电流间断，而且会在过渡电阻的断口上以及动、静触头断开口间出现全部相电压。该电压不仅会击穿电阻的断口，也会在动静、触头断开时产生强大的电弧，从而导致变换的两分接头间短路，造成高压绕组分接线段短路烧毁。同时，电弧将开关油室的油迅速分解，产生了大量气体。如果安全保护装置不能立即排出这些气体，就会使开关破损。电弧的能量也可使开关绝缘筒烧坏，致使开关无法修复。防范措施为加强对过渡电阻的检查，如：

（1）在变压器出厂以及运行前和大修后，必须对过渡电阻进行全面细致的检查，查看电阻丝有无机械的破损、是否存在松动的情况，从而避免因为切换时局部产生过大的热量而使其烧断。

（2）当有载开关的运行年龄在 2 年以上或是有 20000 次以上的切换时，就需要对过渡电阻的材质进行细致的检查，查看电阻是否变形或是材质变脆，是否会松动。进行过渡电阻试验（必须测量弧触头与主触头之间的值），误差不允许大于 ±10%。

（3）运行中如有在变压器超过额定电流的大电流情况下切换，应检查过渡电阻是否烧毁。

（4）发生过有载开关不切换的情况，即快速机构主弹疲劳或断裂不工作、传动系统损坏、紧固件松动、机械卡死、限位失灵等，使开关不能切换和切换中途失败以及切换程序时间延长超过规定值时，必须检查过渡电阻是否烧毁。

4.1.8 传动轴扭断故障

组合式的分接开关传动轴包括在切换芯子支撑板上部伸出的与头部齿轮啮合的连接轴、中间的绝缘转轴、穿过触头系统的传动轴以及油室底部的输出轴。其中只要有一根轴断裂，分接开关就不能正常工作，因此在分接开关设计时，必须考虑这些轴之间的力矩配合，考虑更换轴的工作量。由于筒底输出轴更换最困难（涉及变压器吊罩或吊芯），工作量非常大，因而整个传动输出系统须设置一个薄弱环节，在正常的最大扭矩下，保证分接开关的操作；在异常情况下所需的扭矩增大到轴切断的整定值时，薄弱环节处断裂，以起到保护其他轴的作用，减少更换轴的工作量。这个薄弱环节通常设置在顶部的连接轴上，在连接轴上有一比较细的部分，更换时只需吊出切换芯子即可。

有载开关若在卡涩、过挡等状态下调压操作，传动轴将被扭断，防止切换、选择配合不当而损坏切换开关和变压器本体内的选择器，造成更大的事故，见图 4-25。

传动轴断裂

图4-25 传动轴断裂

发生分接开关传动轴弯曲扭断故障的主要原因有以下几种：

（1）电气限位装置和机械装置失灵，开关滑挡调压至极限位置时扭断主轴。

（2）分接开关与电动机构连接错位。电动操动机构与分接开关不在同一位置上连接，这样就造成了在一个动作方向电动操动机构已经走到了端点位置，分接开关还没到达端点位置；而在另一个动作方向电动机构还没到端点位置，分接开关已经到达了端点位置。这时电动操动机构可以继续朝这个方向动作，而分接开关本身的限位装置阻挡分接开关继续向前动作，以保护分接开关避免做整个分接绕组电压下的分接变换操作，这时就会造成断轴。虽然电动操作机构具有两极限位置保护的功能，但是这个保护功能只有在电动机构与分接开关正确连接的情况下，才能真正地对分接开关起到保护作用。这种连接错误通常发生在安装调试过程中、重新连接水平或垂直传动轴后。为了避免出现连接错误，只要强调分接开关与电动机构脱开连接后重新连接，就必须重新进行连接校验，并且作连接正确性的检查，只有在手动检查正确的前提下，才能做电动操作。

（3）分接选择器或触指严重变形。在这种情况下，选择器的动触头与静触头顶死，不能闭合到正常位置，或动作力矩增大，也会造成断轴事故。要处理这种情况下的断轴事故，不仅要更换轴，还需变压器排油吊罩解决选择器变形的问题，否则将无法彻底解决问题。造成选择器变形的主要原因是分接线圈接至选择器的引线过短，安装分接开关的工艺不能满足分接开关的安装要求，实践证明，与选择器本身的绝缘支撑杆的机械强度无关。选择器的变形处理，涉及的工作量大、时间长、所需费用大。因此，对分接开关的安装，必须予以足够的重视，用严格的安装工艺来保证，避免在运行中出现问题后再重新解决引线的长度问题。

如果断轴发生在两极限挡位附近的位置，通常是由于错位引起的，而发生在其他位置时，可能是选择器变形造成的。一旦发生分接开关传动轴断裂故障，运行中分接变换操作后，电压表、电流表无相应变动，分接档位指示无变化。为避免传动轴扭断故障发生在安装或检修时应先手动调试，确认有载开关连接校验合格，并在极限档位电气、机械闭锁动作正常后再进行电动操作。另外，对于复合式的分接开关，也存在连接错位的问题，但事故的现象可能表现为电动操动机构上的电动机烧坏。

案例分析 5：某 110kV 变压器有载分接开关防爆膜破裂

2018 年 5 月，某变压器（SZ9-40000/110，配 M 型有载分接开关）在由分接 2 向分接 1 调压的过程中，有载分接开关瓦斯继电器动作，三侧开关跳闸。现场检查发现：分接开关油箱顶部的防爆膜炸裂，分接开关四周喷出大量变压器油，分接指示有载开关本体为 1，机构指示为 2，变压器外部其他部件未见异常。对变压器进行电气检查试验和对本体油取样进行色谱分析发现，色谱分析数据正常，各类绝缘项目及电压比、直流电阻等特性项目均正常。通过外观检查和试验情况判断，故障点应在切换开关。通过吊芯检查发现，切换开关过渡电阻烧断，部分单数侧触头放电严重并烧蚀，油箱底部有烧熔的铜屑和过渡电阻丝，转轴从底部扭断。判断故障是由于安装错位，调压至极限位置时过挡和燃弧而引起的。

由于当时该变电站只有两台变压器运行，且负荷较重。考虑单台变压器运行容量不足、可靠性差，新的分接开关又不能短期到货，故障变压器不允许长期退出运行。根据变压器本体试验和综合分析情况，将该变压器改为无载变压器临时投入运行。具体做法是：现场将切换开关手动切换到正常的双数触头侧，测量各触点接触电阻正常，回装至油箱内，注入合格的变压器油，拆开切换开关和机构连接的传动轴，测量该位置的变压器绕组直流电阻三相平衡，且与上次试验数据比较，判定合格，并确认实际位置在分接 2，校核分接开关瓦斯和变压器本体瓦斯继电器能够可靠动作，同时将另一台变压器调压机构也固定在分接 2 运行并闭锁调压操作，变压器送电后每周取油样色谱跟踪分析正常。

4.1.9　有载开关切换波形问题

由切换开关的动作原理可知，切换开关在切换过程中，随着过渡电阻的接入与拆除，整个回路中电流值随时间有规律地改变，使用光线示波器测量切换过程中的直流电流，将这一变化以图形方式记录下来，就是有载开关的切换波形。一般将开关浸在油中测量，应在每相单、双数位置上测量正反方向的切换程序与时间。切换波形能反映开关切换程序及触头开合顺序是否正常、触头接触情况与烧损程度、断弧是否可靠、三相是否同步等。通过测量有载分接开关的过渡波形并与标准波形进行比较，可以看出切换开关能否正确动作，根据波形进行综合分析，可较准确、有效、快捷地诊断出开关故障，所以在有载分接开关检修中被广泛应用。

现场不正确的操作可能会使波形产生误差，导致错误判断，因此需要采取正确规范的操作，影响有载开关切换波形的因素有以下几种：

（1）测试仪器电压和电流都较低，易受干扰。

（2）测试时有载开关触指有油膜。

（3）有载开关机械振动较大。

（4）有载开关油室内变压器油中杂质较多。

（5）有载开关过渡电阻值的大小。

（6）连同变压器一起测量，变压器线圈有电感，致使波形过零。

（7）示波器的因素。有载开关波形是示波器采集电信号，然后转化为数字信号，即模拟转数字，最后合成示波图。示波器影响有载开关波形的因素如下：

①示波器应有预触发功能，可避免有载开关波形记录提前或滞后，影响波形形状。

②有一些单片机控制的示波器，处理能力差，设备先天不足。

③采样频率，有的示波器采用固定频率且频率低。常规示波器采样频率是6000Hz。理想的示波器采样频率应可以在1~400000Hz设定。

④有的示波器有载开关波形成型时，数据经过集中处理，可能影响有载开关波形理想的示波器，数据应该随时采样，随时处理成型，才可以反映有载开关的真实情况。

有载分接开关波形测试原理虽然简单，但由于多种原因，所得的波形很难与标准波形吻合，这就要求检修人员进行综合分析。

（1）直流电源电压测量有载分接开关波形时，由于直流电压较低，分接触头表面过于光滑，会因为油膜隔绝而出现波形中断，这是一种假象，一般中断时间在2~3ms可以不考虑，当中断时间大于4ms时，应查明原因。

（2）波形出现抖动现象，主要是由于触头闭合时机械冲力所致。当带绕组进行试验时，由于电感的变化，抖动会更大，分析问题时可以忽略，触头振动时间通常不大于4ms。

（3）在波形测量时，一般要测量从单到双和从双到单两次波形，这是分接开关动作的两个方向。对两次波形进行对比分析，一般有故障的分接开关在两次波形相同的部位都会出现异常。

（4）要特别注意断波、半波以及转换程序无规律的波形，此类波形一般反映分接开关触头烧伤、过渡电阻断裂以及其他机械上的故障。

（5）在波形分析时还要结合变压器直流电阻、电压比的试验数据进行分析。直流电阻和电压比反映的是分接开关的静态状况，但当分接开关触头烧伤、接触不良以及分接开关位置不对时，三相直流电阻不平衡以及电压比误差会超过规程要求。总之，在分析波形时，主要看总切换时间和各个动作过程次序是否正确，而不一定要得到各段时间和过渡电阻值的确切值，也不能仅仅因为测试波形与标准波形不完全一样就盲目得出有载分接开关存在问题的结论。

案例分析6：某110kV变压器有载分接开关波形抖动

某变电站1号变压器（型号为SFSZ7-31500/110配M型有载开关，过渡电阻值9.62Ω）于2001年10月停电检修，测试分接开关发现波形不正常，开关动作同期性较差，见图 4-26，特别是 B 相，在切换过程中有多处抖动且有重合处。

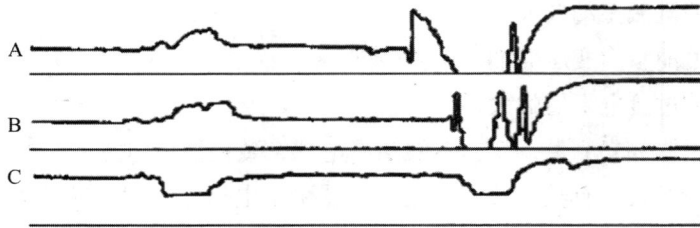

图 4-26　开关动作同期性较差

改用换相供电的方法测试，依然是 B 相不好，见图 4-27。

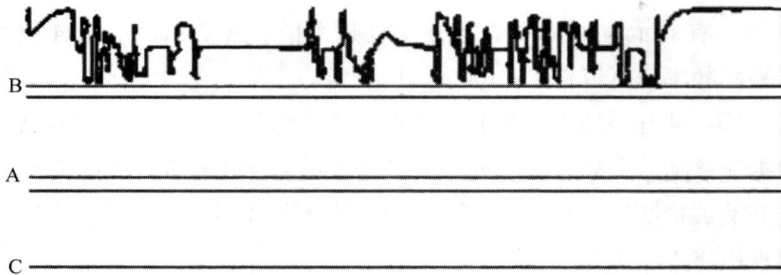

图 4-27　B 相波形抖动

经过故障分析，测试发现波形不正常的可能性有：①过渡电阻断裂；②切换开关动静触头烧蚀严重，接触面严重磨损；③过渡电阻连接不良。进行停电吊芯检查发现，切换开关动、静触头烧蚀严重，特别是 B 相接触面已经全部严重磨损，有载开关油室内的油已经严重碳化，呈黑黄色。将切换开关动、静触头烧蚀严重的触头，特别是 B 相部分进行更换，触头烧蚀较轻的进行简单打磨处理，紧固其压力弹簧，增加触头的压力使其达到接触良好的目的。

对部分触头进行处理后，更换变压器油，回装分接开关测试波形良好，见图 4-28。

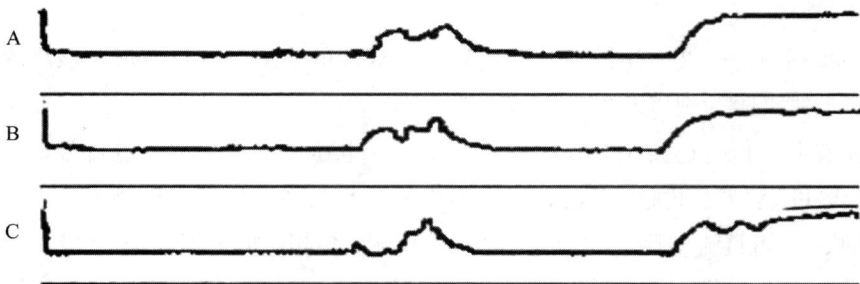

图 4-28　波形恢复正常

案例分析 7：某 110kV 变压器有载分接开关波形断开

某变电站一台变压器检修预试时（型号为 SZ9-40000/110，配 M 型有载开关），在分接开关调试中发现有断电现象，怀疑分接开关内部有故障，在对分接开关试验检查中发现测试波形不正常，见图 4-29。

（a）分接4挡到5挡切换波形

（b）分接5挡到4挡切换波形

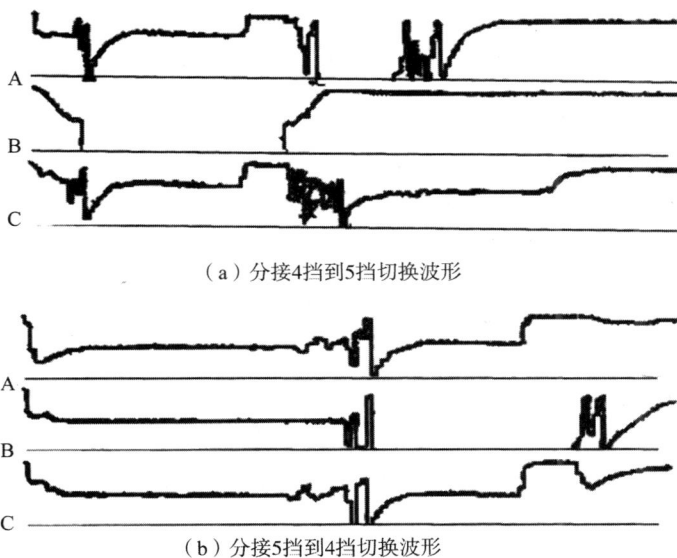

图4-29　测试波形不正常

这种开关切换过程及对应的波形示意见图4-30。

当开关由单到双切换时，动触头与静触头接通分析的顺序是：曲线①是正常情况。如过渡电阻R_2与静触头3的连接线断开时，当动触头仅仅和静触头3接通时，回路呈现开路状态，过渡电阻无限大，波形曲线变为零，如曲线②所示；由双到单时情况相同，只是反方向，先出现开路状态。

图4-30（a）中，4到5切换时应先接通双数侧的过渡电阻，但是波形曲线已经和零电流线重合，桥接（单数侧电阻和双数侧电阻并联时）后接通单数侧正常；图4-30（b）中，5到4切换先接通单数侧为正常，桥接后波形曲线已经和零电流线重合。对照两张波形图可以确定B相双数侧过渡电阻开路，可能是双数侧过渡电阻断裂或过渡电阻连接不良。

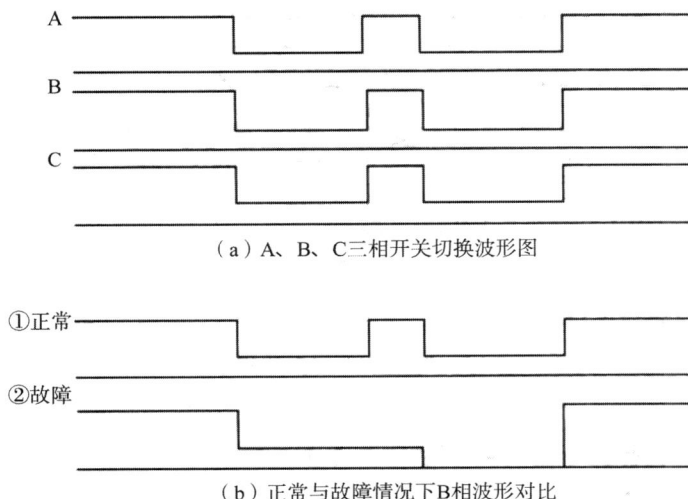

（a）A、B、C三相开关切换波形图

（b）正常与故障情况下B相波形对比

图4-30　开关切换过程及对应的波形示意

对测试波形图进行分析后，进行有载开关吊芯检查和测试，发现绝缘筒内侧 B 相双数位置静触头与切换开关 B 相双数位置过渡电阻连接导线的固定螺栓（M6X16）断开，剩余螺栓（约 12mm，带弹簧垫圈）连接在导线上倾斜至旁边，致使 B 相双数过渡电阻处于开路状态。经过测量 A、B、C 三相过渡电阻值，均符合技术要求，过渡电阻正常。原因是 B 相双数位置静触头连接过渡电阻导线的内螺纹损坏，无法固定导线螺栓，将静触头更换后，测试波形正常。

案例分析 8：某 110kV 变压器有载分接开关出现半波

某 110kV 变压器组合型有载分接开关，型号为 CM-600Y/60C-10193w，2008 年 4 月投入运行。2009 年 4 月 16 日对其进行变压器预防性试验，变压器直流电阻三相误差在规程规定的范围内，分接开关过渡波形见图 4-31 和图 4-32，与标准波形相比，此分接开关变换程序正确，有规律性，但波形在 C 相出现半波现象。

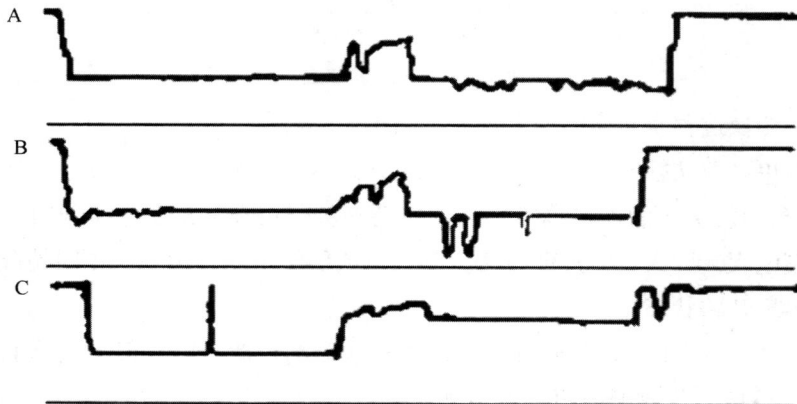

图 4-31　分接 6 档到 7 档过渡波形

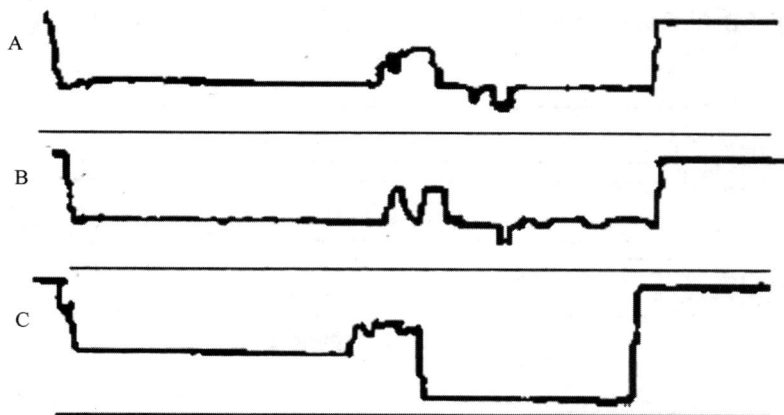

图 4-32　分接 7 档到 6 档过渡波形

吊芯检查时，对相应的动静触头进行检查、紧固，测量过渡波形与带绕组时一致，未发现故障部位。再测量过渡电阻，发现有一过渡电阻在焊接处开断，重新焊接过渡电阻并测试波形正常，见图 4-33。由此说明 C 相出现半波的原因是过渡电阻焊接处开断。

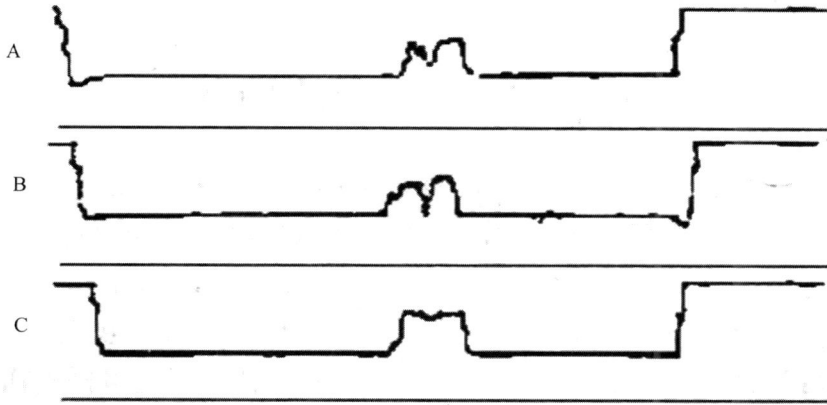

图 4-33　重焊过渡电阻后分接 6 档到 7 档过渡波形

4.1.10　有载分接开关绝缘油故障

变压器油是分接开关最基本的绝缘材料，它作为绝缘和灭弧介质，还具有冷却、润滑、防腐蚀作用。由于有载开关在正常运行中切换电压时会产生电弧，在电弧的作用下，开关油室中的绝缘油被分解，并析出游离碳、氢和乙炔等气体及油垢，气体一般会从绝缘油中排出，但游离碳微粒和油垢的一部分混在绝缘油中，一部分积在开关的绝缘件表面。此外，还有少量触头材料融化后溅射出来的金属微粒也留在绝缘件表面。这些沉积物的增多，会增加泄漏电流，降低绝缘电阻，最终导致油沿绝缘表面放电，使开关损坏。如果油中所含的水分较低，在正常的检修周期内还可以满足对绝缘的要求。一旦由于某种原因，如有载分接开关的密封不严，雨水侵入，使油或有载开关中的固体绝缘物受潮时，油中的杂质与水分结合使开关各部件的绝缘性能急剧下降，在电压的作用下会发生放电性故障，使有载开关严重损坏。因此，防止有载开关受潮和油耐压降低，定期检查和定期更换合格的变压器油，并对绝缘件表面做清洁处理，是检修工作的重要内容，在检修与换油时更要严格把关，预防事故发生。

此外，也可安装在线滤油装置，用于有载分接开关绝缘油的循环过滤、净化和干燥。该装置与分接开关配套使用，能够在变压器运行下有效去除分接开关油中的游离碳及金属微粒，并可降低油中的微量水分，确保油的绝缘强度，有效提高有载分接开关的工作安全性和可靠性，从而减少停电检修次数，延长检修周期。

案例分析 9：某 110kV 变压器有载分接开关轻瓦斯频繁动作

一台 110kV/50MVA 主变压器进行有载开关检修，检修中更换了开关中的油。检修后运行 1h 内有载开关的轻瓦斯保护频繁动作，1h 后有载开关和本体的重瓦斯动作跳闸，有载开关上盖崩开并严重变形，油枕中的油漏掉。事故后吊罩检查发现：油室内固定过渡电阻的绝缘板上有多处放电痕迹，有载开关触头位置正常，排除有机械故障的可能，通过仔细的检查发现，在油室底部有两滴水，又对检修用的油和油桶进行检查，发现检修用的油桶底部剩油中含有水分。事故的原因是检修用的油桶由于保管不严进了雨水，在注入新油之前没有仔细检查，使有载开关中进入水分，造成过渡电阻连接片之间以及过渡电阻连接片与中心吊环之间爬电击穿，由于多点放电的能量很大，油的急剧膨胀使有载开关油室炸开。

4.2　动力部分故障

变压器有载分接开关电动机构主要用于控制有载分接开关正常运行工作，接受就地 /远方 / 电操控制命令，完成调档任务，确保用户端电压控制在可接受范围内，表 4-11 所列为电动机构的主要任务。

表 4-11　电动机构功能列表

序号	内容	备注
1	手动操作	
2	电动操作	
3	远控操作	
4	极限位置保护	
5	相序保护	
6	手动操作保护	
7	控制电压临时失压后自动再启动功能	
8	紧急断开电源保护（即紧急脱扣）	
9	位置指示功能	
10	调压（上升 / 下降）功能	
11	有一组采用十进制编码方式的插头，专用于 HMC-3C 型远方档位显示器的连接	常规
12	级进控制	
13	加热驱潮功能	
14	计数器	
15	一组一一对应的位置信号无源接点接至端子排	
16	一组用于远方控制的接线端子	
17	电机运转指示引一对接点至端子排	
18	L/R "远方" 位置指示接点引往端子排	
19	过流闭锁节点 X1-29，X1-30（输入无源常闭接点 NC）	
20	滤油机启动信号 X1-31，X1-32（输出无源常开接点 NO）	
21	在档位显示器输出一组 BCD 码位置信号	
22	调压电源消失无源接点一组（Q1 脱扣信号 NO)	

4.2.1 传统电动机构箱故障

传统的机械型电动机构主要依靠电动机构箱内接触器、行程开关、凸轮开关以及各种控制器件组成的控制单元完成表 4-11 所示各种功能，即使控制器内存在微处理器（不具有编程功能），也只是简单完成命令传递功能。

4.2.1.1 开关连动（滑档）

如图 4-34 所示为有载分接开关二次回路图，有载分接开关调压时，发出一个指令只进行一级分接的变换，而开关连动就是发出一个调压指令后，连续转动几个分接，甚至到达极限位置。连动原因有以下几方面：

（1）交流接触器铁芯剩磁的影响，使接触器接点粘连或释放过慢，当断电后接触铁芯不能马上分离，造成电动机构在一级分接切换后重新得电动作。处理方法是更换接触器，也可在触头接触面用砂皮打磨和汽油清洗。

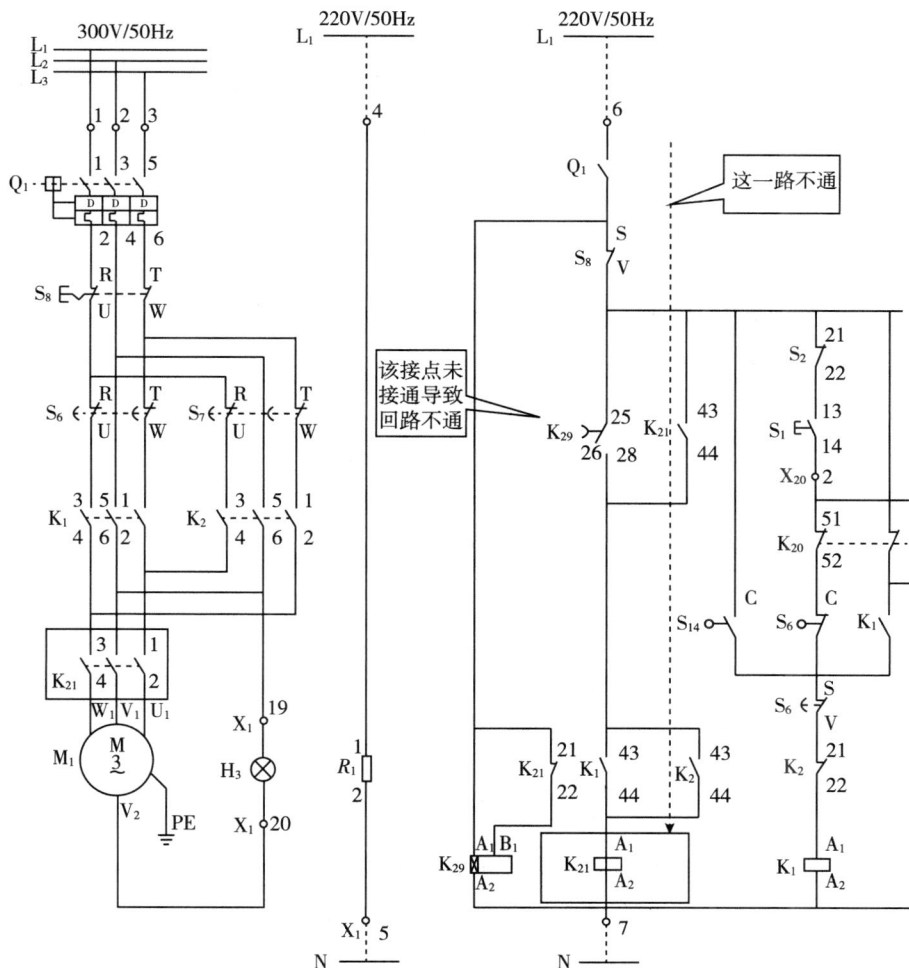

图 4-34　操作机构电气原理图

（2）限位开关处的上下凸轮调整不当，先后动作顺序错乱，导致绿色带域中的红色标志不在窗口中心。上下凸轮的调整必须以绿色带域中的红色标志停在窗口中央为准，调整时松开凸轮的紧固螺钉，用手转动凸轮，反复试转几次，以各凸轮动作顺序以图纸设定要求为准。

（3）行程开关小轴下面有一个弹簧，它的作用是当凸轮转动后，弹簧绷紧储能。当行程开关上的滚轮快速掉到凹处时，切断操作电源。当弹簧疲劳过度失去弹性后，行程开关不能马上切断电源，造成联动。因此，弹簧失去弹性，如有轻微变形可互换调整，使其恢复弹性。

（4）电动机所带的变速箱出口处有一牛皮碗，在电动机短路制动后，由于惯性作用，轴会继续旋转，用它来刹车阻尼。当牛皮碗浸泡在油中时，摩擦力降低，惯性使行程开关触头接通，也可造成联动。因此，需定期用汽油清洗牛皮碗。

4.2.1.2　分接切换过程中停止

分接过程停止的原因可能有以下几种：

（1）操作电源断电。

（2）电源相序错误。当外接电源相序与电动机内部设定的相序不符时，如进行升降操作，当分接变换指示轮驶出绿区 2～3 格时，相序保护动作，使自动空气开关脱扣断开电源，电动机停止运转。上述现象的处理较为简单，只要调整一下电源相序即可正常工作。

（3）凸轮开关问题。

①凸轮开关位置移动或启动动合接点不能正常闭合。

②凸轮开关动作顺序不对。应更换、调整凸轮开关，然后进行校验。

（4）极限位置错误。

①电动机构在极限位置时，极限停止挡块靠前，使限位开关提前断开。②电动机构与开关连接不当，造成开关极限位置时机械限位提前起作用。

4.2.1.3　分接切换停止时红线偏移

（1）若是单方向偏移，是因为凸轮松动移位，可松动凸轮上面（或下面）一片，调整其缺口开角的大小。

（2）若是双向偏移，可能是由于级进位置显示盘上的红线不能对准基线而略有偏移，但只要仍在绿色区内，就不会影响使用。当偏出绿色区时，可能是接触器铁芯剩磁或电机制动系统故障，可进行相应调整处理。

4.2.2　智能型电动机构箱常见故障

智能型电动机构通过具有编程功能的微处理器完成表 4-11 所示各种功能，而电动机构箱只简单完成电动机启停功能。相对于机械型电动机构，智能型电动机构不存在行程开关、凸轮开关等机械部件，具有更高的运行可靠性。

如果有载分接开关无法调压，首先应该考虑电路故障，电路故障主要分为以下几种。

4.2.2.1 控制器故障

由于智能型电动机构主要依靠控制器来控制电动机完成调档操作，所以控制器故障直接影响调档正常进行，其故障主要分为以下几种。

（1）空开跳闸。控制器故障应首先检查空开是否闭合，空开容量必须大于控制器保险丝容量，如果空开容量不足，合上就会跳闸，所以需要核对空开容量是否满足要求，确保电源处不存在故障。

（2）保险烧毁。如图4-35所示，如果检查空开没有问题，但是控制器仍然没有显示，则需要检查保险是否完好，并核对保险丝容量是否满足要求。

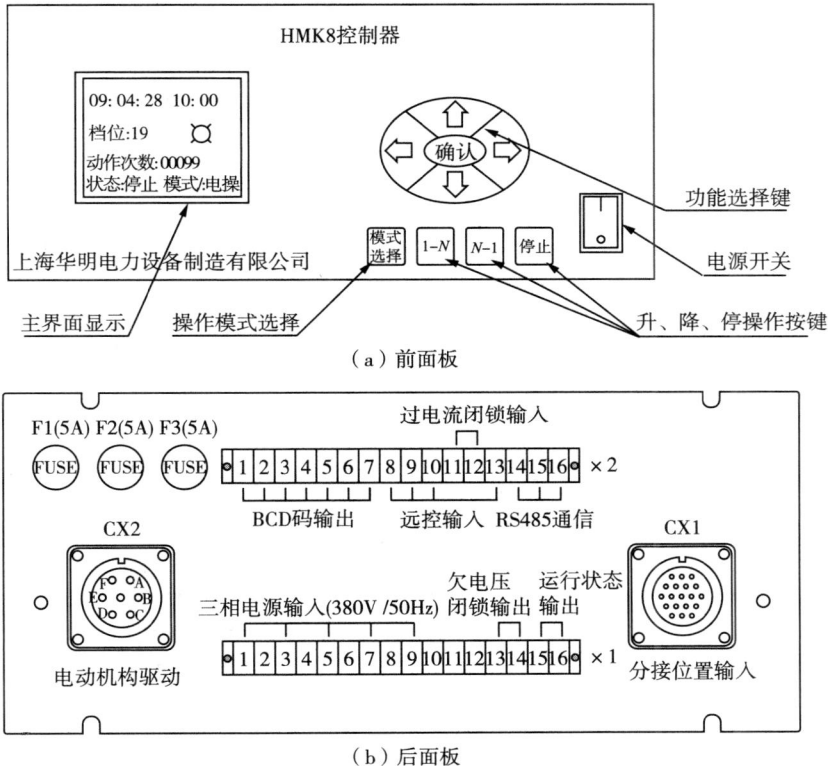

图4-35 控制器前/后面板

（3）电源线错接。用户的三相五线制AC380V电源的相线需要通过三相空气断路器后用电缆与控制器连接；如使用三相四线制电源，则必须把控制器上的N端子与PE端子短接（把零线和地线接在一起）。所以一定要确保电源线接线正确，否则控制器无法正常工作。

（4）接线松动。以上3条主要是确定电源接线是否存在故障，如果以上3条检查均没有问题，则需要检查控制器接线是否松动，要逐根检查并相应紧固。

（5）控制器故障。如果以上4条检查没有问题，则确定故障发生在控制器部分，需要确定是否需要更换控制器。电动机构控制器分类如表4-12所示。更换控制器可以先接电源线以及CX1、CX2两个航空插头，闭合电源空开，检查控制器是否正常工作，因为有很小的概率可能出现在电源线路上，需要预先排除。

表 4-12　电动机构控制器分类表

厂家	上海华明		贵州长征		德国 MR	合肥 ABB
	智能	常规	智能	常规		
电动机构	SHM 系列	CMA7、CMA9	MAE	MA7、MA9	ED	BUL、BUE、BUF3
控制器	HMK7、HMK9	HMC-3C	CZK-100B	CY40	LED 显示	LED 显示

4.2.2.2　电动机构箱故障

（1）航空插头。电动机构对比分析图如图 4-36 所示。有载分解开关控制器通过两个航空插头与电动机构箱连接，有时可能由于安装原因造成航空插头松动或者接触不良，从而无法调档，此时需要卸下航空插头重新插好。有时由于电动机构箱密封不严，雨水可能沿着箱沿留下，造成航空插头短路烧毁，此时则需要更换。

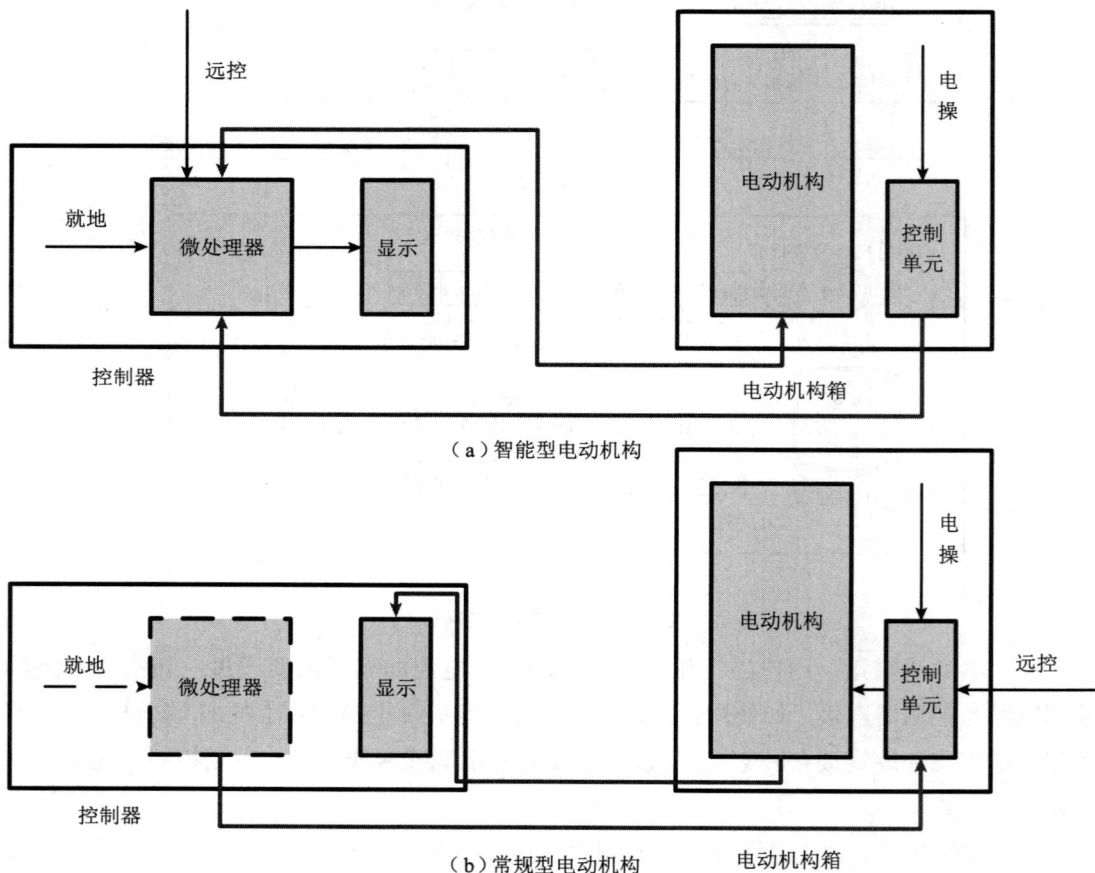

（a）智能型电动机构

（b）常规型电动机构

图 4-36　电动机构对比分析图

（2）端子排。如图 4-37 所示，有载分接开关控制器控制电动机电源的航空插头通过空开与电动机连接，如果接线松动，就会造成电动机无法启动。有时电动机构箱门密封不严，雨水可能沿着箱沿流下，造成端子排短路烧毁，此时则需要更换。

图 4-37   电动机构箱图

（3）电动机。电动机有时可能由于启动电流过大或者绝缘老化等原因出现线圈短路或者断线，此时打开电动机接线盒盖，根据图 4-38 所示单相电机 / 三相电机原理接线图测量直流电阻，就可以确定线圈是否存在短路 / 断路故障。

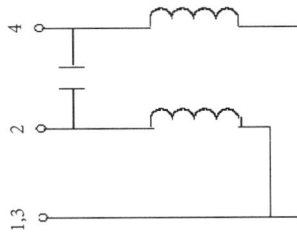

（a）单相电机

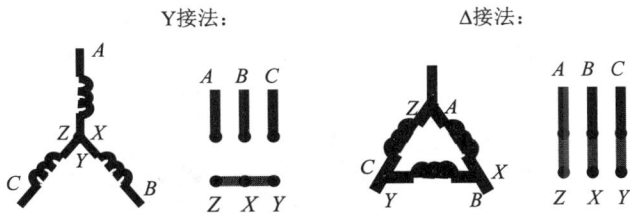

（b）三相电机

图 4-38   电动机接线原理图

4.2.3 开关拒动

（1）两个方向均拒动，造成升降两个方向均不能调压的原因是公共回路部分出现故障，常见原因有以下几种：

①电动机主回路方面。无三相电源、空气开关跳闸或远方/就地转换开关未切换到位，三相电源缺相不能启动电动机或主回路开关不能正常闭合，主回路某些部位接线松动或断线，电动机构卡死或电动机绕组断线。如检查以上各项均正常但仍不能运转，可认为是控制回路的问题。

②控制回路方面。无操作电源，或联锁开关因弹簧未复位造成闭锁开关接点未能接通，或构不成回路，一般情况下是零线开路。此时应查找端子排接线至主控制回路是否有熔丝熔断、导线断头、元件损坏等情况，并加以处理。

（2）一个方向可以运转而另一个方向拒动。可以排除电机主回路及控制回路公共部分故障，应在拒动操作方向的控制回路上检查。

（3）手摇操作正常而就地不能电动操作。可能是没有投入操作电源或手动联锁接点未复归或者红线超出绿区。应将操作电源投入，手按联锁接点使其复位，必要时更换复位弹簧。如果超出绿区，应该手动将红线摇回绿区。

（4）就地操作正常而远方操作拒动。主要原因是远方控制回路故障，应检查远方控制回路的正确性。

（5）传动部分齿轮卡滞，造成开关无法动作。

案例分析10：2号主变调压开关故障，调档失败

运行人员上报某110kV变电站2号主变调压开关故障，调档失败。检修人员到达现场后经检查发现：调压开关控制箱内保险烧毁，如图4-39所示，测量二次回路后没有发现接地问题，经观察发现，级进凸轮行程开关控制排端子有水汽锈蚀、放电烧蚀痕迹，如图4-40所示。判断为机构箱内进水受潮导致端子排对地短路放电，造成保险烧毁，调压开关无法调档。更换了烧毁的二次保险，对接地放电处做了绝缘处理。重新送电后，调压开关调档正常。

图4-39 二次保险示意图

图 4-40 放电痕迹图

案例分析 11：某 110kV 变电站 2 号主变调压开关故障无法调压

运维人员上报某 110kV 变电站 2 号主变调压开关故障，无法调压，切换到手动模式后，手摇摇不动。检修人员到达现场后经检查发现：调压开关上盖上的齿轮盒内的轴承卡死不动，一旦调压即空开跳开。打开齿轮盒发现，由于运行年限过长，齿轮盒内用于润滑作用的二硫化钼锂基润滑脂已全部挥发，齿轮盒内存在水珠（图 4-41 中实线圆所示），轴承严重锈蚀卡死，如图 4-41 所示。

齿轮盒内没有润滑脂造成齿轮传动失去润滑，同时齿轮盒盖的密封胶垫良好，但齿轮盒盖上附着水珠。判断为齿轮盒内外温差导致的空气冷凝水无法排出齿轮盒，长此以往造成严重锈蚀，最终卡死，导致调压开关轴承无法正常传动，调压开关无法调压。

用煤油浸泡齿轮盒进行除锈处理，除锈完成后重新在齿轮盒内填充二硫化钼锂基润滑脂。此时不再发生卡涩现象，调档正常。

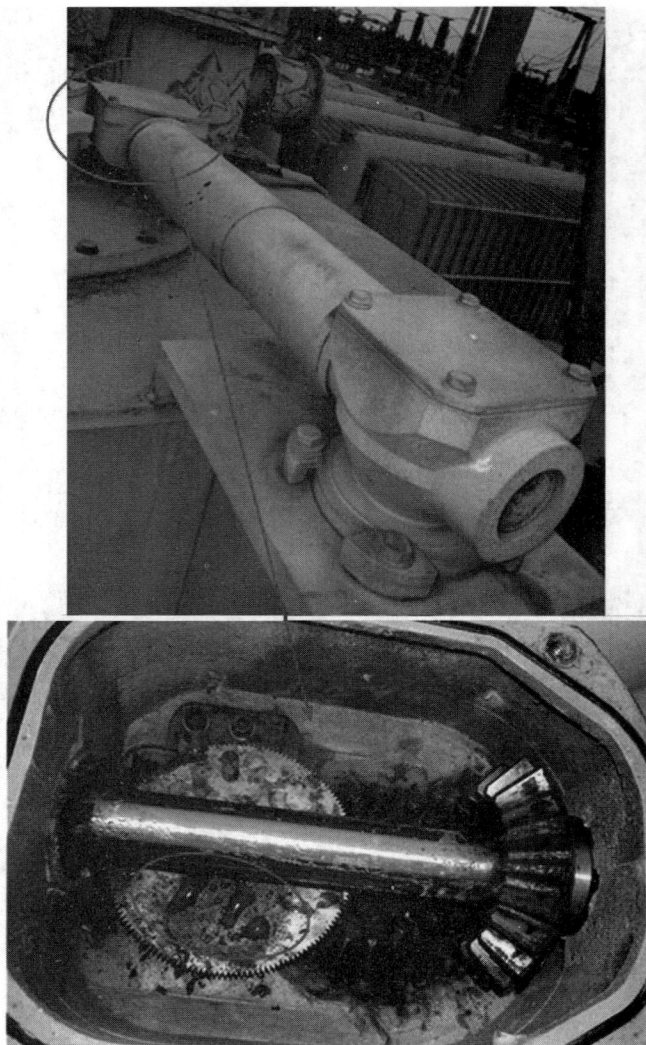

图 4-41　齿轮机构示意图

4.2.4　分接位置指示不一致

（1）远方、就地分接位置指示不一致。这种故障经常由机构远方位置信号发送器动触头接触不良、接触位置发生偏差、插头与电缆焊接不良等方面引起，应针对不同情况加以处理。

（2）分接指示与实际开关位置不一致。电动机的分接指示位置与开关内部的实际接触位置不一致，可能是由于误连接、绝缘主轴断裂、传动轴的连接销在转动过程中脱落或者传动轴的伞齿结合不好等原因造成的。这种故障必须在电动操作前加以调整，否则将会出现严重后果。因此电动操作前，必须先进行连接校验，保证连接正确无误至关重要，要注意检查油箱顶部分接开关的位置和机构箱内的指示位置及远方操动位置一致，确保动作程序正确。

（3）智能型电动机构箱所连接的控制器特别容易发生故障，因为传统机械型机构箱对应的控制器只用于分头显示，不容易损坏；新型控制器通过芯片完成传动接触器、凸轮等功能，所以非常容易损坏。如图 4-42 所示为 HMK-7 与 SHM-1 连接图。

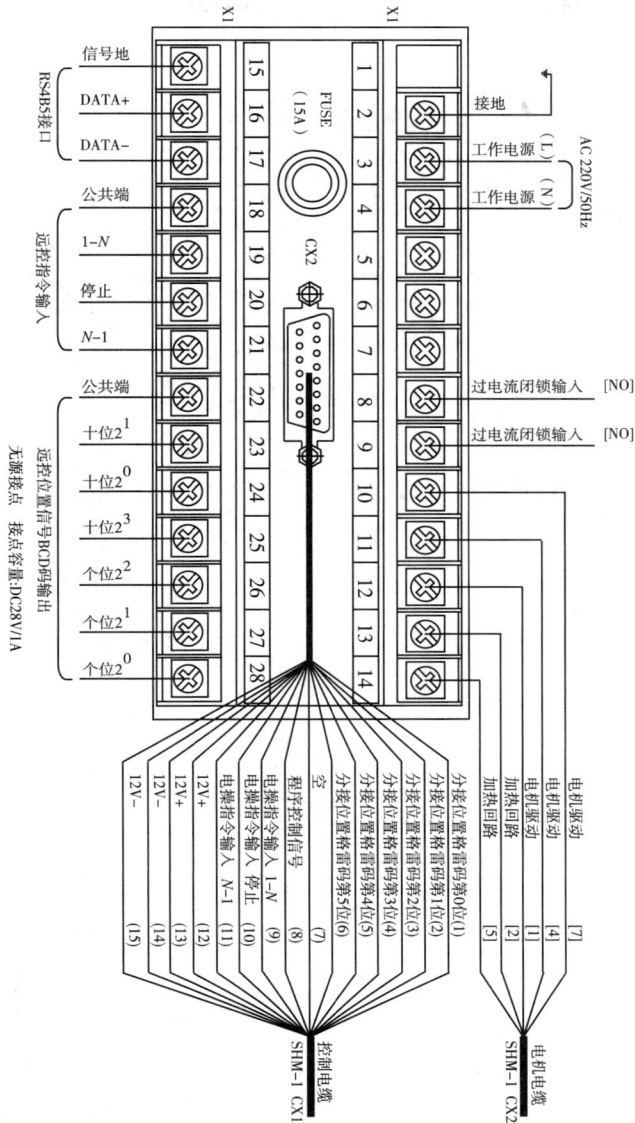

HMK7控制器/SHM-1电动操作机构接线图
(注:括号内数字为SHM-1电动操作机构 CX 电缆脚号)

图 4-42　HMK-7 与 SHM-I 连接图

案例分析 12：某 220kV 变电站 2 号主变有载调压监控机显示为 0

2019 年 5 月 20 日，工作人员发现某 220kV 变电站 2 号主变有载调压机构箱处档位显示为 2，监控机显示为 0。检修人员到达作业现场后进一步发现，2 号主变测控屏与监控机处均显示档位为 0，但是电动机构箱处为 2，现场检查发现该 2 号档位信号线处于开路状态，造成监控机显示为 0 档。

  该电动机构箱为长征 CMA7 型号，其档位信号通过机构箱内的硬节点引出，由于长期没有调档，并且机构箱内进水，造成 2 号档位的硬节点生锈，如图 4-43 所示，导致触点接触不良，从而没有信号输出。检修人员对生锈节点进行打磨，2 号档位信号线导通，缺陷消除。

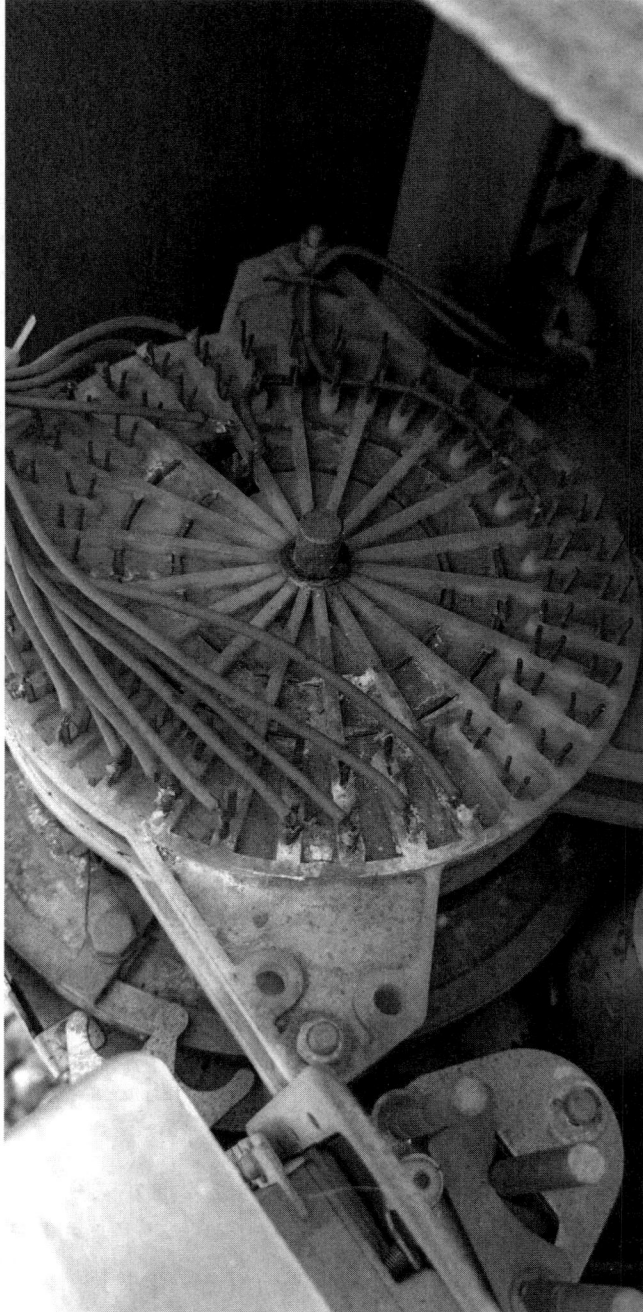

图 4-43 节点生锈情况

CMA7 和 CMA9 属于比较老旧的电动机构，应该加强对该类电动机构箱密封性的检查，防止机构箱内进水，造成相关设备生锈。有些老旧机构箱密封胶条厚度不够，如果运行人员检查过程中箱门关闭不严，则会造成箱内进水。

4.2.5 空气开关跳闸

空气开关跳闸的现象有以下几种：

（1）电动操作机构一送电就跳闸，原因可能为控制回路上有电源接地短路或空气开关跳闸线圈回路上有电源寄生回路，查找短路点并进行处理。

（2）分接开关运转时跳闸。当分接变换指示轮驶出绿区 2~3 格时空气开关跳开，原因可能为相序错误，相序保护动作，或是凸轮开关组安装位移，导致动作顺序错误，可用灯光法检查凸轮开关的分合程序，调整安装位置。此外，还有可能是电机绝缘、传动卡涩等故障。

（3）分接开关切换完成后跳闸。原因可能为凸轮开关变形，动作后反弹，接通空气开关跳闸回路。

（4）空气开关容量不足，造成跳闸。

（5）过电流闭锁信号设置错误，过电流闭锁信号直接跳开空气开关。

案例分析 13：某 220kV 变电站 3 号主变有载分接开关空开跳闸

2019 年 6 月 15 日，工作人员发现某 220kV 变电站 3 号主变有载调压开关无法进行远方遥控操作，空开在调档过程中跳闸。检修人员到达作业现场后发现，机构箱内空开跳闸电流为 1.8A，电动机构在启动过程中电流较大，造成空开跳闸，如图 4-44 所示。

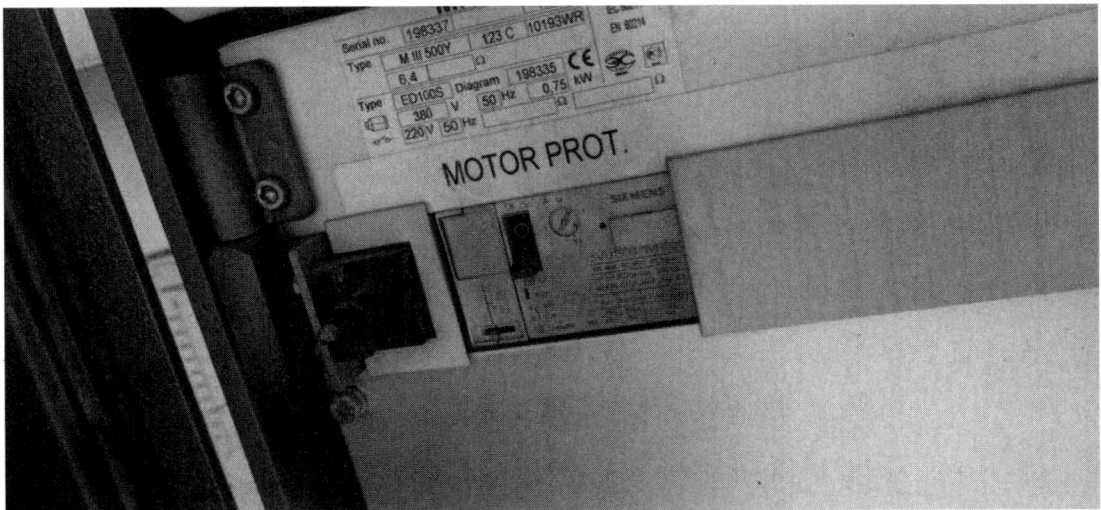

图 4-44 空开原始状态

检修人员将空开跳闸电流调大到 2A，然后联系监控班进行远方调档工作，空开不跳闸，缺陷消除，如图 4-45 所示。

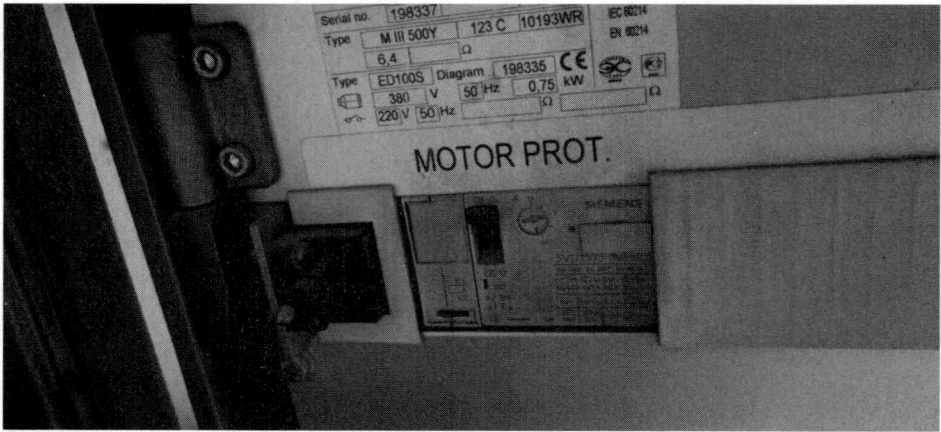

图 4-45 空开调整后状态

电动机构随着运行年限的增加，其启动电流会增大，应该逐步排查老旧电动机构箱内空开跳闸电流是否满足运行要求。事故暴露出许多变压器有载调压电动机构箱内空开跳闸电流与实际电动机构不匹配，电动机构启动电流逐年增加，空开跳闸电流却保持不变。

4.2.6 机构箱进水受潮

机构箱如密封不良，导致运行中进水受潮，将可能造成箱内电气回路短接、二次元件故障，电动机构不能正常工作。机构箱进水的主要原因有以下几种：

（1）箱门密封条老化破损，箱门铰链过松导致关闭后间隙较大，或运行中箱门没有关闭，实际运行中该原因较少。

（2）机构箱安装方式不正确，导致箱体变形，实际运行中该原因较少。

（3）机构箱顶部传动轴位置密封不良，如图 4-46 所示，笔者所在公司发生的调压机构箱受潮故障都是该原因造成的。

图 4-46 调压开关油封图

案例分析14：某110kV变电站1号主变无法进行远方调压

2017年12月25日，运维人员上报缺陷：某110kV变电站1号变有载分接开关无法进行远方/就地/电操调档。检修人员到达现场检查后发现，电动操作时，电机正常运转，但是传动轴不转动。用摇把进行手摇操作，调档正常，初步判断为电动机传动机构出现问题，将旧机构箱拆卸下来解体后发现故障出现在皮带夹紧装置。

如图4-47为电动机构传动机构示意图，电动机所带的小轮（主动轮）与切换机构所带的大轮（从动轮）通过皮带传动，为了保证皮带紧固不打滑，安装了皮带夹紧装置（图4-47），通过调整压紧弹簧，皮带夹紧装置紧贴皮带，确保大轮与小轮之间的皮带绝对紧固，而不至于出现打滑。通过解体发现皮带夹紧装置转轴以及压紧弹簧调整轴锈蚀严重，造成皮带夹紧装置锈死而无法压紧，从而造成皮带打滑，因此电动机正常转动而传动轴不动，同时由于手摇操作直接通过齿轮控制传动轴而不需要通过电动机构，所以手摇操作正常。

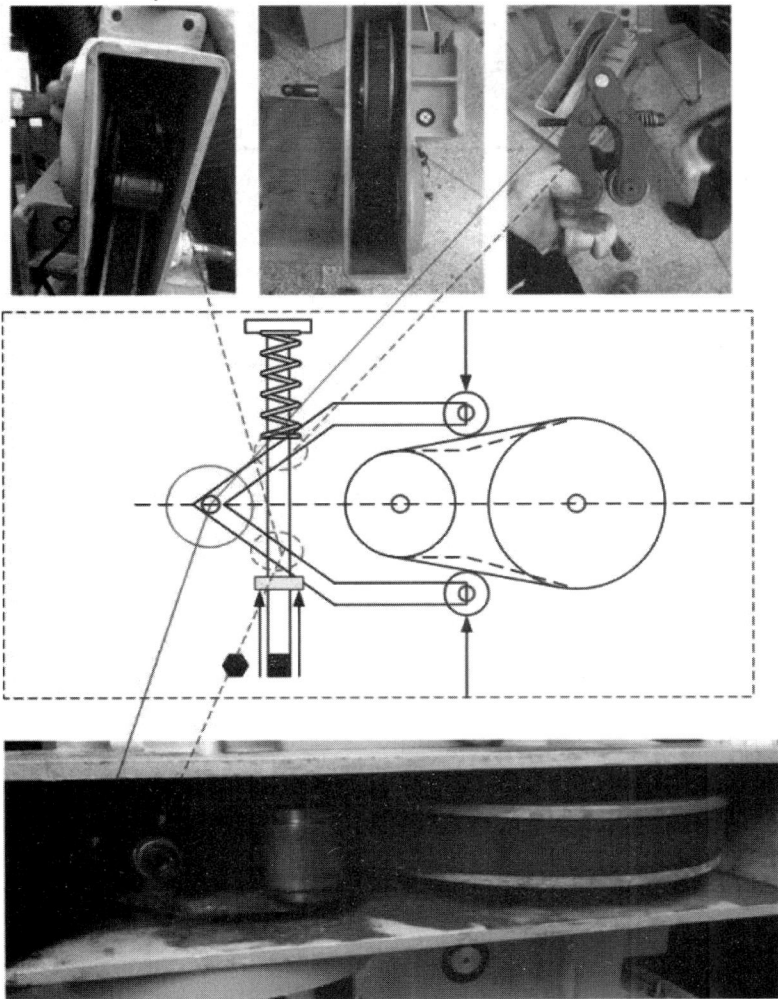

图4-47 皮带夹紧装置示意图

通过进一步解体发现，传动轴与电动机构箱连接处是胶垫密封并且加有油封装置（图 4-48 中实线圆所示），拆解过程中发现油封和密封胶垫出现老化，造成密封效果不良，雨水沿着传动轴渗入电动机构箱中的传动轮处，大轮和小轮转动的过程将雨水甩到皮带紧固装置上。由于大轮和小轮是铝制材料，而夹紧装置是钢制材料，雨水长期积聚，最终造成皮带夹紧装置生锈，如图 4-48 中的箭头所示，为雨水渗入的大致流程。由于该变电站负荷水平较低，较长时间段内没有进行调压操作，这样一来，锈蚀越来越严重，最终导致皮带夹紧装置转轴完全锈死（图 4-48 中虚线圆所示），失去紧固作用。

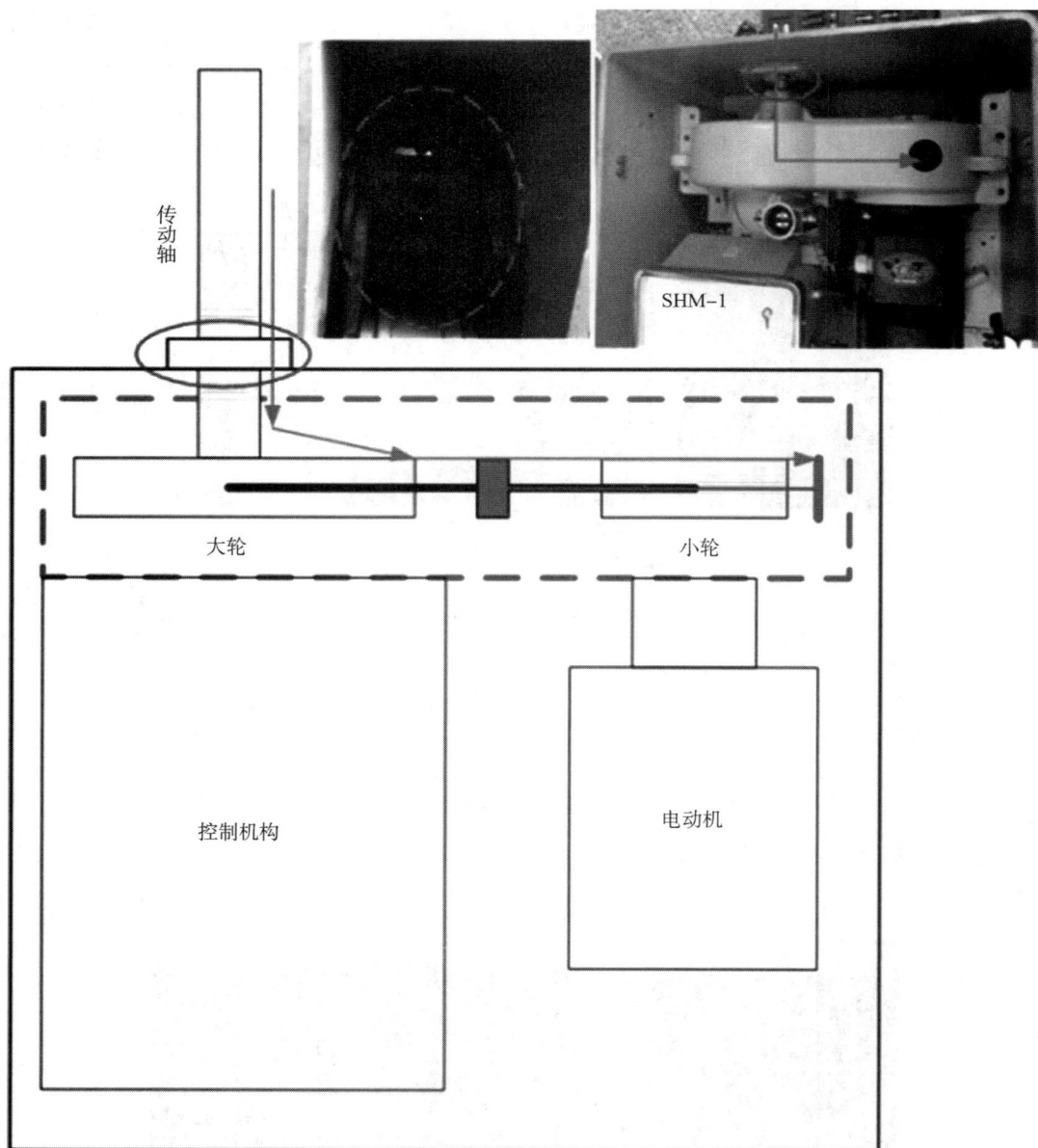

图 4-48　整体结构图

检修人员在工作现场更换旧机构箱，然后进行手摇、就地、电操操作正常，并且联系监控班进行远方操作，也正常。

事故暴露出个别有载分接开关电动机构箱的传动轴与机构箱本体连接处密封不良，长期运行容易出现密封老化，在雨水较多的季节，雨水会沿着传动轴进入电动机构箱内部，造成机构箱传动装置部件锈蚀，无法压紧，从而皮带打滑，无法进行电动操作。针对此现象，应该结合预试现场对调压机构箱的传动轴与机构箱连接处进行检查，确保密封良好。进一步可以制作电动机构箱防雨罩（雨伞状），固定在传动轴上，这样雨水沿着防雨罩流下，防止雨水渗入机构箱内部。

4.3　真空有载分接开关故障

真空有载分接开关调整分接位置时，由真空管完成灭弧功能，所以理论上不应产生乙炔，但是笔者所在公司在运真空开关超过 100 台，有 35 台存在乙炔。

案例分析 15：真空有载分接开关含微量乙炔

甲变电站 2 号主变、乙变电站 1 号主变有载调压开关油中出现乙炔，按照停电计划对两台主变的有载调压开关进行吊检解体检修，开关芯子如图 4-49 所示。

图 4-49　真空有载分接开关芯子

如图 4-50 所示，在现场对有载调压开关内芯进行了解体吊检，发现动静触头上存在黑色放电痕迹。真空有载分接开关经常快速切换的机械动作特征与变压器基本静态工作状态是完全不一样的，具体如下：

图 4-50　切换芯子静触头

（1）一般油变压器的温升很少超过 85K 的，而 GB10230—1 第 5.2.5.1 条有载开关过渡温升不超过 350K 即被允许，哪怕是 150K 的温升也足以让变压器油过热分解气体，甲烷等高温产生的色谱超出变压器油的使用标准；

（2）有载分接开关毫秒级的切换时，高速机械传动和触头动作，产生微量金属微末在油中，高电场微电量放电也是存在的，也就会有微量乙炔；

（3）真空有载分接分接开关都设置有承担载流作用的主触头 A 和开断电流的通断触头，它们是存在电阻差的。

现在吊芯检查弧板内侧主触头（图 4-51）上也有点炭黑现象，说明有微量乙炔产生。华明所有真空有载分接开关的转换触头增加了开断电流的特性，即使有少量放电也不会影响开关正常切换，而且这些乙炔含量和常规油中切换开关一次就可能产生一到两千的乙炔是没法比的。而实际工况不同产生的量也会有一定差异。所以有规律的少量乙炔的产生，属于正常现象，并不代表开关出现了故障。

（主触头 A）

图 4-51　灭弧板内侧主触头

根据《DL/T —1538—2016 电力变压器有载分接开关使用导则》第 11.2.3 条规定：有

轻瓦斯保护的真空有载分接开关运行正常时无油色谱分析要求，无轻瓦斯保护（或气体监测）的油浸式真空有载分接开关应按制造商规定的周期进行油色谱检测。另外，根据 DL/T-574-2010 要求，每年至少进行一次耐压和微水检测，耐压低于 30kV，微水高于 40PPm/L，必须滤油或换油处理。

案例分析 16：VCM 真空有载分接开关设计缺陷

VCM 型真空分接开关是为 CM 型分接开关更新换代和技术改造而新研发的真空有载分接开关。

（1）VCM 型与 CM 型分接开关结构原理基本一致，两者均采用双电阻过渡工作原理，两者的技术参数相同。

（2）VCM 型与 CM 型分接开关的所有外形安装尺寸完全一致，这有利于分接开关整体替换或切换开关芯子的更换，现场更换简便。结合图 4-52 和图 4-53 对真空分接开关进行说明。

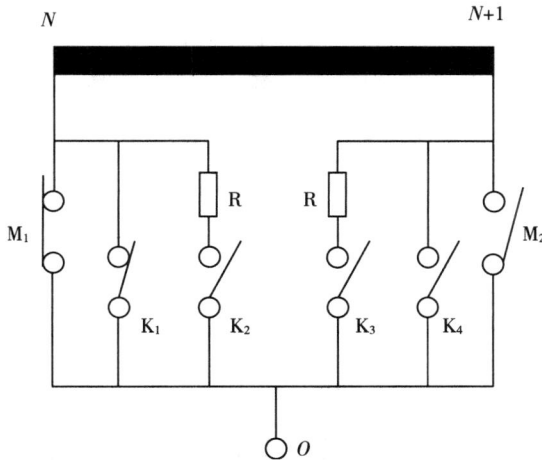

图 4-52　常规 CM 型双过渡电阻分接开关

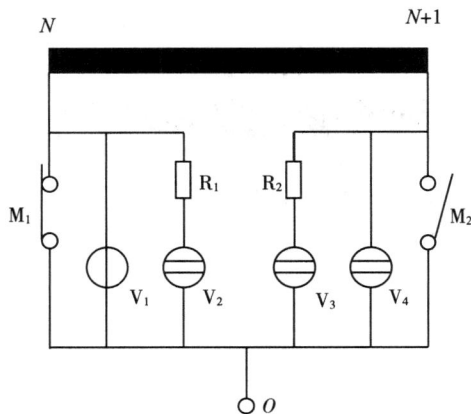

图 4-53　VCM 型四真空管双过渡电阻

切换真空触头组 1：M_1（主触头）开关每一相由位于 N 分接侧的主通流开关 M_1，位于 N+1 分接侧的主通流开关 M_2，四只真空灭弧室组 V_1、V_2、V_3、V_4 以及过渡电阻 R_1、

R_2 构成。真空灭弧室组 V_1、V_4 起主通断作用，真空灭弧室组 V_2、V_3 起过渡作用。真空灭弧室组 V_1 和由真空灭弧室组 V_2 与过渡电阻 R_1 构成的过渡支路并联在主通流开关 M_1 上，真空灭弧室组 V_4 和由真空灭弧室组 V_3 与过渡电阻 R_2 构成的过渡支路并联在主通流开关 M_2 上，四只真空灭弧室组 V_1、V_2、V_3、V_4 的一端和主通流开关 M_1、M_2 的一端直接与真空有载分接开关的中性点 O 连接。这种电路结构在四只真空灭弧室组 V_1、V_2、V_3、V_4 技术性能都正常时，可以实现真空有载分接开关的正常切换。但如果四只真空灭弧室组 V_1、V_2、V_3、V_4 中有一只质量不好或长期使用后真空灭弧室出现漏气现象，真空灭弧室组 V_1、V_2、V_3、V_4 就不能实现正常熄弧和关断，会造成这一段调压绕组短路烧毁，导致变压器事故，如图 4-54 所示。

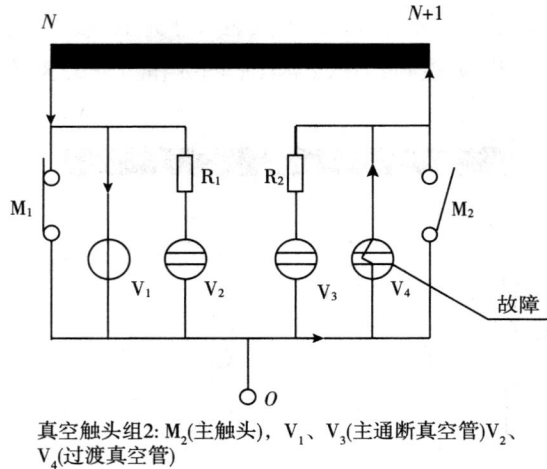

真空触头组2: M_2(主触头)，V_1、V_3(主通断真空管)V_2、V_4(过渡真空管)

图 4-54   真空管故障情况

每相采用两个真空灭弧室可以避免以上问题，每相只用两个真空灭弧室与二侧主触头交替并联，如图 4-55 所示，这样只有主触头合上侧才有真空灭弧室与之并联，而断开一侧没有真空灭弧室，也就不必担心由于真空灭弧故障造成的级间短路危险。

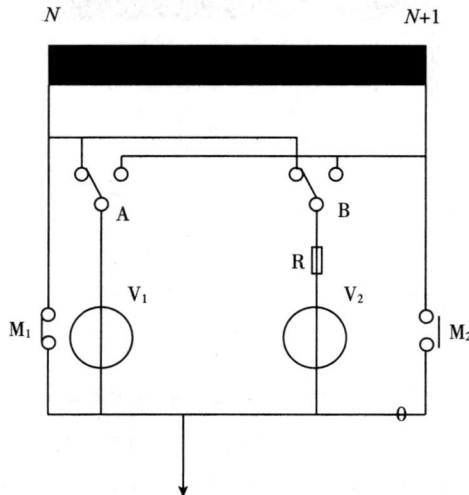

图4-55   两个真空管单过渡电阻

如图 4-56 所示，将整个过渡回路分为两段，各自形成一个中性点 A 和 B，真空有载分接开关的中性点 O 通过一中性点连接开关 K 与所述中性点 A 和 B 切换连接。在真空灭弧室性能正常时，中性点连接开关 K 的切换无电弧产生；在真空灭弧室质量不好的或使用日久真空灭弧室出现漏气，真空灭弧室不能实现正常熄弧和通断的时候，有载分接开关还能完成切换，中性点开关 K 的切换动作产生电弧会引起开关报警。

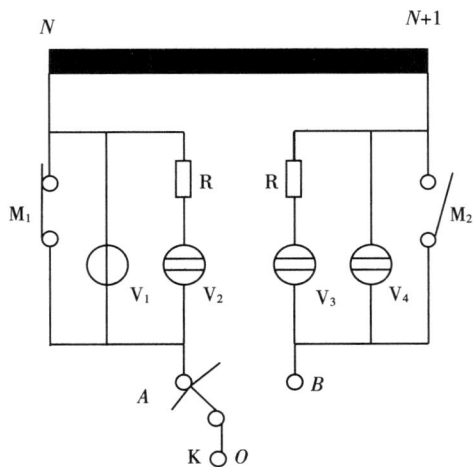

图 4-56　四真空管双中性点

5　变压器相关标准化作业现场示范

本章主要介绍变压器运行维护中最常见三种基本操作，有载分接开关吊检、变压器新装、变压器油真空过滤处理。笔者结合日常工作，对三种基本操作在实际中的注意事项进行现场示范介绍。

5.1　M 型有载分接开关吊检现场示范

如果有载分接开关动作次数或者运行年限到达规定的限值，或者怀疑有载分接开关内部存在故障，此时需要对有载分接开关切花开关进行吊芯检查。有载分接开关结构型式包括 M 型开关（德国 MR 公司，上海华明公司，贵州长征公司）和钟摆型开关（ABB 公司），二者的吊检顺序基本相似，只是其中个别步骤有所不同，考虑到 M 型开关的存有量巨大，所以本节只介绍 M 型有载分接开关吊检。

5.1.1　前期准备工作

（1）现场勘查，确定有载分接开关型号，有载分接开关注放油法兰的规格，以及动作次数。根据有载分接开关型号确定需要更换有载分接气体继电器的流速整定数值，具体参考图 5-1。

> （二）根据公司在运变压器调压开关使用型号对气体继电器流速整定值进行归纳，以供参考，厂家如有特殊规定，依据厂家执行
>
> 公司在运变压器有载调压开关有 MR、ABB、华明和长征厂家，如无特殊要求，要求如下：
>
> 1. MR 公司 M Ⅲ 型、VRC、VRD 型整定值为 1.2m/s；R,RM,T,G,MT1 203,MI1 503 型开关整定值为 1.5m/s。
>
> 2. ABB 开关 UCGRN 型开关 400A 以下整定值为 1.0m/s，400A 以上整定值为 1.5m/s。
>
> 3. 华明开关除 CMD Ⅲ 1000 型设定为 1.5m/s，其余均设定为 1.0m/s。
>
> 4. 长征开关除 ZMD Ⅲ 1000 型设定为 1.2m/s 外，其余均设定为 1.0m/s。
>
> 5. 对于真空开关，如厂家没有特殊说明整定值均设为 1.0m/s。
>
> 6. 对于真空开关，瓦斯继电器应设油流速动和气体报警两对接点。

图 5-1　有载分接开关气体继电器流速整定规定

根据有载分接开关上次检修时间和动作次数，确定开关芯体是否需要进行解体检修，投运时间和动作次数无论哪个到达检修周期，都需要按照厂家规定进行相关检修。

核查有载分接开关注放油管法兰规格，如果是非常规尺寸，如图 5-2 和图 5-3 所示，

需要制作与之对应的法兰盘。

图 5-2　特殊尺寸法兰

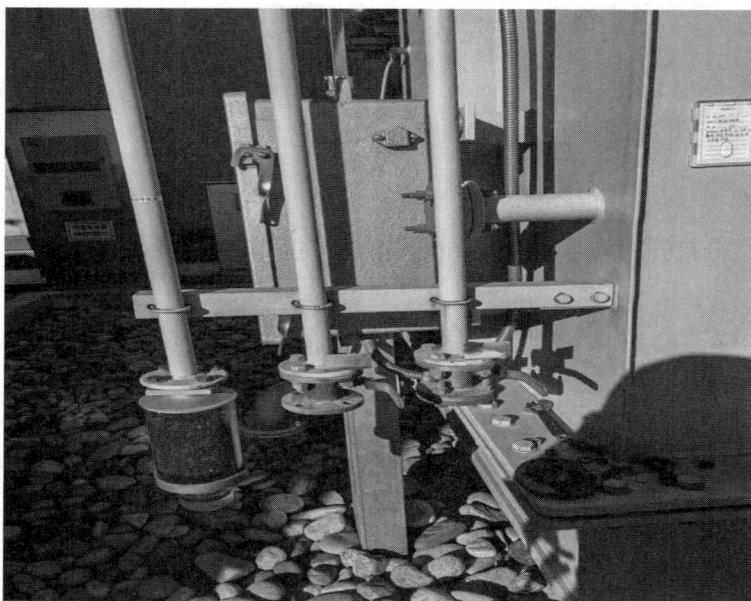

图 5-3　常规尺寸法兰

（2）准备相关工器具材料，有载分接开关吊检用工器具材料如表 5-1 所示。

表 5-1　有载分接开关吊检常用材料

吊车□ 手套□ 安全带□ 安全绳□ 安全帽和工作服□ 携物袋□ 作业毯 □传递绳□ 线轴□ 插线板□ 白土□ 毛巾□ 毛刷□梯子□ 墩布□ 变压器油□ 空桶□ 油泵□ 管子□ 法兰盘□ 胶布□大盆□ 塑料布□ 白布□ 套管扳手□ 电动扳手□ 开关触头专用打磨布 □一次工具箱□胶垫箱□ 胶水□ 螺丝刀□ 万用表□记号笔□除锈剂□短吊带□ 小U型环□接地线（带编号）□ 瓦斯继电器和防雨罩□吊车围栏□

这里需要注意的是，M 型有载分接开关吊检需要使用带有滤芯的滤油机，如图 5-4 所示，可以有效滤除变压器油中的金属颗粒。

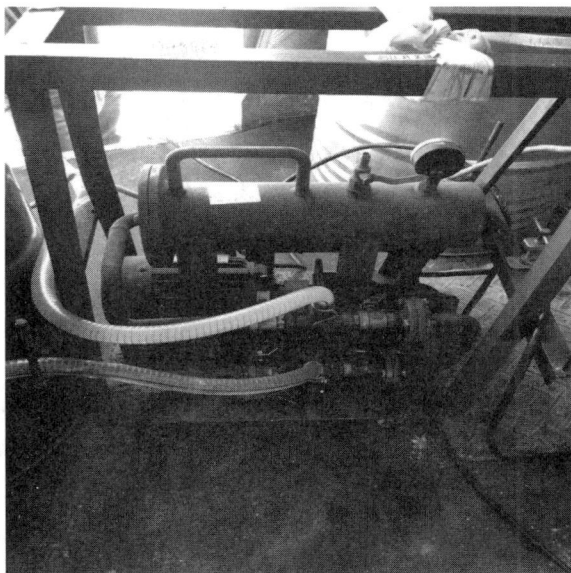

图 5-4　带滤芯的滤油机

避免使用没有滤芯的滤油机，如图 5-5 所示。如果是真空有载分接开关补油，则需要使用未给常规有载分接开关（油灭弧）补油的滤油机，防止滤油机内残存积碳污染真空有载分接开关油室。

图 5-5　没有滤芯的滤油机

注意，法兰盘要与有载分接开关注放油口以及油管匹配，如图 5-6 所示，法兰盘的螺孔可以做成长条形状，匹配能力更强。所使用绝缘油需要进行油耐压测试，油耐压试验仪的电极间距离应为 2.5 ± 0.05mm，油耐压不小于 30kV。

图 5-6　法兰盘

5.1.2　接取电源

（1）滤油机外壳接地，这是有效防护工作人员触电的措施，同时也是安全稽查人员的重点检查部位，注意导体端和接地端要牢靠，而且接地端不能够存在绝缘漆，如图 5-7 和图 5-8 所示。

图 5-7　设备端接地

图 5-8 导体端接地（无绝缘漆）

（2）接取电源，注意接取电源之前一定要先用万用表测量接线柱是否有电压，确保在没有电压的条件下接取电源，如图 5-9 所示。

图 5-9 接取电源

（3）如果使用线轴接取电源，线轴必须有漏电保护器，电源接取之后，需要测试漏电保护器是否正常工作，如图 5-10 所示。

图 5-10　测试漏电保护器

（4）电源接通以后，要测试滤油机进出油管方向，如图 5-11 所示。

图 5-11　确定进出油管方向

5.1.3　有载分接开关排油

（1）识别有载分接开关排油管，带有放气堵的管道为放油管，如图 5-12 所示，其深入有载分接开关绝缘筒底部。拆除放油管封板（安装了在线滤油机的，拆除在线滤油机进油口法兰），安装法兰盘（通常使用对角螺栓紧固即可），如图 5-13 所示，注意安装胶垫，避免注放油时渗漏。

图 5-12　放油管选择

图 5-13　安装法兰盘

（2）松动呼吸器，理论上只需要在注油时松动呼吸器，防止有载分接开关绝缘筒内部压力上升过快，导致防爆膜（图5-14）破裂。如果排油时不松动呼吸器，会导致放油速度较慢，所以在放油时也需要松动呼吸器（图5-15）。呼吸器松动缝隙要足够大，确保气流通畅。

图 5-14　有载分接开关防爆膜

图 5-15　松动呼吸器

（3）通常110kV变压器，一个油桶就能够盛装全部有载分接开关油，对于220kV变压器，需要两个油桶，此时需要随时检查油桶是否已经满油，避免油满外溢。

5.1.4　有载分接开关吊出芯体

（1）在有载分接开关排油时，变压器顶部工作人员可以拆除有载分接开关顶盖上部传动轴、注放油管等部件。MR 公司的 M 型开关只需要拆除传动轴，如图 5-16 所示。长征的 M 型开关，也需要拆除传动轴，如图 5-17 所示。华明的 CM 型开关，不需要拆除传动轴，但是需要拆除连管，如图 5-18 所示。ABB 的有载分接开关，则不需要拆除传动轴或者连管，如图 5-19 所示，华明公司最新 SHZV 型的真空有载分接开关也是参考 ABB 公司设计的，方便吊芯检查，如图 5-20 所示。

图 5-16　MR 公司 M 型开关

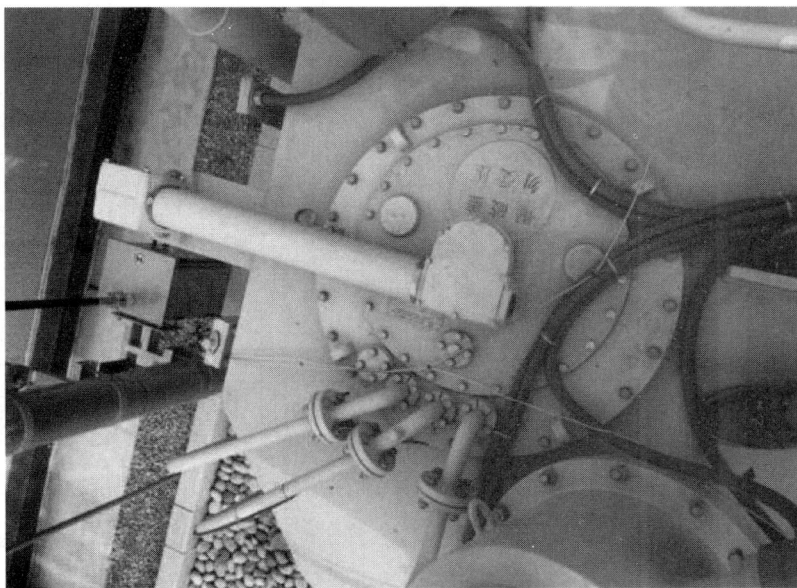

图 5-17　长征 M 型开关

图 5-18　上海华明公司的 CM 型开关

图 5-19　ABB 有载分接开关

图 5-20 华明 SHZV 型真空有载分接开关

（2）在有载分接开关油位降低到顶盖以下之后，松动顶盖固定螺栓，推荐使用电动扳手，拆卸的螺栓妥善保存，如图 5-21 所示。如果有载分接开关油位没有降低到顶盖以下，此时可以间隔一个螺栓拆除一个螺栓，有效利用空闲时间。

图 5-21 松动顶盖固定螺栓

（3）拆卸顶盖之前，检查顶盖是否存在定位标识，如果顶盖上有定位标识，如图 5-22 所示，则可以直接拆除顶盖；如果顶盖没有定位标识，则需要手动绘制定位标识，如图 5-23 所示，然后再拆除顶盖。拆除顶盖时有时可能由于内部卡销太紧导致拆除困难，如图 5-24 所示，此时只需要用两个扳手或螺丝刀在对角翘起即可。

图 5-22 顶盖定位标识

图 5-23 绘制定位标识

图 5-24 内部卡销位置

（4）拆除档位指示盘顶端卡箍，拆除档位指示盘，如图 5-25 所示。

图 5-25　拆除档位指示盘

（5）松动有载分接开关切换芯体固定螺栓，注意不要拆除红区内的螺栓，如图 5-26 和图 5-27 所示，拆除螺栓时不要戴手套，防止螺栓滑落掉入有载分接开关绝缘筒中。松动螺栓时，注意核对每个螺栓有几个垫片，螺栓和垫片数量都要记录，方便回装时检查核对。

图 5-26　正确操作（拆除红区外螺栓）

图 5-27　错误操作（拆除红区内螺栓）

（6）吊车指挥人员指挥吊车将吊钩移动到开关芯体上方，将吊带和 U 型环固定在切换开关芯体吊点部位。起吊之前，需要再次检查切换开关芯体固定螺栓已经完全拆除，并且需要手动提起开关芯体 3～5cm，确保内部没有卡涩部位，如图 5-28 所示。

图 5-28　开关芯体吊起

（7）指挥吊车缓慢吊出芯体，注意芯体吊出过程中一定要观察芯体是否卡涩，检修人员需要缓慢晃动芯体。芯体吊出以后，将芯体停留在绝缘筒上方，待芯体上部变压器油控出后（或者包裹塑料布），如图 5-29 所示，移动到干净的塑料布或者金属盆中，如图 5-30 所示，注意开关芯体落地以后，吊绳不要拆除，防止开关芯体受力倾倒。

图 5-29　开关芯体控油

图 5-30　开关芯体摆放

5.1.5 切换开关绝缘筒处理

（1）冲洗绝缘筒，用合格变压器油冲洗绝缘筒内部以及静触头上的游离积碳，禁止用从有载分接开关绝缘筒中排出的绝缘油进行冲洗，如图 5-31 所示。

图 5-31 冲洗绝缘筒内部积碳

（2）冲洗干净以后，将绝缘筒内部的残油全部排出，如图 5-32 所示，对于无法排出的残油，用干净的白布擦拭干净，如图 5-33 所示。

图 5-32 排出残油

图 5-33　用干净白布擦拭

（3）检查桶内是否有异物，绝缘筒应完好，绝缘筒内外壁应光滑、颜色一致，表面无起层、发泡裂纹或电弧烧灼的痕迹。绝缘筒壁静触头如变黑，如图 5-34 所示。

图 5-34　筒壁静触头放电变黑

（4）检查完毕以后，需要将有载分接开关顶盖放回，防止异物掉入绝缘筒中，如图 5-35 所示。

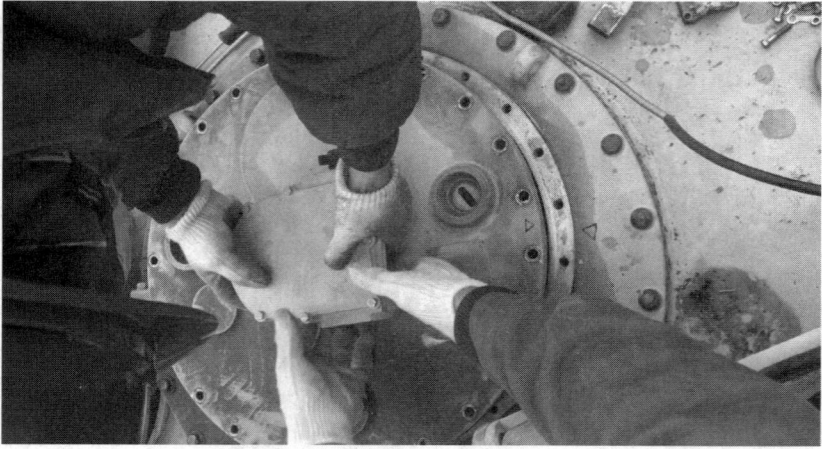

图 5-35　放回有载分接开关顶盖

5.1.6　切换开关芯体检查

（1）如果切换开关芯体积碳较多，需要用合格变压器油进行冲洗，注意底部要垫放金属盆，如图 5-36 所示。

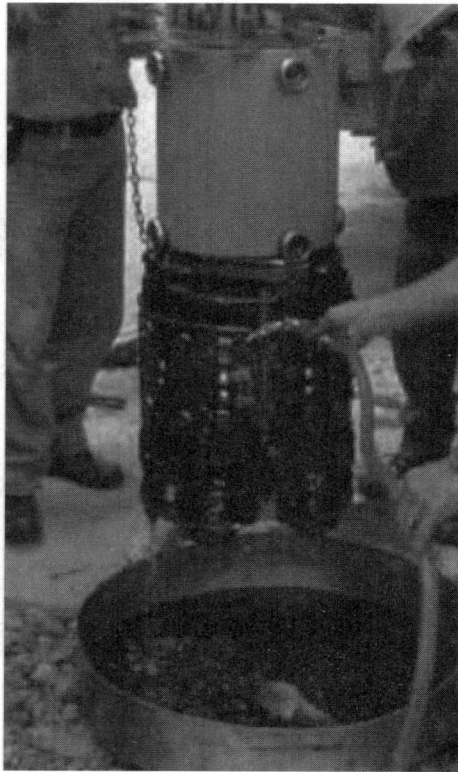

图 5-36　切换开关芯体冲洗

（2）用干净且不掉毛的白布对切换开关芯体进行擦拭，擦除剩余的积碳，如图 5-37 所示，注意要擦拭全面。

图 5-37　擦拭游离积碳

（3）检查紧固件有无松动、过渡电阻及触头有无烧损。各触头编织软连接线有无断股、起毛；触头有无严重烧损；检查过渡电阻连接线有无断裂，如图 5-38 和图 5-39 所示。

图 5-38　有载分接开关切换芯体

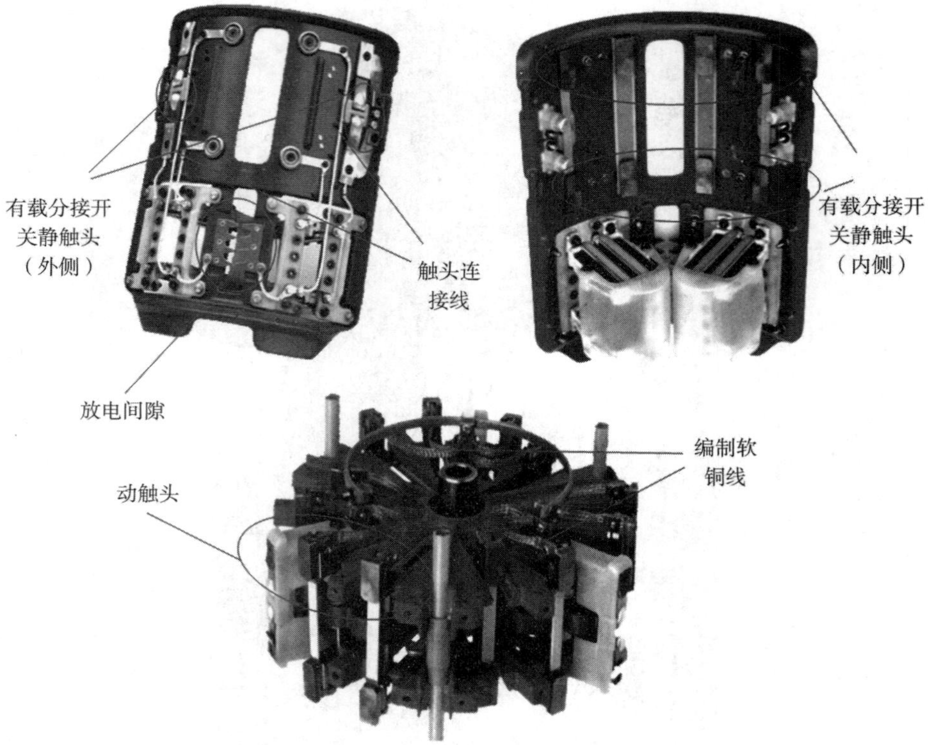

图 5-39 切换开关芯体结构

（4）检查放电间隙是否放电，间隙距离是否满足要求。如果变压器产生过电压，有载分接开关能够通过放电间隙释放能量，保护绕组和有载分接开关，如图 5-40 所示。

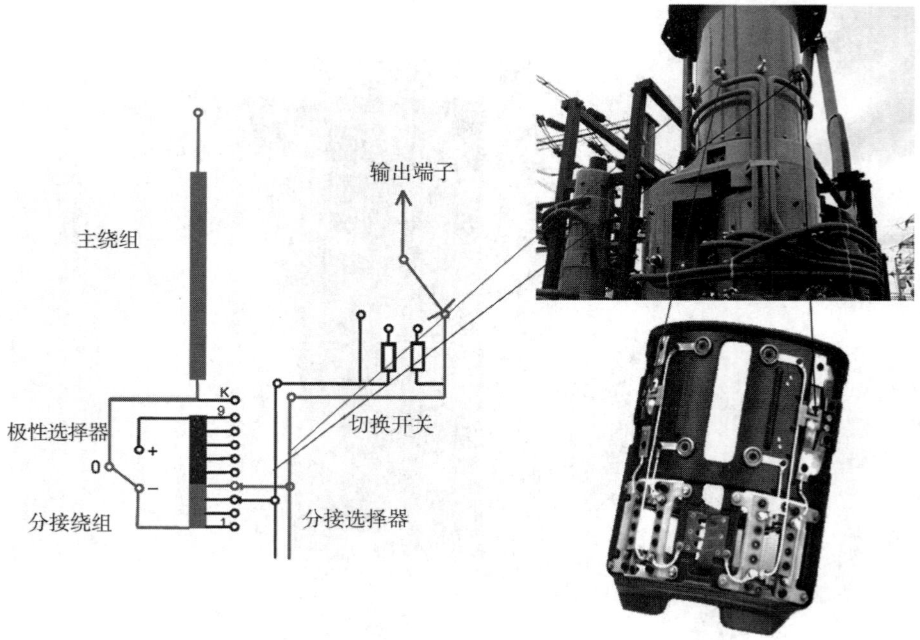

图 5-40 放电间隙原理

（5）检查快速机构的弹簧有无变形、断裂，如图 5-41 所示。

图 5-41　储能机构弹簧检查

（6）测量过渡电阻阻值与产品铭牌数据相比，其偏差不大于 ±10%。测量过渡电阻时，如图 5-42 所示，表笔应放在铜质触头上，如图 5-43（a）和图 5-43（b）所示。

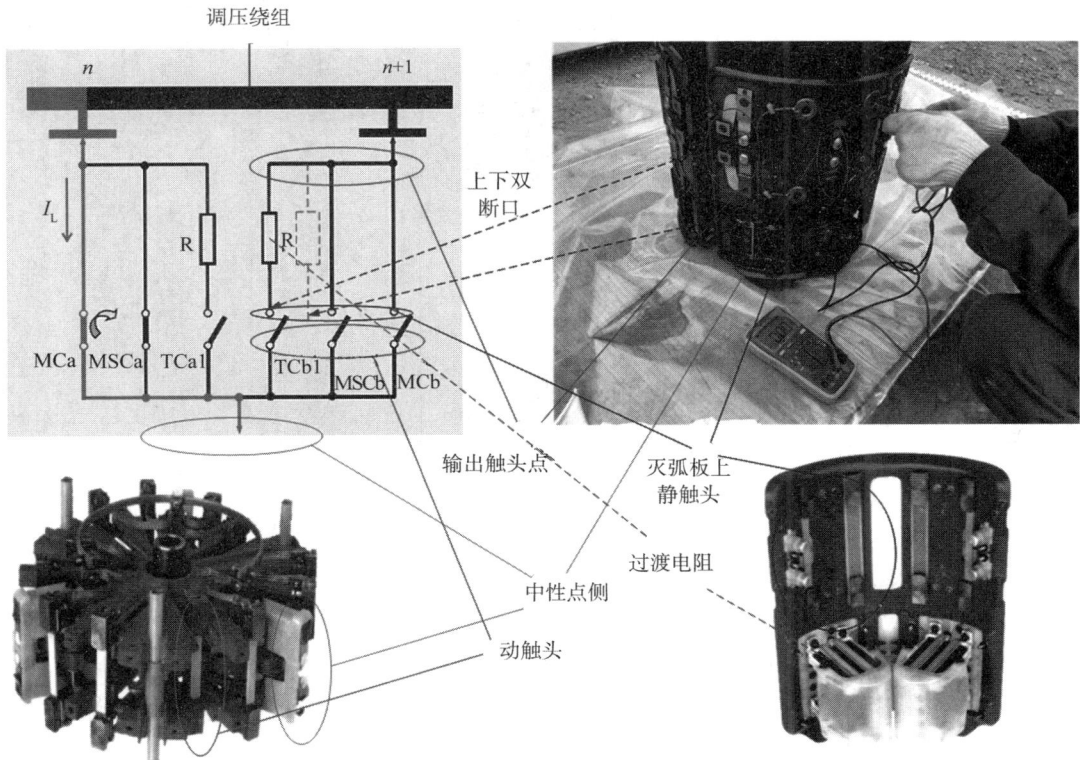

图 5-42　过渡电阻测量示意图

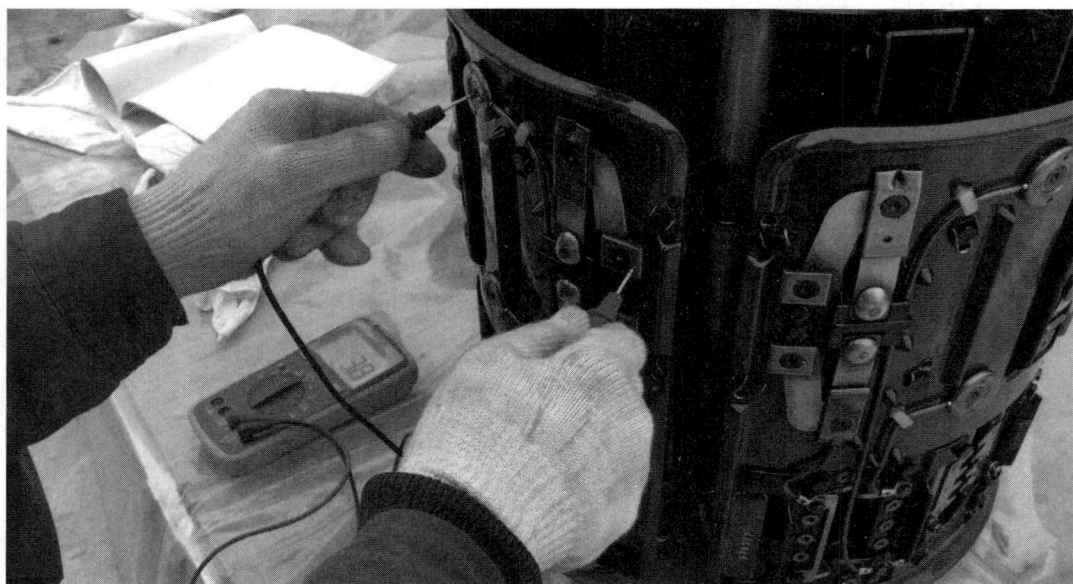

（a）正确操作

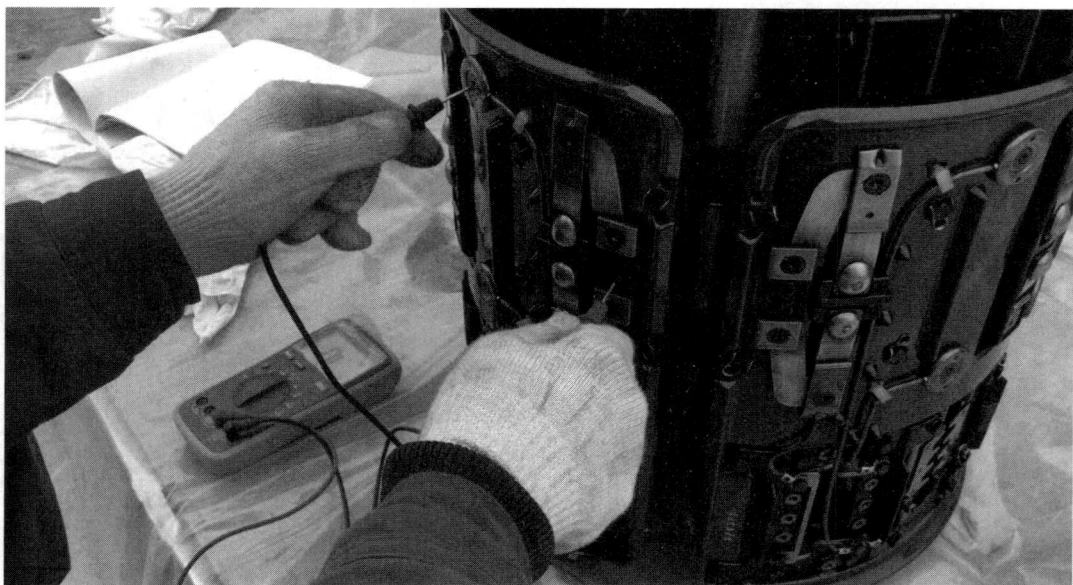

（b）错误操作

图5-43　表笔按在铁质螺栓上

5.1.7　更换气体继电器

在进行有载分接开关切换芯体检查的同时，工作人员可以进行气体继电器更换工作。注意拆除二次线之前测量端子是否有直流电压，如果有直流电压，需要断开非电量保护电源后再进行拆线。更换气体继电器时，顶盖箭头应该指向储油柜，两侧法兰的胶垫不应错位。不能够只更换气体继电器芯子，因为外壳不同可能使流速发生改变。最后应紧固气体继电器观察窗和顶盖的螺栓，如图 5-44 所示。

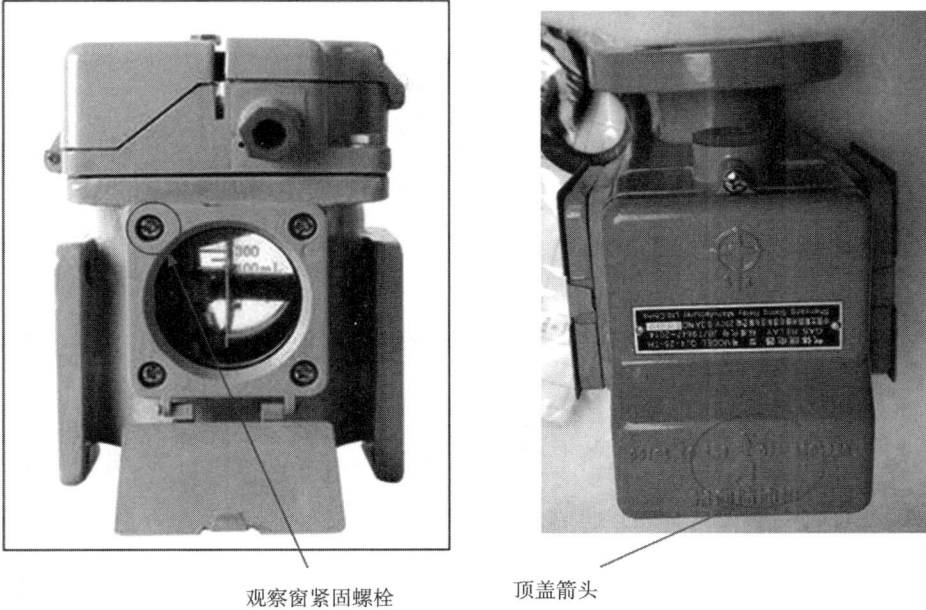

观察窗紧固螺栓　　　顶盖箭头

图 5-44　有载分接开关气体继电器

5.1.8　切换开关芯体回装和注油

（1）有载分接开关芯体检查完毕以后进行回装，回装过程中注意芯体定位标识与有载分接开关放油管匹配，如图 5-45 所示。回装过程中，芯体下放速度要慢，检修人员轻轻晃动芯子，防止内部卡涩。

图 5-45　切换芯体回装

（2）芯体完全落下以后，安装固定螺栓，注意不要戴手套，防止螺栓滑落机构中，如图 5-46 所示，注意核对螺栓数量，紧固时对角紧固。

图 5-46　戴手套操作（错误操作）

（3）安装档位指示盘后，检查顶盖密封胶圈厚度是否满足要求，如果不满足要求需要更换，如图 5-47 所示。

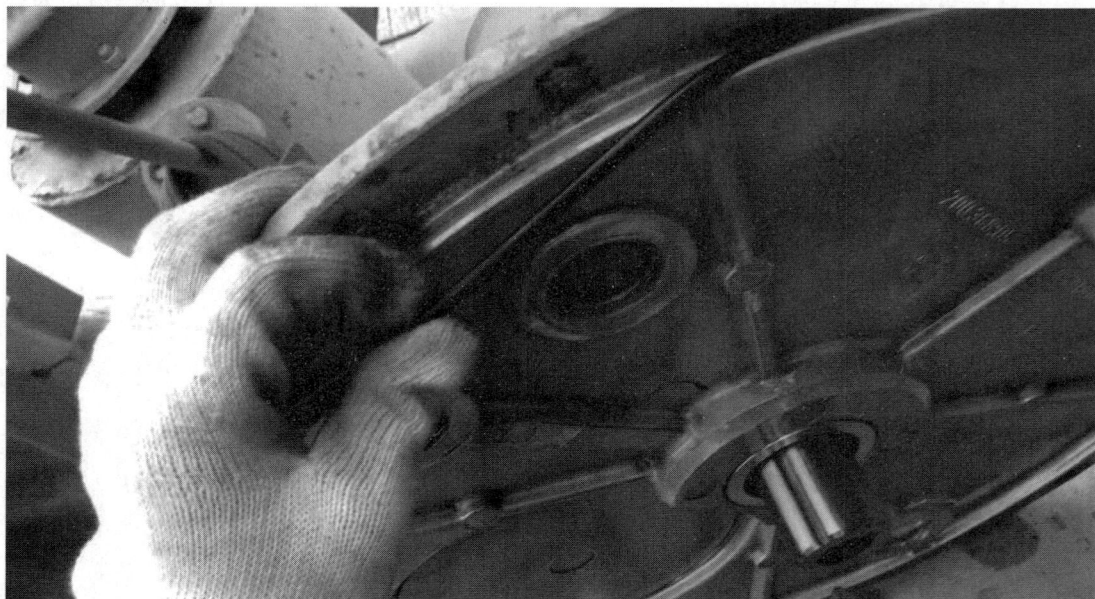

图 5-47　胶圈检查

（4）回装顶盖，注意与预先绘制的定位标识对齐，最后对角紧固固定螺栓，如图 5-48 所示。

图 5-48 紧固顶盖螺栓

（5）安装传动轴，如图 5-49 所示。

图 5-49 回装传动轴

（6）有载分接开关注油，将滤油机出油口接到有载分接开关注油口上，启动油泵进行注油，油位稍微高于正常油位。

（7）对有载分接开关顶盖、气体继电器、排油管处进行充分放气，直至有变压器油渗出，如图 5-50 和图 5-51 所示。

（8）充分放气完毕以后，核对油位是否合适，有载分接开关和本体油枕是同等高度的，根据油温油位曲线，有载分接开关油位要低于本体油位；有载分接开关单独油枕的，油位一般控制在油枕的 1/2 左右，如图 5-52 和图 5-53 所示。

图 5-50 放气部位

图 5-51 放气直至变压器油渗出

图 5-52 有载分接开关和本体油枕同等高度

图 5-53　有载分接开关单独油枕

（9）拆除法兰盘，安装封板，紧固呼吸器，有载分接开关气体继电器需要安装防雨罩，如图 5-54 所示。

图 5-54　安装防雨罩

（10）有载分接开关校对圈数，如图 5-55 所示，具体方法如下：

①从某一分接位置向 $1 \rightarrow n$ 方向手动操作，切换开关动作后记录手摇圈数为 m；

②从当前位置向 $n \rightarrow 1$ 方向手动操作,切换开关动作后记录手摇圈数为 n;

③如果（$m-n$）$/2 = x$,且 $x \geqslant 1$,则需要拆除有载分接开关电动机构箱顶部传动轴,向 $1 \rightarrow n$ 方向手动操作 x 圈,然后重新固定传动轴。

④重复①~③步骤,直到 $|m-n|/2 \leqslant 1$。

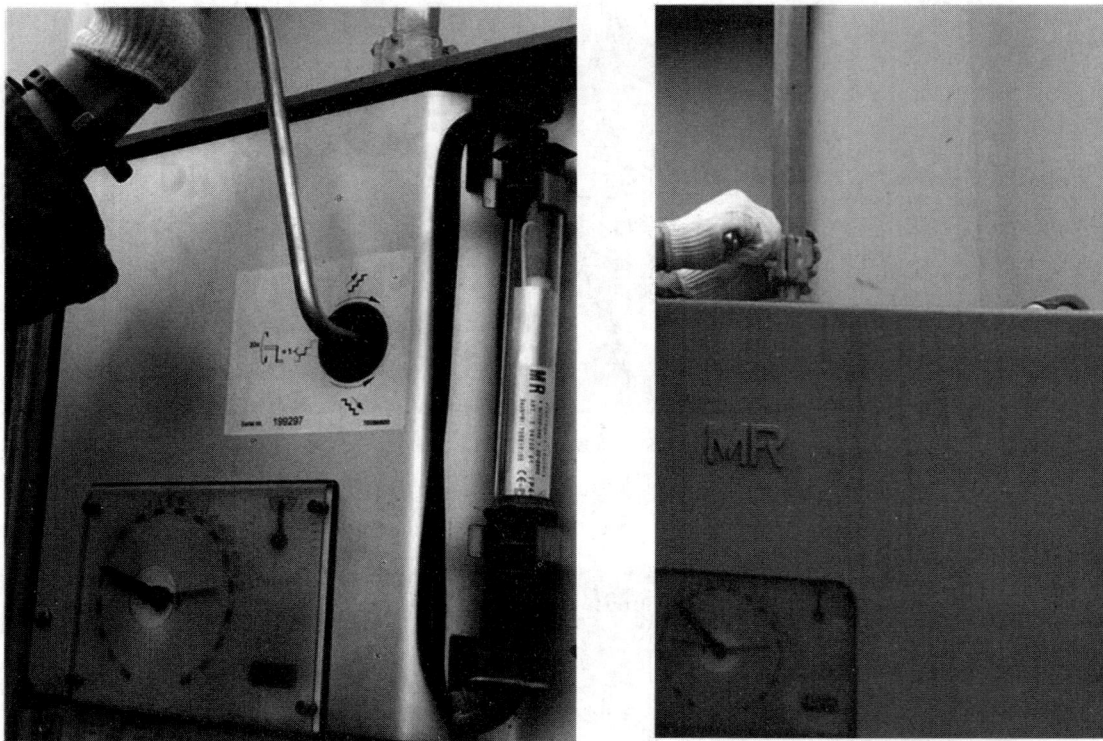

图 5-55　拆卸传动轴

（11）手动操作 2 个循环,从档位 1 操作到档位 17,继续手摇几圈,会发现机械限位动作;然后从 17 档操作到 1 档,继续手摇几圈,会发现机械限位动作。如果手动操作到 1 档或者 17 档,机械限位没有动作,则有载分接开关机构箱档位显示与内部档位显示错位,需要重新进行校对。

5.1.9　整理现场

对于洒落变压器油的地方,用白土擦拭干净。检查呼吸器已经紧固,各松动螺栓已经紧固。各放气部位放气完毕。气体继电器重瓦斯跳闸和轻瓦斯报警传动完毕。

5.2　变压器新装现场示范

变压器在厂内做完出厂试验后,为了方便运输,变压器散热器、套管、油枕等附件需要从油箱本体上拆除,然后分体运输到变压器安装现场,在变压器安装现场再对相关附件进行组装。

变压器新装施工方案进度如表 5-2 所示。

表 5-2 变压器新装施工进度表

序号	时间	工作内容	负责人	车辆需求
1	开工前	1.布置油罐、滤油机位置 2.领取工器具、材料（电缆等）	王丙东	1 辆班组车 25t 吊车
2	第一天	1.新主变车辆进场，新主变上台 2.附件进场，厂家就位 3.附件工区校验（瓦斯、温度计等）	王丙东	1 辆班组车 25t 吊车
3	第二天	1.附件现场试验（套管、套管 CT 等） 2.新主变附件安装 3.一次引线制作 4.油罐油取样试验	王丙东	1 辆班组车
4	第三天	1.新主变附件安装 2.抽真空（根据厂家要求）及真空注油	王丙东	1 辆班组车 25t 吊车
5	第四天	1.一次引线制作 2.二次接线，地排连接	王丙东	1 辆班组车
6	第五天	1.变压器静置、排气、打压试漏 2.一次引线制作 3.二次接线	王丙东	1 辆班组车
7	第六天	1.一次引线试安装，保护传动 2.新变压器交接试验、局放试验	王丙东	1 辆班组车 小斗车
8	第七天	喷涂 RTV，一次接引，送电	王丙东	1 辆班组车

变压器新装主要有两个时间节点，第一节点就是附件安装，为注油做准备安装附件时，通常按照散热器、储油柜、套管的顺序进行，其他诸如连管、瓦斯、压力释放阀等附件则没有固定的安装顺序，注意温度计可以在注油后安装。第二节点就是真空注油，只要真空注油完毕，变压器新装基本已经完成全部工作内容的 80%。只要满足注油条件，剩余工作内容都可以在真空注油时或者之后进行。以下对于变压器新装的工作内容叙述不代表实际的工作顺序，只要重点步骤满足工作顺序，其他工作内容可以根据安装现场实际情况进行合理调整。

5.2.1 前期准备工作

（1）工器具材料准备，变压器新装主要工器具材料如表 5-3 所示。对于真空滤油机，需要提前核查维护记录，确定是否需要更换滤芯。

表 5-3　变压器新装主要工器具材料

吊车地线，套子，大 U 型环，小 U 型环，小滑轮 + 配套螺丝和绳子（拆卸套管用）。电焊机材料（地线），塑料布（多带点），壁纸刀（多带点），白布带（多带点），铅丝，记号笔。无水酒精，铁丝，高纯度氮气，泄压阀（气压表），铁桶（螺栓，白土用），白土，毛巾，手套，白布，墩布，毛刷，热塑枪，砂纸，胶布，406 胶水，导电膏，相色漆，自喷漆，封堵泥。一次工具箱，二次工具箱（万用表，螺丝刀），传递绳，电动工具箱（手电钻，手砂轮），电动扳手（充电，插电），套筒扳手，管钳子，大扳手，剪线钳子，号管机；线轴，380V、220V 黄色插线板（两个）；除锈剂，各种型号螺栓，胶垫（厂家），阀门（厂家）。空桶，梯子，法兰盘（小滤油机，大滤油机）。安全带，安全帽（厂家）。斗车（地线），20 吨罐，管子，电源箱，电源线（滤油机用），大滤油机（地线），本体用小油泵，有载分接开关开关油泵；大苫布。温湿度仪，直阻仪，绝阻仪，号管机（包括号管），标签机（包括 PVC 白板）。抽真空连接工具。安全围栏，安全牌。钎子（四个）。套管专用扳手。大绳，钢丝绳（吊罩用），大灯（夜间用）。真空计（大型真空泵用）。打压试漏用法兰和压力表。磁铁。木条（垫放散热片用），枕木（垫放箱体用），套管垫放泡沫、大真空机组（包括法兰、电源线、管子）。气泵（一拖三接头），气泵管，气泵头，喷枪，变径转接头

（2）合理布置现场大型机具。新变电站建设涉及变压器新装，在运变电站旧变压器改造涉及变压器新装，在运变电站增容涉及变压器新装。对于新建变电站内的变压器新装，由于站内不存在带电设备，所以机具摆放尽量满足一次布置满足两台变压器新装要求（如果一台新装则不需要考虑）；如果是在运变电站内的变压器新装，既需要考虑一次布置满足变压器新装要求，还需要考虑大型机具与带电设备保持足够的安全距离，如图 5-56 所示。

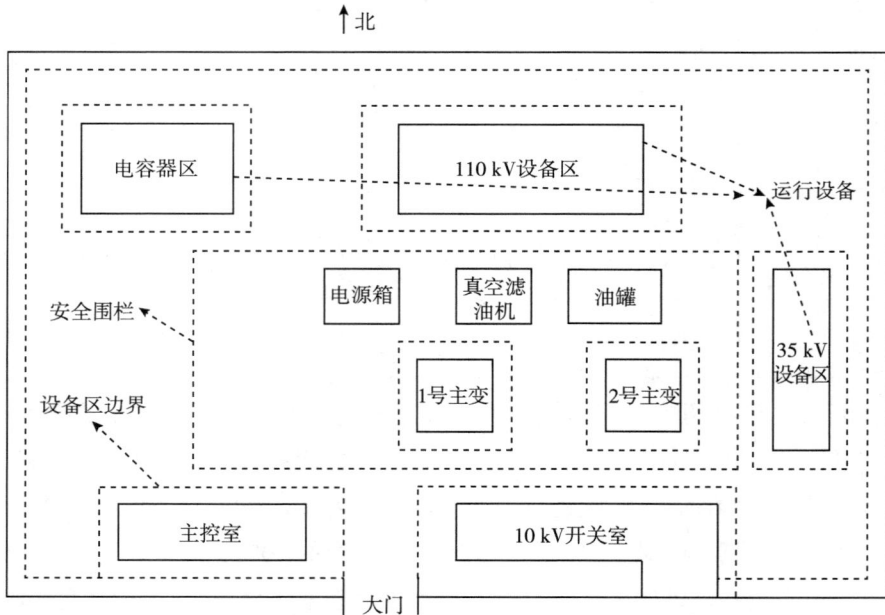

图 5-56　大型机具合理布置图

由于真空滤油机、真空机组、油罐、电源箱等布置过程中涉及吊车作业，所以需要专责监护人认真监护吊车与带电设备保持足够的安全距离，吊装重物下面禁止站立工作人员，如图 5-57 所示。

（3）真空滤油机、真空机组、电源箱、油罐等用电设备外壳需要接地，接地端和导体端要紧固，在相关设备外壳漏电时，可以保护检修人员人身安全。接地线安装时注意接地线要有编号，接地线截面积满足要求，接地点没有绝缘漆。

（4）电源箱接取工作电源。根据真空滤油机最大功率确定接取电源位置。如果只是注油，则检修电源箱容量即可满足要求，如果涉及绝缘油加热，则需要在站变低压侧接取电源，如图 5-58 所示。

图 5-57　20 吨油罐起吊现场图

图 5-58　站变二次接取电源

（5）真空滤油机等所有用电设备均在电源箱处取电。接电源之前，首先用万用表测量接线柱是否有电压，防止带电接线，如图 5-59 所示。所有用电设备电源线需要认真检查，不能有破损。

图 5-59　测量接线柱是否有电

5.2.2　到货检查

（1）文件核对：按订货合同逐项与产品铭牌进行校对，查其是否相符。变压器相关技术参数基本不会错误，主要检查小型附件，如压力释放阀、温度计、气体继电器等是否随车运输，避免后期再次补发耽误新装进程。

（2）冲撞受力检查：《国家电网有限公司十八项电网重大反事故措施（修订版 2018）》第 9.2.2.4 条规定："110（66）kV 及以上电压等级变压器在运输过程中，应按照相应规范安装具有时标且有合适量程的三维冲击记录仪。变压器就位后，制造厂、运输部门、监理单位、用户四方人员应共同验收，记录纸和押运记录应提供给用户留存。"所以应该检查三维重装记录仪，变压器在运输过程中是否超过规程要求（3g），如图 5-60 所示。

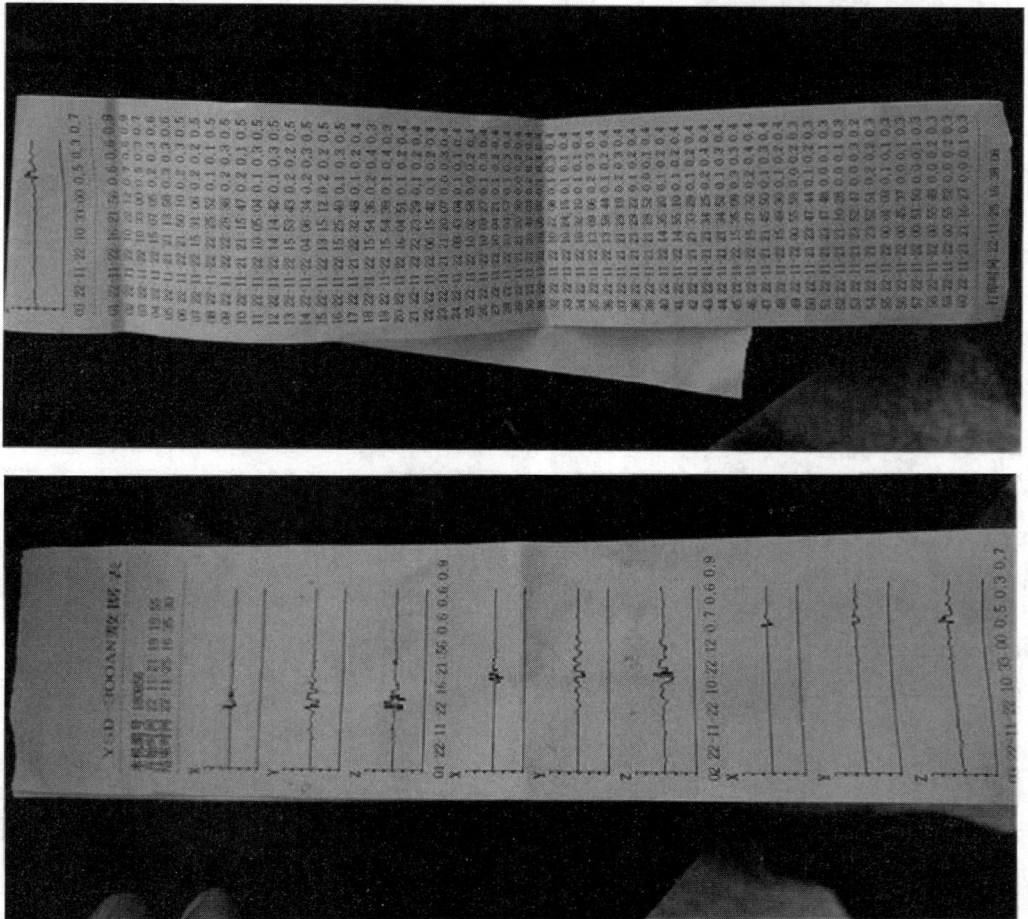

图 5-60　三维冲撞记录仪

（3）器身充氮压力检查：通常情况下 110kV 变压器都是充油运输（油面距离变压器顶部 200mm～30mm），未充油部分需要充氮，220kV 及以上变压器都是充氮运输，为了保证变压器绝缘不会受潮，需要检查氮气压力是否满足要求，要高于0.01MPa，如图 5-61 所示。

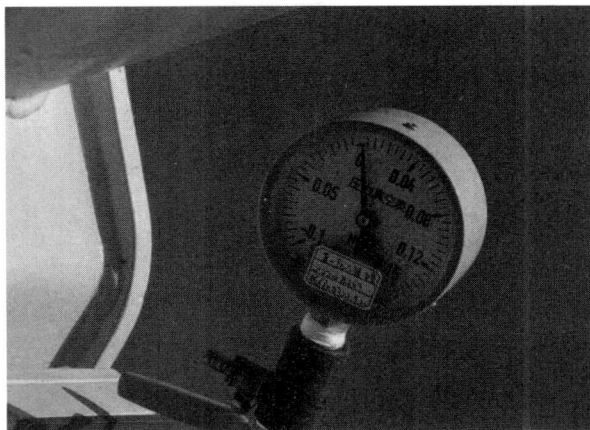

图5-61 器身压力检查

（4）外观检查：检查油箱及附件应无锈蚀及损伤，外观正常。检查器身有无渗漏点，对于渗漏部位要及时反馈给厂家技术人员。

5.2.3 设备卸车

（1）附件卸车：对于散热器、油枕、套管等附件的卸车位置，要考虑安装要求，吊车不需要在安装时二次布置附件，当然也要考虑变电站内实际情况，有时变电站空间狭小，只能够将设备卸车在站外，安装时需要两辆吊车进行工作。

（2）变压器卸车就位：变压器卸车包括起重法和牵引法，起重法需要使用200吨以上的吊车，对于站内位置要求较高，而且成本较高，但是工作时间短，一般应用于对工期要求特别严格的情况；牵引法需要使用千斤顶将变压器顶起，然后铺设钢轨，最后用液压设备水平推动变压器前进，该方法成本低，工期也可以接受，应用较多。

应用牵引法运输变压器时，需要提前勘查运输路线，路面宽度是否满足要求，是否需要拆除灯杆，砍伐树木等；路面坚实程度是否满足要求，路线是否路过储油池、水井等地面薄弱地方，如果地面松软，则需要铺设铁板，增加地面坚实程度，如图5-62所示。

图 5-62 变压器卸车铺设铁板（牵引法）

应用千斤顶顶起变压器时，注意顶点的选择，变压器下部油箱有具体标识，如图 5-63 所示，严禁更换顶点位置，同时注意保持变压器器身平衡，避免因为起重受力不均造成变压器倾覆，变压器就位后如图 5-64 所示。

图 5-63　变压器顶点位置

图 5-64　变压器就位后图片

5.2.4　二次线铺设

无论是新建变电站安装的变压器，还是增容、改造涉及的新装变压器，都会涉及变压器本体端子箱和有载分接开关控制箱的二次线铺设，对于 220kV 变压器还会涉及风冷控制箱的二次线。如图 5-65 所示，变压器散热器距离地面一般 500mm。如果等到散热器安装完成以后，再铺设二次线，此时如果线路从散热器下方通过，工作比较困难，所以二次线铺设最好在散热器安装完成之前进行。此处指的是二次线铺设，不包括二次线接线，二次线接线可以等到变压器附件全部安装完成以后再进行。

图 5-65　变压器散热器

（1）电缆铺设。根据相应的端子箱设计图纸，如图 5-66 所示，完成电缆铺设。如果图纸要求 7×1.5，实际可以铺设 10×2.5，也就是电缆芯线数量和截面积可以增加，但是不能够减少。

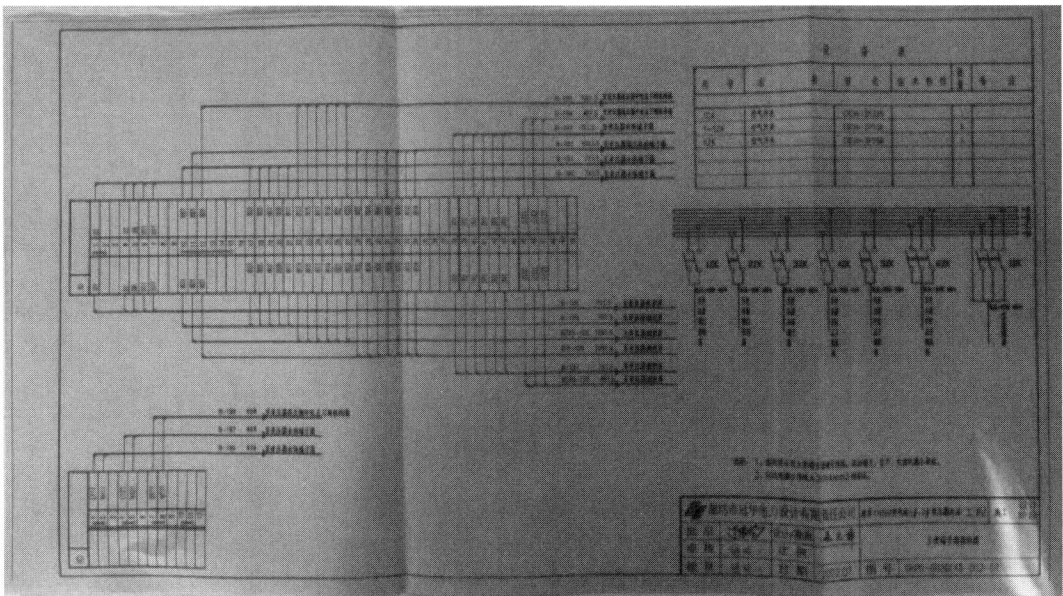

图 5-66　主变端子箱接线图

（2）端子箱铺设。电缆铺设完成以后，需要通过孔洞穿入相应的端子箱下方，对于在运变电站，原来的孔洞处可能已经有若干电缆线，本来孔洞面积就比较狭小，此时再穿入新的电缆，则比较困难。实际中采用旧缆带新缆的方法进行，如图5-67所示。

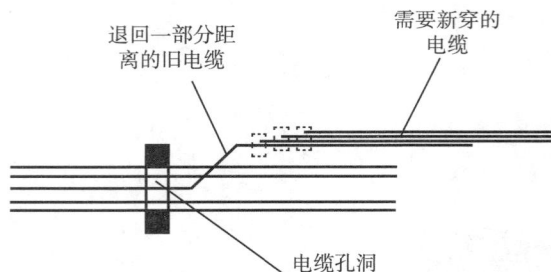

图5-67 电缆穿过孔洞方法

如图5-67所示，选择一根电缆退回一部分，将新的电缆以阶梯状全部绑扎在旧电缆上，注意接头处要用塑料胶布进行包裹，如图5-67中绿色虚线框所示，整体绑扎成箭头形状，这样便于穿过孔洞。

（3）电缆在金属线槽中铺设完成以后，盖上金属盖，再覆盖碎石，使用金属线槽主要是为了形成电磁屏蔽，降低干扰，如图5-68所示。

图5-68 电缆线槽铺设完毕

5.2.5 接地排制作

（1）规程要求，变压器器身需要两点与接地网不同网格进行连接，接地排的截面积满足短路电流要求，涂黄绿相间颜色，如图5-69所示。

图 5-69　器身接地

（2）铁芯、夹件接地排制作，接地线截面积满足短路电流要求，涂黄绿相间颜色，如图 5-70 所示。

图 5-70　铁芯、夹件接地

5.2.6 散热器安装

实际上，散热器和油枕二者的安装没有先后顺序，但是套管最好在油枕和散热器安装完成以后再进行，如果首先安装套管，则在安装散热器和油枕时，可能对套管造成碰撞。

（1）散热器搬运时，不能够拆卸上下固定角铁，如果提前拆除散热器上下固定角铁，在多个整体搬运过程中可能造成上散热器倾覆，如图 5-71 和图 5-72 所示。

图 5-71　散热器整体吊装

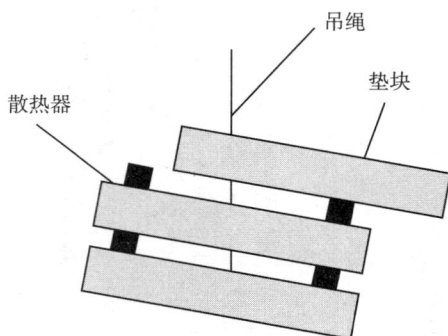

图 5-72　散热器倾覆示意图

（2）散热器水平起吊时，注意 U 型环的使用，必须确保 U 型环完全竖立，如图 5-73 所示，防止吊绳挂在散热器吊点上，如图 5-74 所示，如果吊绳挂在吊点上，在起吊过程中可能会突然滑落，会碰撞下方散热器，甚至对检修人员造成伤害。

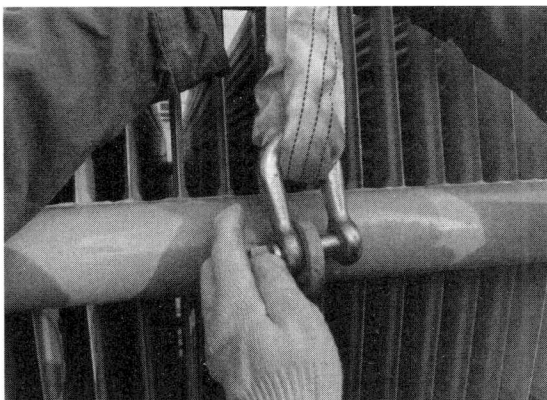

图 5-73   U 型环完全竖立（正确操作）

图 5-74   U 型环挂在吊点上（错误操作）

（3）散热器放置时，不能够直接放在地面上，应该垫放一些木条，防止散热器碰撞摩擦地面，出现损坏，如图 5-75 所示。

图 5-75   散热器下方垫放木条

（4）散热器竖立起吊时，要注意要缓慢起吊，人员禁止站在散热器正前方，防止散热器前滑伤人，注意散热器下方垫放两根长条方木，防止散热器底部与地面摩擦受力，如图 5-76 所示。

图 5-76　散热器竖立起吊图

（5）散热器安装时，注意检查法兰胶垫，需要安排专人检查胶垫安装情况，如图 5-77 所示。

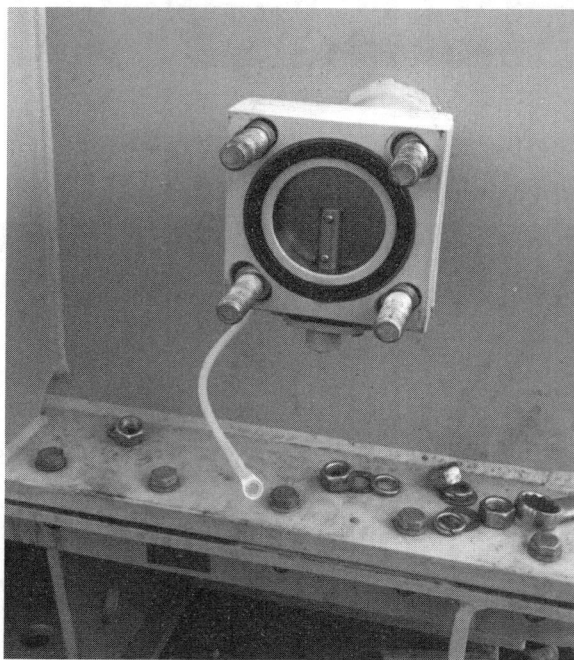

图 5-77　检查法兰胶垫

（6）散热器安装时，首先需要将散热器提升到高出安装位置 200～300mm，然后缓慢下降，同时散热器后方需要人用力向前推，这样在散热器降落到安装位置时，通过推力将法兰送进螺栓中，如图 5-78 所示。

　　散热器安装时，需要先将上部法兰螺杆对准，然后拧上螺栓，注意螺栓不要太紧固；然后再通过调整吊绳受力，对准下部法兰螺杆，只有当全部螺杆都对准以后再进行全部紧固，紧固过程中要对角紧固，确保胶垫压缩量满足要求，各个角度缝隙大小一致。要等到螺栓紧固以后再拆除吊绳，防止散热器掉出，如图 5-79 所示。

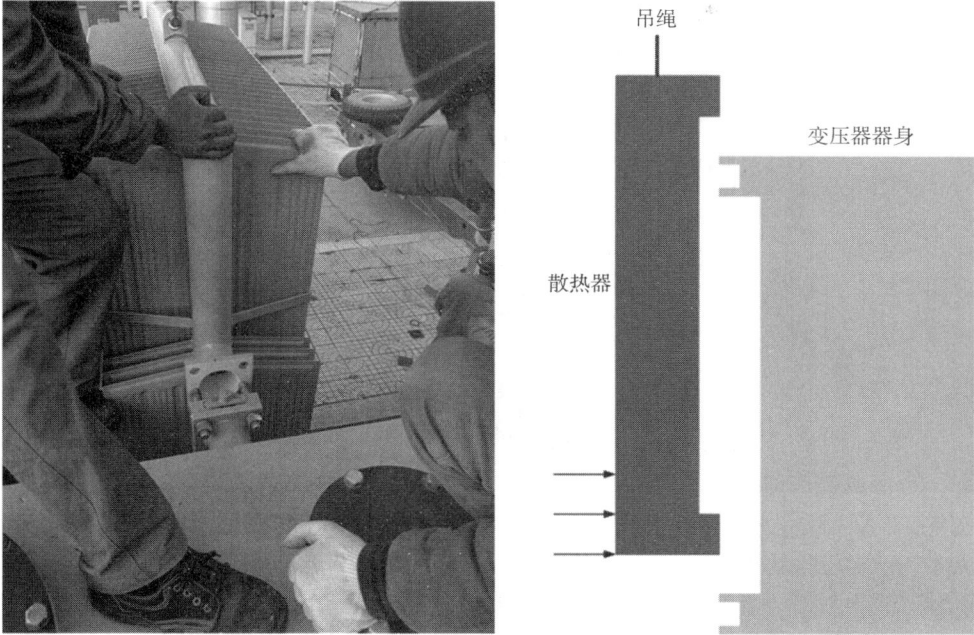

图 5-78　散热器安装示意图

图 5-79　散热器现场安装图

　　（7）下部安装人员抓扶散热器时，注意手一定要放在外侧，不能放在两片散热器之间，防止散热器突然晃动碰伤手指，如图 5-80 和图 5-81 所示。

（8）有时压力释放阀导流管、10kV 套管手孔、35kV 套管手孔可能距离散热器太近，此时该片散热器需要等待相关工作完成后再进行安装，这是需要注意的问题。应用如上方法，安装全部散热器。

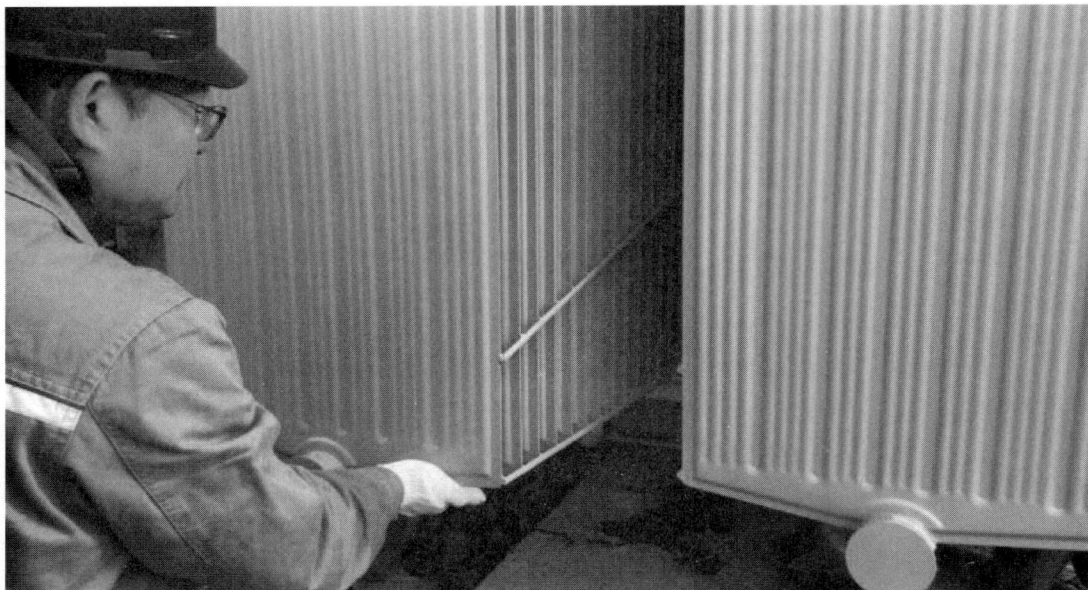

图 5-80　正确抓扶方法

图 5-81　错误抓扶方法

5.2.7　油枕安装

散热器安装完成以后，在变压器顶部能够形成一定的作业平面，方便安装油枕和套管。

（1）将油枕起吊一定距离后，将油枕的相关部件尽量在地面上进行安装，避免高空安装，可以减少工作量，包括支撑板、主连管、调压连管等部件。考虑到油枕部件还需要与器身其他位置进行配合组装，所以支撑板、主连管的固定螺栓一定要松动（图5-82）。油枕起吊过程中需要系缆风绳，如图5-83所示。

图 5-82　油枕支撑板螺栓应保持松动

图 5-83　油枕起吊图

（2）油枕移动到安装位置以后，首先需要将定位钎插入螺孔中（图5-84），然后依次插入螺栓，安装螺母。

图 5-84　固定螺栓穿入过程

（3）注意，只有等到所有螺栓都安装完毕以后，才能够紧固螺栓；必须等到所有螺栓都紧固以后再拆除吊带，防止过早拆除吊带，螺栓还没有承载重力，油枕发生偏移。

（4）拆除吊带尽量使用斗车进行，如果使用梯子进行，现场作业人员一定要注意安全。

5.2.8　高压套管升高座安装

（1）打开变压器器身封板，取出变压器高压引线，注意引线要拿稳，防止掉入器身中，如图 5-85 所示。检查胶垫是否满足要求，如果升高座不是竖直安装，还需要使用专用吊具，升高座安装方向一定要正确，确保与连管配合位置保持一致，如图 5-86 所示。

图 5-85　引线取出过程

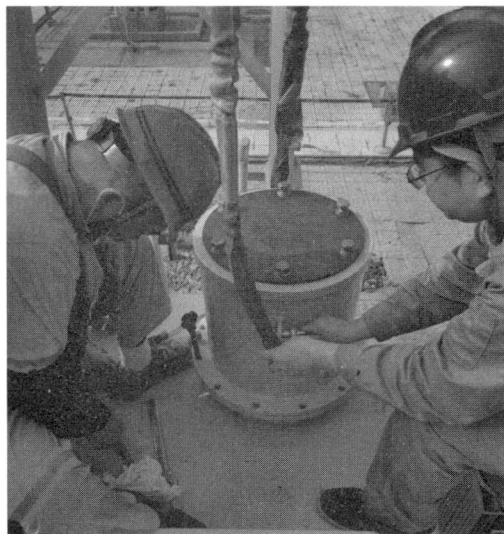

图 5-86　升高座安装过程

（2）升高座底部螺栓不能完全紧固，这是考虑到后续需要安装连管，能够通过轻微挪动，确保升高座和连管可靠连接。如果升高座安装后，立即进行高压套管安装，则升高座封板也应拆除，但升高座开口处需要覆盖白布，防止螺栓等部件掉入变压器中，如图 5-87 所示。

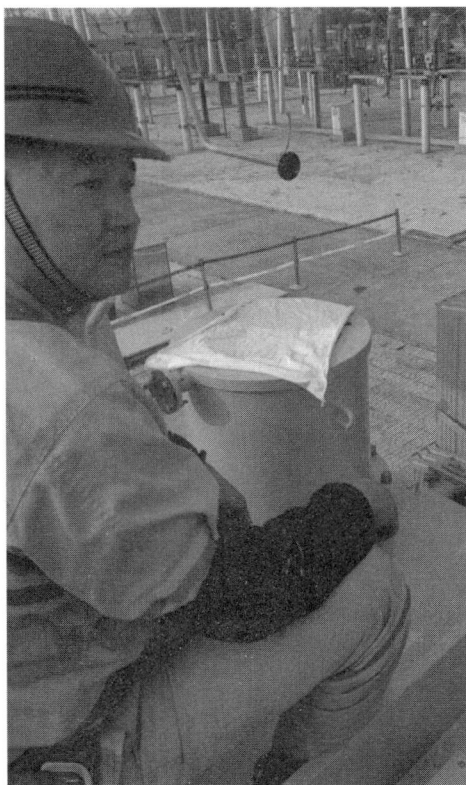

图 5-87　升高座安装完毕

5.2.9　高压套管安装

（1）110kV 变压器高压套管都是竖直安装，220kV 及以上变压器高压套管都是倾斜安装。对于竖直安装的套管，应用两根吊绳固定在吊点即可，但是套管中部需要系一固定绳，防止起吊过程中套管倾覆，如图 5-88 中的红色圆圈所示；对于倾斜安装的套管，采用如图 5-88 所示的起吊方法。

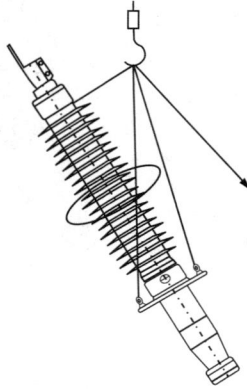

图 5-88　套管起吊过程

（2）套管运输过程中均是水平放置，在套管起吊时，如果按照图 5-88 的方法起吊，在开始时，套管底部受力严重，可能对套管造成损坏，建议采用图 5-89 的方法，吊车的两个吊钩分别固定在套管头部和底部，两根吊绳同时升高，待升高到一定高度后再通过调整吊钩高度来改变套管角度。

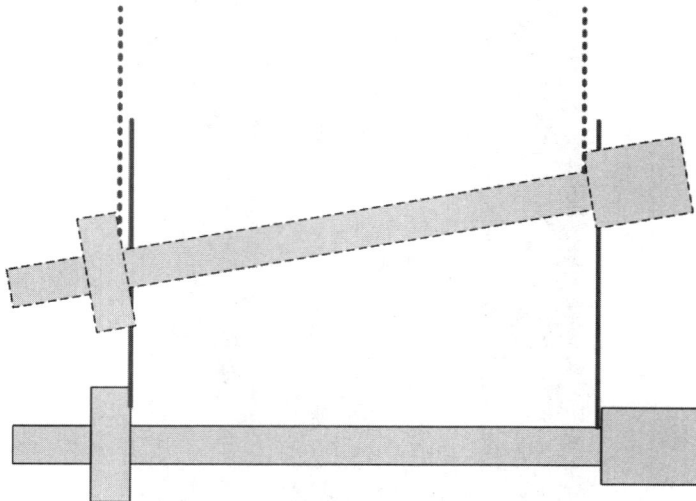

图 5-89　套管起吊

（3）先将穿缆引线（通常使用滑轮）的引导绳及专用带环螺栓穿入套管的引线导管内，如图 5-90 所示。起吊高度到位以后，将引导绳的专用螺栓拧紧在引线头上并穿入套管的导管，收紧引导绳拉直引线（确认引线外包绝缘完好），然后逐渐放松并调整吊钩，使套管沿安装轴线徐徐落下的同时应防止套管碰撞损坏，并适度拉紧引导绳防止引线打绕，如图 5-91 所示，套管落到安装位置时引线头必须同时拉出到安装位置，否则应重新吊装（如果绕组上有均压罩，还需确认套管应力锥进入均压罩，如图 5-92 所示）。

图 5-90　螺栓拧入引线

图 5-91　引线拉紧防止打绕

图 5-92　均压罩实际图

（4）套管吊装到位以后，插入定位钎，注意套管的油窗要朝向巡视方向，然后依次拧入螺栓，注意检查胶垫是否错位，如图 5-93 所示。

（5）拧下引线螺栓，然后安装套管引线固定螺母，注意螺母安装方向，有沿的一侧朝上，否则将军帽将无法完全紧固，如图 5-94 所示，螺母安装到合适位置后，插入定位销，如图 5-95 所示。

图 5-93　插入定位钎

图 5-94 拧入固定螺母

图 5-95 插入定位销

（6）套管底部固定螺栓依次对角紧固，待螺栓紧固完毕以后，再拆除吊绳。安装将军帽时，注意将军帽一定要拿稳，防止掉落砸坏套管外瓷套。需要使用专用扳手对将军帽进行紧固，如图 5-96 所示。专用扳手要薄，大小与图 5-94 中的套管固定螺母相配合。

（7）最后安装 6 颗将军帽固定螺栓，注意检查将军帽胶垫是否错位，如图 5-97 所示。按照如上方法依次安装 A、B、C、0 相全部高压套管，推荐先安装靠近油枕一侧套管，然后依次向外安装。

图 5-96　专用扳手紧固将军帽

图 5-97　紧固将军帽固定螺栓

5.2.10　中、低压套管安装

（1）变压器中、低压侧套管均属于导杆式，导杆和瓷套已经安装完毕，现场只需要吊装到变压器顶部安装即可，注意检查胶垫是否错位，所有紧固螺栓不用完全紧固，如图 5-98 所示。

（2）套管安装完毕以后，需要进行底部引线连接工作，此时需要打开手孔，如果套管线夹方向与引线方向不一致，则需要松开固定螺栓进行调整。此处注意，工作人员不能戴手套，防止螺栓、垫片拿不稳掉入器身中，该步骤主要需要耐心，对于 10kV 套管手孔工作空间较大，如图 5-99 所示，而 35kV 手孔工作空间较小，如图 5-100 所示。

图 5-98　中低压套管安装

图 5-99　10kV 套管手孔

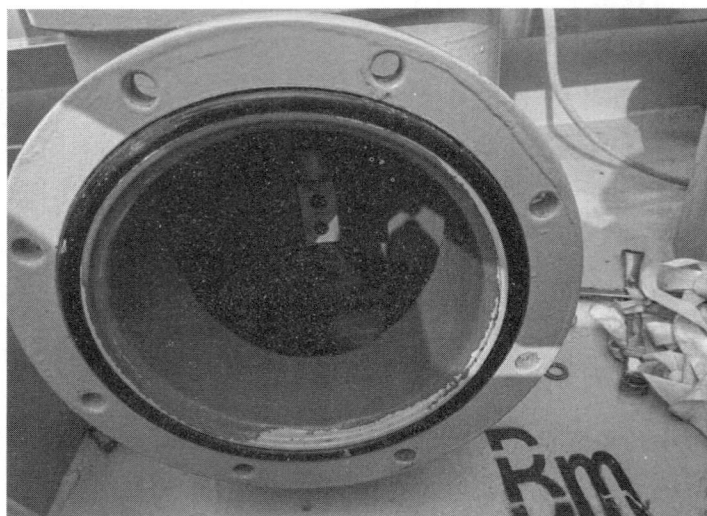

图 5-100　35kV 套管手孔

（3）底部引线安装完毕以后，安装封板，最后紧固套管固定螺栓。按照如上方法安装全部中、低压套管，如图 5-101 所示。

图 5-101　中低压套管安装

5.2.11　连管及其他附件安装

（1）变压器器身顶部连管吊装时，注意不要磕碰套管，其次就是各法兰处胶垫一定要摆放正确，最后依次对角紧固，如图 5-102 所示。

图 5-102　器身主连管安装

（2）主连管安装完毕以后，再紧固高压侧升高座底部固定螺栓，如图 5-103 所示。

图 5-103　紧固高压侧升高座底部固定螺栓

（3）压力释放阀安装时，注意喷油口的方向，注意检查胶垫是否错位，新安装变压器需要将喷油口引下至距离地面 600mm 左右，所以需要考虑压力释放阀引导管的安装，如

图 5-104 所示。

图 5-104 压力释放阀安装

（4）压力释放阀安装完毕以后，需要安装引导管，并且安装防雨罩，如图 5-105 所示。

图 5-105 压力释放阀防雨罩安装

（5）安装调压瓦斯和本体瓦斯。注意瓦斯继电器顶盖箭头指向储油柜，检查瓦斯继电器两侧胶垫是否错位，如图 5-106 和图 5-107 所示。瓦斯继电器安装完毕以后需要安装防雨罩，如图 5-108 所示。

图 5-106　本体瓦斯安装

图 5-107　调压瓦斯安装

图 5-108　调压瓦斯防雨罩

（6）如果配套集气盒的，瓦斯继电器安装完毕以后，还需要安装集气盒，如图 5-109 所示。当然，瓦斯集气盒安装也可以在本体注油时进行，瓦斯安装主要是为器身注油做准备。

图 5-109　瓦斯继电器集气盒

（7）温度计安装。温度计安装时注意温度计底座中变压器油不能太多，一般控制在

50% 左右，温度计表计安装时注意拿稳，不要磕碰。如图 5-110 所示，温度计引线要盘成半径小于 50mm 的圆圈。同样，温度计也可在变压器本体注油时安装。

图 5-110　温度计安装

（8）如图 5-110 所示，温度计安装在金属盒里，否则还需要安装单独的防雨罩，如图 5-111 所示。

图 5-111　温度计防雨罩

（9）储油柜连管安装，同时安装呼吸器，如图 5-112 所示，器身连管安装时注意法兰胶垫是否错位，由于部分连管处在空中，需要斗车配合，如果使用梯子进行安装，则工作人员操作不方便，如图 5-113 所示。

图 5-112 呼吸器安装

图 5-113 储油柜连管安装

（10）变压器的温度计、瓦斯继电器、压力释放阀、油位计等附件需要进行信号远传，需要接二次线，如图 5-114 所示。接二次线时按图施工即可，电缆线的屏蔽层需要通过黄绿线连接到等电位母线上，如图 5-115 所示。

图 5-114　变压器本体端子箱

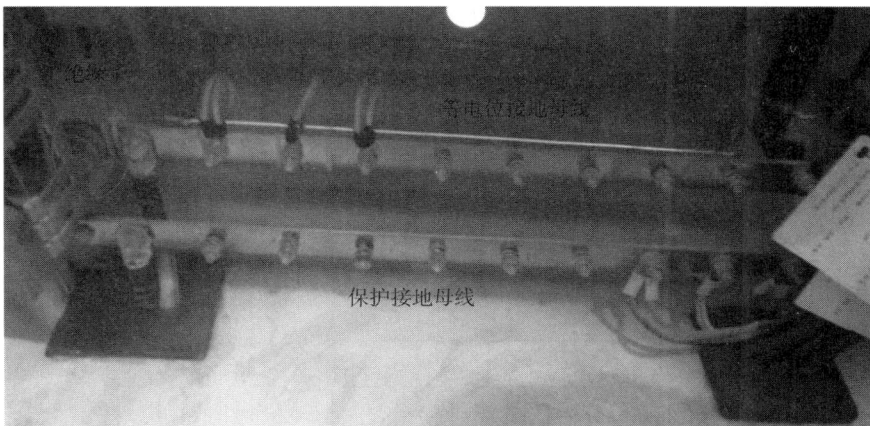

图 5-115　等电位母线

（11）变压器有载调压机构箱还需要与控制室内的测控屏进行通信，也需要进行二次线接线，如果是光纤通信，还需要注意对光纤线做好保护，如图 5-116 所示。

图 5-116　有载调压机构箱

5.2.12　真空注油

（1）通常变压器会充油运输，油面低于油箱顶部 200mm～300mm，此时直接进行真空补油即可；如果变压器没有充油运输，则需要真空注油。真空注油时，真空度以及真空保持时间按照厂家规定，没有厂家规定则按照相关规程执行，通常新装变压器，会有厂家技术人员进行指导，按照制造厂规定执行即可。

（2）抽真空前，如果安装了呼吸器，需要拆除呼吸器，因此可以等到注油完毕后再安装呼吸器。如果散热器非全真空设计，需要关闭散热器和本体之间的蝶阀。如果储油柜非全真空设计，需要关闭储油柜和本体之间的蝶阀，如图 5-117 所示。

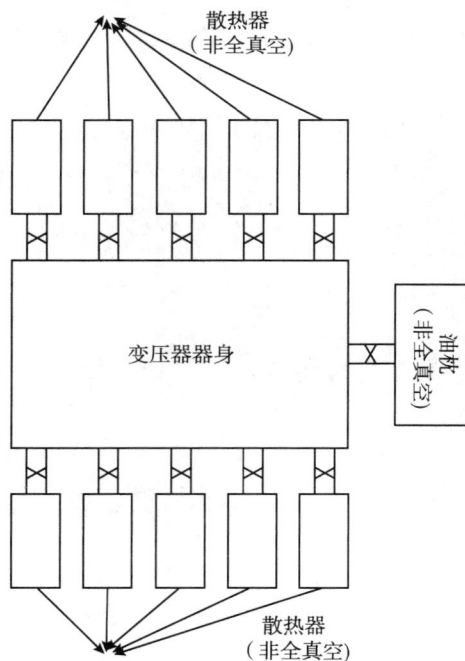

图 5-117　关闭器身阀门

（3）如果储油柜是全真空设计，波纹管内油储油柜，可以直接抽真空。波纹管外油和胶囊储油柜，如果波纹管（胶囊）与储油柜之间有旁通阀，可以打开旁通阀；如果没有旁通阀，则需要将呼吸口和储油柜排气口连通，如图 5-118 所示。

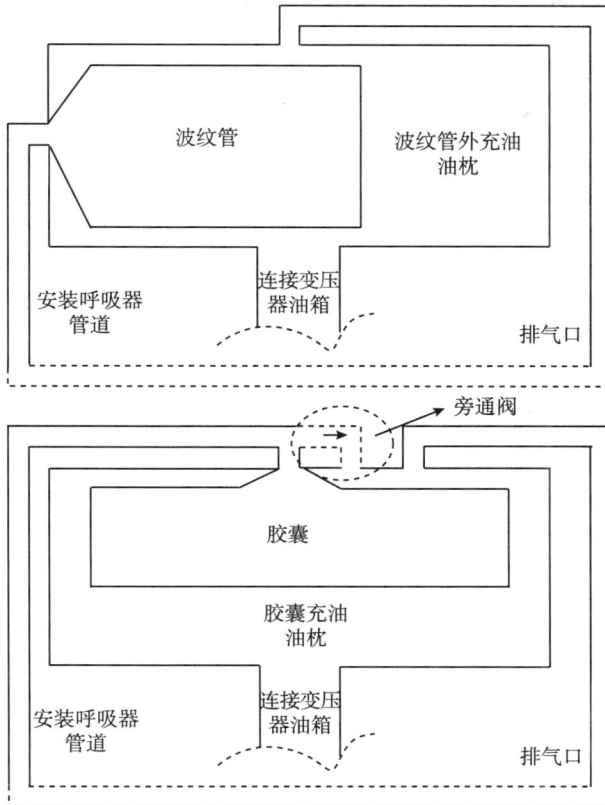

图 5-118　关闭旁通阀示意图

（4）有载分接开关与本体安装短封板，如图 5-119 所示。

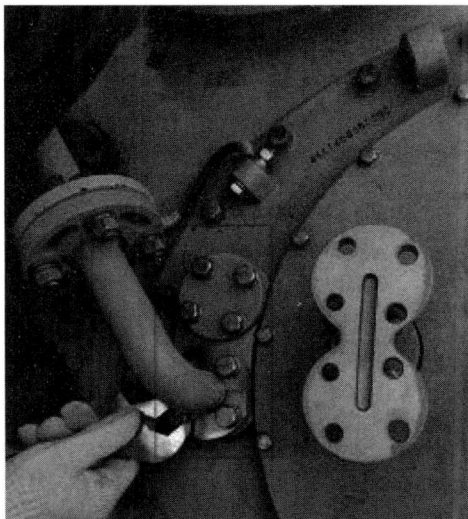

图 5-119　安装短封板

（5）连接管路，抽真空管道连接变压器油箱顶部法兰处，如图 5-120 所示，禁止在变压器底部抽真空。

图 5-120 抽真空部位示意图

（6）在抽真空过程中应检查油箱的强度，一般局部弹性变形不应超过箱壁厚度的 2 倍，并检查变压器各法兰接口及真空系统的密封性。

（7）达到指定真空度并保持大于 2h（不同电压等级的变压器保持时间要求有所不同，一般抽空时间为 1/3～1/2 暴露空气时间）。

（8）通过变压器底部注油口向变压器油箱内注油时，油温宜略高于器身温度，如图 5-121 所示。

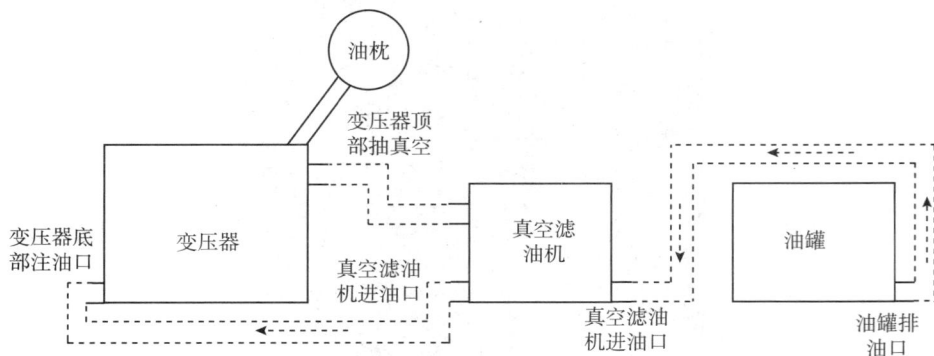

图 5-121 真空注油示意图

（9）以 3t/h ~ 5t/h 的速度将油注入变压器距箱顶 200mm ~ 300mm 时停止注油，并继续抽真空保持 4h 以上，如图 5-122 所示。

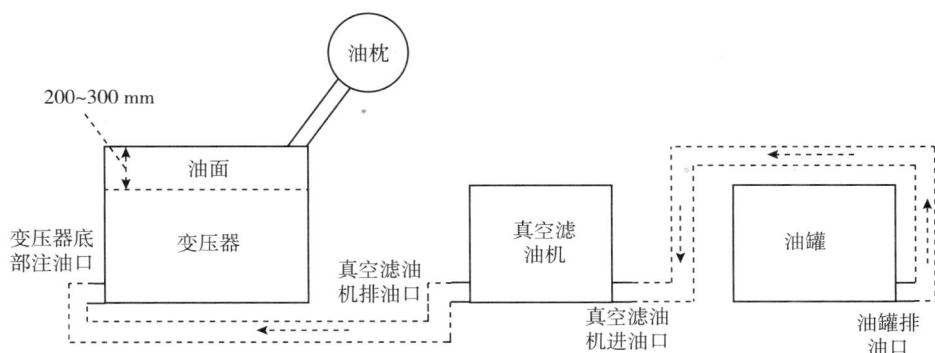

图 5-122　注油完毕示意图

如果变压器充油运输，直接执行本步操作即可。

（10）采用高纯氮气破除真空，防止空气进入变压器内部。拆除有载分接开关和本体之间的连通管。

（11）破除真空后，关闭变压器底部注油口。从变压器油箱顶部注油口继续向变压器箱体注油，严禁从下部油箱阀门注入，如图 5-123 所示。待油位到达合适位置后，先打开散热器上部阀门，再打开散热器下部阀门，这样可以保证油箱底部真空注油部分保持完整。

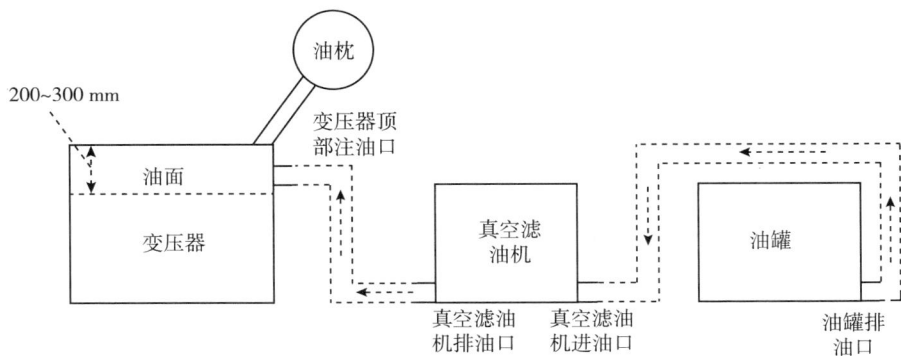

图 5-123　器身补油示意图

（12）针对不同结构的油枕，补油方法有所不同（见图 5-124），具体如下：

①胶囊式储油柜：由注油管将油注满储油柜，直至排气孔出油。从储油柜排油管排油，至油位计指示稍微高于正常油位。

②内油式波纹储油柜：注油过程中，时刻注意油位指针的位置，边注油边排气，调整达到指定油位。

③外油式波纹储油柜：保持呼吸口阀门关闭，排气口阀门打开的状态，注油至排气口排净空气并稳定出油后，关闭排气口阀门，同时停止注油，打开呼吸口，并检查油位。

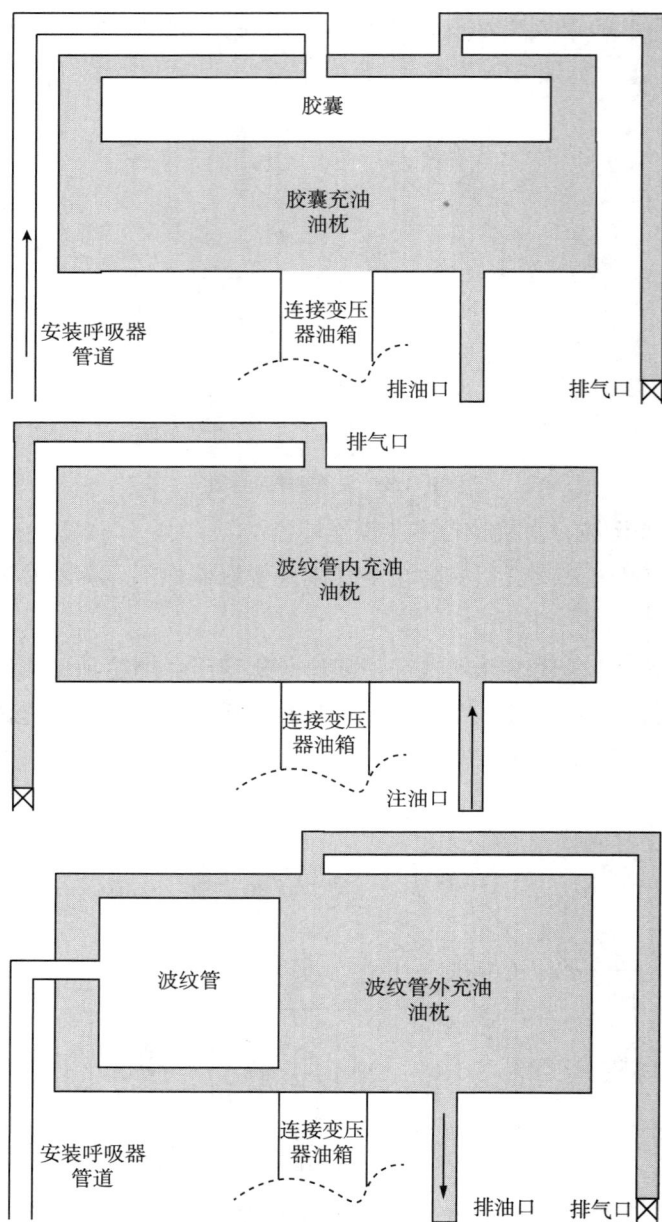

图 5-124 不同结构储油柜补油示意图

（13）对套管、套管升高座、上部管道孔盖、冷却器和净油器等上部的放气孔应进行多次排气，直至排尽为止，并重新密封好擦净油迹，如图 5-125 所示为散热器排气。

（14）排气后，如果油位下降，需要从储油柜注油口补油至合适油位（补油时先从油枕中排油，直至管道中没有气体，再进行补油，防止油管中气体进入油箱中）。

（15）本体注油完毕后，再对有载分接开关进行注油，注油完毕后对有载分接开关顶盖、有载分接开关瓦斯处进行放气。

注：如果变压器储油柜为全真空设计，则可以在变压器本体储油柜排气口（器身最

高点）抽真空，变压器本体储油柜注油管和有载分接开关注油管通过管路进行连通，如图 5-126 所示。

图 5-125　散热器排气

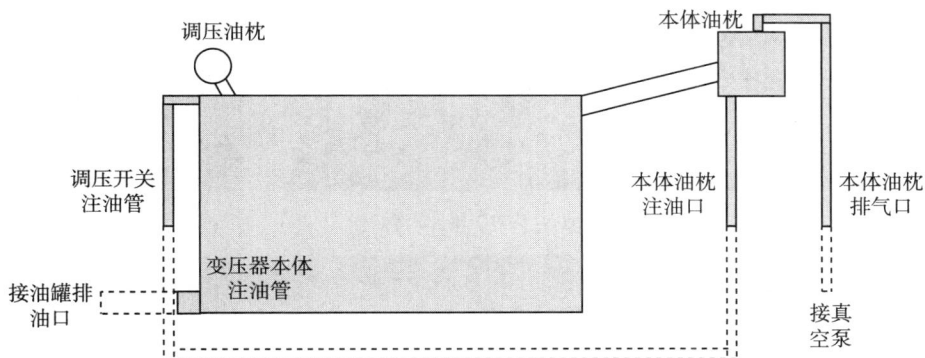

图 5-126　最高点抽真空示意图

抽真空度以及真空保持时间与上面介绍方法相同，该方法的优点在于有载分接开关和变压器本体可以一次真空注油到合适位置，而且可以省去器身放气步骤，有效节省工作时间。

（16）变压器进行打压试漏试验，规程要求变压器器身应承受 0.035MPa 压力，持续12 小时，不应出现渗漏。对于波纹管内充油储油柜，需要关闭储油柜和油箱之间的阀门，利用制作的简易胶囊油枕在器身部位进行电压，或者采用静油柱法进行；对于胶囊式储油柜和波纹管外充油储油柜，直接在呼吸器口打压即可。

5.2.13　一次引线制作

（1）10kV 母线排制作。变压器 10kV 通常采用母线排连接，如果变压器 10kV 套管与母线排支撑绝缘子不在同一水平直线上，需要进行水平弯度制作，如图 5-127 所示；如果变压器 10kV 套管与母线排支撑绝缘子不在同一水平面上，需要进行竖直弯度制作，如

图 5-128 所示。根据国网十八项反措要求："220kV 及以下主变压器的 6kV ~ 35kV 中（低）压侧引线、户外母线（不含架空软导线型式）及接线端子应绝缘化"，母线排需要进行塑封，如图 5-129 所示。

图 5-127 水平弯度制作

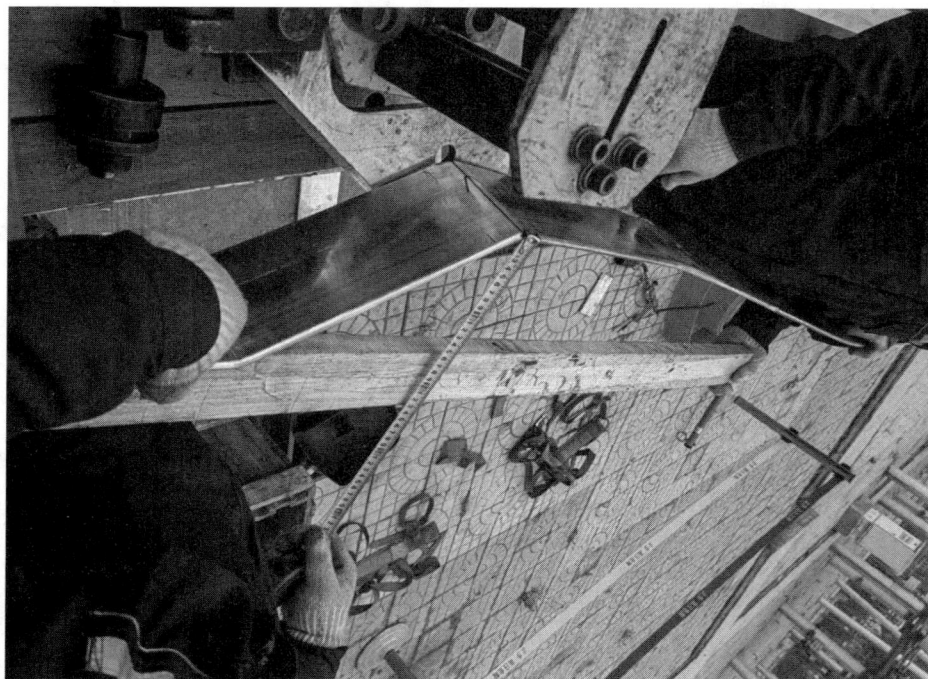

图 5-128 垂直弯度制作

图 5-129　母线排塑封

（2）制作好的母线排如图 5-130 所示，注意在制作过程中需要不断与实际位置进行校对，防止制作尺寸出现偏差。

图 5-130　母线排安装

（3）35kV 及以上电压等级引线制作。通常 35kV 及以上电压等级采用钢芯铝绞线，此时需要压接线夹，为了防止引线散股，需要缠绕胶带，如图 5-131 所示。

图 5-131　缠绕胶带

（4）注意需要使用铜铝过渡线夹，如图 5-132 所示为高压引线，图 5-133 为中压引线。高压中性点采用铝排连接，涂上蓝色，如图 5-134 所示。线夹压接处需要涂红色漆，便于观察松动情况，如图 5-135 所示。户外引线 400mm² 及以上线夹朝上 30°～90° 安装时，应在线夹底部设置滴水孔。

图 5-132　高压引线制作

图 5-133 中压引线制作

图 5-134 高压中性点引线制作

图 5-135　线夹涂红漆

5.2.14　后期其他工作

（1）涂相色漆。高、中、低压套管都需要涂相色，如图 5-136 所示，散热器需要喷涂编号，制作变压器运行标识牌，如图 5-136 所示。瓦斯集气盒如果是前期安装的，变压器注油完毕以后，需要对集气盒进行排气。

图 5-136　散热器喷涂编号

（2）根据变压器安装地区污秽等级情况，确定高压套管是否需要喷涂 RTV，二次引线需要制作标识牌，变压器本体端子箱、有载调压端子箱、主变端子箱处进行封堵，如图 5-137 所示。

图 5-137　端子箱封堵

（3）变压器传动。对变压器器身所有信号进行传动，包括本体瓦斯、调压瓦斯、温度计、压力释放阀，如图 5-138 所示。这里需要注意，考虑到本体和调压油位计现场传动比较困难，在储油柜未安装时，可测量低油位是否报警，本体和调压开关注油时将油位注到高油位，测量高油位是否报警。

图 5-138　本体瓦斯传动

（4）有载分接开关校准圈数。如果需要进行调整，则应该拆卸机构箱上部传动轴。手动进行 2 个循环操作，确保有载分接开关内部档位显示与机构箱一致。对有载分接开关闭锁电流继电器进行整定，当高压侧电流到达额定电流的 0.85 倍时，调压开关需要闭锁调压。测控屏以及监控机有载分接开关分头显示需要与机构箱处一致。

（5）交接试验。试验项目按照《GB 50150—2016 电气装置安装工程电气设备交接试验标准》执行，图 5-139 为局部放电试验，其他试验项目此处不再赘述。

图 5-139　局部放电试验

（6）交接试验合格。变压器具备送电条件，送电之前需要对器身进行全面检查，确保没有工器具遗留在器身顶部，所有阀门处于正确状态，所有紧固螺栓没有松动，测量套管线夹接触电阻满足要求。

（7）变压器送电。新变压器需要冲击 5 次，注意送电时，人员远离变压器器身，防止套管炸裂伤人。

（8）设备撤场。设备撤场可以选择在送电之前进行，这样由于变压器没有带电，设备搬运比较方便，如果变压器投运后再撤场，则设备搬运需要考虑满足安全距离。

5.3　变压器真空滤油处理现场示范

如果变压器油出现油色谱异常，但是判断内部不存在电弧或者火花放电故障，此时只需要对变压器油进行真空过滤处理。

5.3.1　前期准备工作

本节内容可以参考第 5.2 节前期准备工作部分，本节不再做详细介绍。注意真空滤油需要使用大型油罐，需要提前对油罐进行清理，确保油罐不会污染变压器本体绝缘油。

5.3.2　本体排油

（1）连接管道，滤油机进油管接到变压器底部排油管，滤油机出油管插入油罐，如图 5-140 所示。

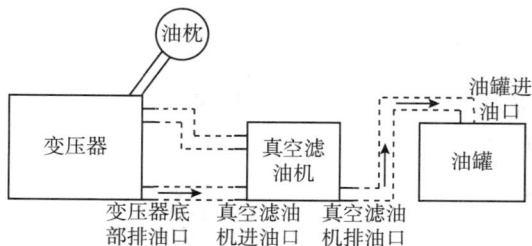

图 5-140　管路连接图

（2）如图 5-141 所示，高纯氮气通过法兰连接到储油柜排气口，保持油箱内微正压，注意时刻检查氮气是否有压力。对于波纹管外油和胶囊式油枕，其存在排气口，直接在排气口注入高纯氮气，并且即使氮气注入压力过大也不会对胶囊或者波纹管造成损坏；对于波纹管内油油枕，如果从排气口注入高纯氮气，如果注入氮气压力过大，则会造成油位过高，从而刺破顶部泄压部分，如 3.5 节内容所示。此时有两种选择，一是仍然从排气口注入高纯氮气，但是需要有人时刻观察油位，不能够到达最高油位；二是方法是等到油枕中油全部放完以后，拆除油枕，从本体瓦斯处接入高纯氮气。

图 5-141 接入高纯氮气

（3）如图 5-142 所示，按照真空泵—罗茨泵—排油泵—加热器的顺序启动真空滤油机，注意通过玻璃观察真空罐内是否有油滴喷洒，并且确保排油管道已经满管油时再启动加热器，即防止加热器"干烧"。

图 5-142 启动滤油机

（4）如图 5-143 所示，注意检查滤油机管路是否存在渗漏部位，对于渗漏部分及时进行处理。如果油罐容量与变压器油箱容量接近，需要检查油罐是否满油，防止绝缘油外溢。同时注意检查真空罐真空度和滤芯压力。

图 5-143　检查渗漏点

（5）排油完毕后，按照加热器—排油泵—罗茨泵—真空泵的顺序关闭真空滤油机。变压器本体注入 0.01MPa ~ 0.03MPa 氮气。注意，如果真空滤油需要停止，则需要对油罐做好密封工作，同时注意监测变压器油箱内氮气压力，防止变压器内部绕组受潮。

5.3.3　有载分接开关排油

（1）连接管道，滤油机进油管接到有载分接开关排油管，滤油机出油管插入油桶，如图 5-144 所示。

图 5-144　有载分接开关管路连接

（2）拆除有载分接开关呼吸器，同时注入高纯氮气，如图 5-145 所示。

图 5-145 拆除呼吸器

（3）启动滤油机开始排油，直到油管内没有油，关闭滤油机，如图 5-146 所示。

图 5-146 管路中无油

（4）有载分接开关呼吸器口安装封板，紧固螺栓，如图 5-147 所示。

图 5-147 呼吸口安装封板

（5）有载分接开关排油管安装封板，紧固螺栓，如图 5-148 所示。

图 5-148 排油管安装封板

5.3.4 真空滤油

（1）重新连接管道，真空滤油机进油口接油罐底部出油口，真空滤油机出油口接油罐顶部出油口，如图 5-149 所示。

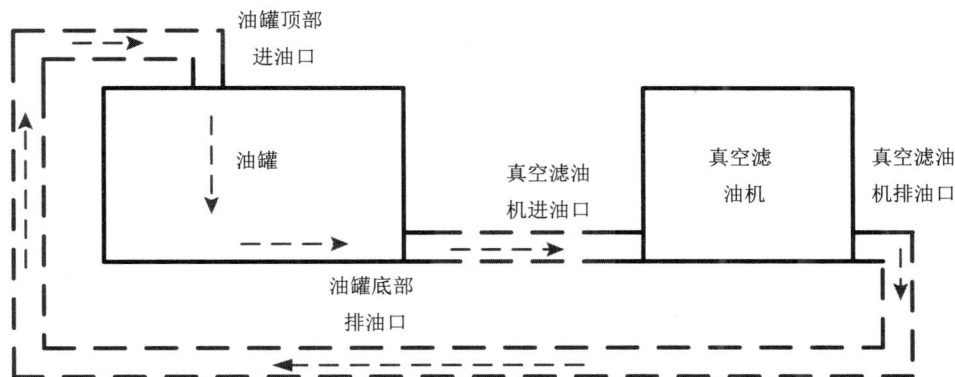

图 5-149 真空滤油管路连接图

（2）按照真空泵—罗茨泵—排油泵—加热器的顺序启动真空滤油机。为了提高真空滤油效果，油温需要保持在 60℃左右。

（3）检查管道是否渗漏，对于渗漏部位需要处理。检查滤油机压力表是否报警，真空度是否满足要求。注意检查油罐中变压器油是否因为温度升高而发生外溢。

（4）对罐内变压器油进行油色谱分析，各项试验指标满足规程规范要求后，真空滤油工作结束，如图 5-150 所示。

图 5-150 油色谱分析合格

5.3.5　变压器本体抽真空

本节内容可以参考 5.2 节真空注油部分，本节不再做详细介绍。

5.3.6　本体注油

本节内容可以参考 5.2 节真空注油部分，本节不再做详细介绍。

5.3.7　有载分接开关注油

本节内容可以参考 5.1 节切换开关芯体回装和注油部分，本节不再做详细介绍。

5.3.8　工作结束

（1）拆除法兰盘，关闭变压器本体、有载分接开关注放油、排气管阀门，安装封板。

（2）安装变压器本体呼吸器、有载分接开关呼吸器，固定螺栓要紧固，如图 5-151 所示。

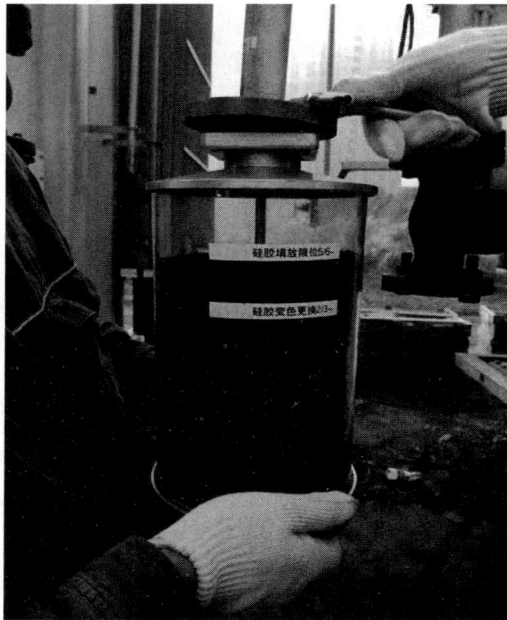

图 5-151　安装呼吸器

参考文献

[1] 杜晓平.变电站运行与检修技术丛书110kV变压器及有载分接开关检修技术[M].北京：中国水利水电出版社，2016.

[2] 张加涛，王丙东.变电检修基础知识问答[M].长春：吉林教育出版社，2021.

[3] 国家电网公司人力资源部.变压器检修[M].北京：中国电力出版社，2010.

[4] 蔡蕾，范瑞卿，王丙东，等.变压器有载分接开关智能型电动机构常见故障原因分析与处理措施[J].电气时代，2018（12）：57-58.

[5] 邱炜，高竣.变压器铁芯高阻接地对绕组电容量和介损测试影响分析[J].电工电气，2022（02）：28-32.

[6] 李星伟，王国刚.电力复合脂对金属导体连接耐腐蚀性能的试验研究[J].电力建设，2011，32（08）：99-102.

[7] 胡同先.真空有载分接开关的研发[J].变压器，2010，47（05）：35-38+63.

[8] 李宏博，李培，高楠楠，等.绝缘电阻测试屏蔽实训项目的设计与应用[J].国网技术学院学报，2017，19（02）：16-18.

[9] 朱建锋，王敏.关于真空有载分接开关每相用"四个真空灭弧室"能否安全运行的分析[J].电网技术，2011（09）：23-26.

致　谢

本书在编写过程中，得到了国网廊坊供电公司变电检修中心张华、王杨同志的大力支持，在此表示感谢。